U0345756

农业生态补偿理论、方法与政策研究

NONGYESHENGTAIBUCHANGLILUN

FANGFAYUZHENGCEYANJIU

张铁亮　李小军　王敬　等◎著

中国经济出版社
CHINA ECONOMIC PUBLISHING HOUSE

·北京·

图书在版编目（CIP）数据

农业生态补偿理论、方法与政策研究／张铁亮等著．
北京：中国经济出版社，2024.12. —— ISBN 978 - 7
- 5136 - 7952 - 7

Ⅰ. S181.3

中国国家版本馆 CIP 数据核字第 2024DH5389 号

责任编辑　杨元丽
责任印制　马小宾
封面设计　任燕飞设计

出版发行　中国经济出版社
印 刷 者　宝蕾元仁浩（天津）印刷有限公司
经 销 者　各地新华书店
开　　本　710mm×1000mm　1/16
印　　张　18.5
字　　数　264 千字
版　　次　2024 年 12 月第 1 版
印　　次　2024 年 12 月第 1 次
定　　价　79.00 元

广告经营许可证　京西工商广字第 8179 号

中国经济出版社 网址 http://epc.sinopec.com/epc/ 社址 北京市东城区安定门外大街 58 号 邮编 100011
本版图书如存在印装质量问题，请与本社销售中心联系调换（联系电话：010 - 57512564）

编委会

农业生态环境是农业生产发展的物质基础、农产品质量安全的源头保障,是乡村生态振兴、生态文明建设的基本支撑。加强农业生态环境保护意义重大。1970 年 12 月 26 日,周恩来总理接见农林等部门领导时说,"我们不要做超级大国,不能不顾一切,要为后代着想。对我们来说,工业'公害'是个新课题。工业化一搞起来,这个问题就大了。农林部应该把这个问题提出来。农业又要空气,又要水"①。这一观点推动我国农业生态环境保护工作序幕开启并不断发展。

农业生态环境保护是一项系统性工作,涉及多个行业领域、多个过程环节、多个部门机构、多个行为主体,需要综合运用行政、法律、经济、教育等多种政策工具协同发力。从经济和制度层面看,农业生产的外部性特征是产生生态环境问题的重要根源,解决这些问题,需要将外部性内部化,需要采取包括补偿在内的综合手段;同时农业具有生产、生态等多种功能,农业生态环境具有重要价值,也是开展农业生态环境保护投入的重要依据和动力。从研究与实践层面看,多年

① 顾明. 周总理是我国环保事业的奠基人[M]//李琦. 在周恩来身边的日子. 北京:中央文献出版社,1998:332.

来我国日益重视并不断加强农业生态环境保护，开展了大量管理政策手段方面的理论研究，制定出台了一系列政策措施，不断加大资金投入力度，支撑和推动农业生态环境状况明显改善；但对标乡村生态振兴、生态文明建设等目标，特别是人民群众日益增长的优美生态环境和绿色优质农产品需求，我国农业生态环境保护仍需全面深入推进。究其原因，我国农业生态环境管理手段、政策工具的不足与效用不佳是重要因素，特别是经济政策手段的薄弱，使得农业生态环境效益及相关的经济效益在保护者与受益者、破坏者与受害者等相关主体之间分配不公，导致受益者无偿占有农业生态环境效益，保护者得不到应有的经济激励，破坏者未能承担破坏农业生态环境的责任和成本，受害者得不到应有的经济赔偿。解决这些问题，需要在现有行政、法律等政策手段基础上，进一步建立、运用包括农业生态补偿等在内的经济类政策手段，调整平衡相关主体之间的利益关系，引导促进农业生态环境保护与协调发展。

建立健全科学合理的农业生态补偿机制，矫正和平衡农业生态环境所有者、保护者、利用者、破坏者、受益者等各相关主体之间的利益，实现农业生态环境保护和经济社会协调可持续发展是一项重要工作。20世纪70年代以来，随着经济社会发展、农业生态环境保护工作推进和生态环境管理手段逐渐丰富，我国农业生态补偿制度历经磨砺，政策体系逐渐建立，实践探索逐渐展开，补偿主体逐渐多元，补偿方式逐渐多样，补偿标准逐渐设定，补偿程序逐渐固定，为调整和平衡各相关主体之间的经济利益、保护和改善农业生态环境发挥了积极作用。近年来，我国经济社会发生深刻变化，农业发展绿色转型、乡村振兴战略全面实施、生态文明建设深入推进，在暴露出我国农业生态环境保护管理手段不足、生态补偿机制薄弱等问题的同时，也对农业生态环境保护、农业生态补偿提出新的更高要求。新的形势背景下，农业生态补偿要积极顺应新形势、新变化，加大力度、优化实施、完善政策，为协调各相关主体间的利益、激发保护农业生态环境积极性，进而实现乡村生态振兴、建设生态文明等提供有力支撑和保障。

本书试图在新的形势背景下，从经济学、生态学、管理学和农学等多学科交叉视角，厘定农业生态补偿的内涵与特点，阐述农业生态补偿的理论基础，明确农业生态补偿标准的确定方法，分析我国农业生态补偿的政策演进、制定实施与主要特征，总结我国农业生态补偿存在的主要问题，梳理国外农业生态补偿机制与政策的主要经验与做法，有针对性地提出完善我国农业生态补偿的政策建议，为健全优化我国农业生态补偿机制与政策、加强农业生态环境保护提供参考支撑。

全书共六章，具体为：第一章，着重厘定农业生态补偿的基本概念、补偿主体、补偿客体、补偿对象、补偿标准、补偿方式、补偿程序等内涵以及主要特点；第二章，重点阐述外部性理论、公共物品理论、生态环境价值理论、可持续发展理论、成本收益理论、博弈理论等农业生态补偿相关理论基础；第三章，归纳明确农业生态补偿标准的确定方法，包括成本法、生态服务价值法、条件价值评估法等；第四章，系统分析我国农业生态补偿的政策演进、制定实施与主要特征；第五章，梳理借鉴美国、欧盟、德国、日本等国外发达经济体农业生态补偿机制与政策的主要经验与做法；第六章，分析提出我国农业生态补偿的政策建议。

农业生态补偿作为一种经济政策手段，技术性强、政策性严格，对补偿标准确定、政策制定实施等要求较高。本书在撰写过程中，虽基于多学科交叉视角、运用多项基础理论，认真梳理农业生态补偿机制政策，分析明确农业生态补偿标准确定方法，但受众多因素影响以及笔者水平所限，分析仍不全面不深入，不足、疏漏及错误在所难免，还请读者谅解和批评指正。另外，令人兴奋的是，在本书成稿之际，国务院正式印发《生态保护补偿条例》，明确了生态保护补偿的概念、方式等内容，为进一步推进农业生态补偿研究、实践提供了遵循与支撑。

张铁亮

2024 年 6 月

目录
Contents

第一章　农业生态补偿内涵与特点

第一节　背景与意义

农业生态补偿作为农业生态环境保护的一种经济政策手段，与农业生态环境保护与管理、经济社会发展等密不可分。近年来，我国经济社会发生深刻变化，农业发展绿色转型，乡村振兴与生态文明建设全面深入推进，对农业生态环境保护及补偿提出更高要求。

一、经济社会发生深刻变化，日益要求加强农业生态环境保护

改革开放以来，特别是党的十八大以来，我国经济社会发生深刻变化。经济持续快速增长，经济总量连上新台阶，稳居世界第二大经济体地位，对世界经济的贡献率不断提升。1970—2023 年，我国 GDP 从 2252.7 亿元增加到 1260582.1 亿元，增长了 558.6 倍；人均 GDP 由 275 元增加到 89358 元，增长了 323.9 倍；财政收入由 662.9 亿元增加到 216784.4 亿元，增长了 326 倍。第一、第二、第三产业比重由 1970 年的 35.2∶40.5∶24.3 变化为 2023 年的 7.1∶38.3∶54.6，结构更趋合理。发展方式深刻转变，由高速增长转向高质量发展，坚持质量第一、效益优先，以供给侧结构性改革为主线，推动经济发展质量变革、效率变革、动力变革，提高全要素生产率；推动质量兴农、绿色强农，提高农业发展的质量、内涵、动力与效率。社会主要矛盾发生变化，转变为人民日益增长的美好生活需要和不平衡不充分的发展之间的矛盾，人民群众对优美生态环境的需要逐渐成为社

会主要矛盾的重要方面。人们对农业发展也提出新的更高需求，一方面期待农业提供更多绿色优质农产品，不仅要让人们吃得饱、吃得安全，还要吃得健康、吃得有营养、吃得有特色；另一方面期待农业提供更多优美环境和生态服务，开发利用农业的生态功能价值，提供清新空气、水源土壤、优美田园风光、宜人气候等更多生态产品和服务。这既为保护农业生态环境提供了坚实支撑，又对保护农业生态环境提出了战略要求，需要采取有力措施全面改善提升农业生态环境质量，深入推进农业绿色持续发展。

二、现有管理手段仍有不足，期待发挥经济与市场等手段作用

农业生态环境保护是一项系统性工作，涉及多个行业领域、多个过程环节、多个部门机构、多个行为主体，需要综合运用行政、法律、经济、教育等多种政策工具协同发力。多年来，我国日益重视农业生态环境保护，制定出台了一系列法律政策，持续加强管理，不断加大投入，推动农业生态环境状况明显改善。但对标乡村生态振兴、生态文明建设要求，特别是人民群众日益增长的优美生态环境和绿色优质农产品需求，我国农业生态环境保护仍然存在不足，需要全面深入推进。究其原因，管理手段、政策工具的不足与效用不佳是重要因素之一。行政、法律等政策手段固然具有权威性、强制性和直接性等特点，但实施成本高、绩效低，特别是对协调农业生态环境保护者、受益者、破坏者、受害者等微观主体之间的具体经济利益效果一般。实际工作中，我国农业生态环境保护的政策手段仍然存在结构性缺位，经济政策比较薄弱，使得农业生态环境效益及相关的经济效益在保护者与受益者、破坏者与受害者等相关主体之间不公平分配，导致受益者无偿占有农业生态环境效益，保护者得不到应有的经济激励，破坏者未能承担破坏农业生态环境的责任和成本，受害者得不到应有的经济赔偿。解决农业生态环境保护与经济利益关系的扭曲问题，需要在现有行政、法律等政策手段基础上进一步运用经济类政策手段，如实施农业生态补偿等，调整平衡相关主体之间的利益关系，引导促进农业生态环境保护与协调发展。

三、理论研究与相关实践具备一定基础，但仍需全面深入推进

农业生态补偿是社会关注的热点问题，理论研究与社会实践取得积极进展。在理论研究方面，蒋天中和李波（1990）、王欧和宋洪远（2005）、陈源泉和高旺盛（2007）、刘尊梅（2012）、金京淑（2015）、李晓燕（2016）、包晓斌（2018）、秦小丽和王经政（2020）、刘桂环（2021）、余欣荣等（2022）、胡晓燕（2023）等，重点围绕农业生态补偿必要性、概念、原则、标准、政策、模式等进行了研究，为丰富农业生态补偿理论、推动农业生态补偿相关工作提供了重要支撑。在社会实践方面，我国主要开展了涉及农业生态补偿的政策制定、项目实施等系列工作，例如制定出台《农业生态资源保护资金管理办法》《农业绿色发展中央预算内投资专项管理办法》等系列政策措施，实施耕地轮作休耕补助、草原生态保护补助奖励等多个相关项目，同时上海、江苏、浙江、北京等地也开展了相关试验示范，为推动、规范农业生态补偿，保护和改善农业生态环境提供了重要保障。但总的看来，随着农业生态环境保护形势发展，已有研究与实践仍不能满足需要。一是内涵界定不统一。已有研究与实践对农业生态补偿的内容、主体、客体、方式等进行了探索，但仍未统一界定农业生态补偿的内涵，即没有统一界定"什么是""是什么""补什么"等内容。二是补偿标准不规范。已有农业生态补偿的研究与实践，虽已涉及补偿标准测算方法、补偿标准值域确定等，但仍然存在方法不规范、标准不统一等问题。三是管理政策不健全。目前，农业生态补偿管理主要遵循农业生态环境保护资金管理、农业投资等相关政策，但也存在内容欠缺、分散等问题，管理不系统、不完善。因此，仍需深入系统研究农业生态补偿相关理论、方法与政策。

第二节   内涵厘定

多年来的农业生态补偿研究与实践成果，为进一步明确农业生态补偿内涵奠定了坚实基础，也为本研究提供了重要参考。但因专业背景、研究角度、工作需要等出发点或目标不同，各界对农业生态补偿的内涵理解见仁见智。本节在梳理借鉴已有相关研究基础上，对农业生态补偿内涵再厘定、再明确，为后续研究奠定基础。

一、基本概念

农业生态补偿概念、定义是基本问题，明确农业生态补偿概念，解决"是什么"的身份问题，是开展农业生态补偿的根本。

（一）生态补偿

由于视角的不同和生态补偿本身的复杂性，迄今为止，生态补偿仍未有统一标准的定义。Coase（1960）关于企业应该对其产生的污染进行付费的论断，奠定了生态补偿的理论基石（杨欣等，2017）。国际上关于生态补偿的定义，比较流行的是生态系统服务付费（Payment for Ecosystem Services，PES）或生态效益付费（Payment for Ecological Benefit，PEB）。Wunder（2005）认为，生态系统服务付费与传统的命令和控制手段不同，是一种自愿交易，但应满足交易主体至少是一个购买者和一个提供者，有明确的生态服务交易范围和交易对象，以及生态系统服务的持续有效供给等条件。Porras等（2008）进一步拓展生态系统服务付费概念，认为这种交易是发生在单一或者多种生态系统服务的供给者（或卖方）与买方之间，不仅限于个人，也包括私人组织、政府等，并强调通过补偿弥补环境外部性、供给方的自愿性、以预先约定土地利用方式为支付条件等付费原则。Muradian等（2010）则认为生态系统服务付费是社会成员之间的资源让渡，是通过在自然资源管理中提供激励，促使个体或者组织改变土地使用决策以增进社会福利，且不强调激励的限定条件。

国内对生态补偿的定义类似于国外的生态系统服务付费。张诚谦（1987）最早从可更新资源的利用特点角度提出生态补偿概念，认为生态补偿是从利用资源所得到的经济收益中提取一部分资金并以物质或能量的方式归还生态系统，以维持生态系统的物质、能量、输入、输出的动态平衡。《环境科学大辞典》（1991）认为，生态补偿是生物有机体、种群、群落或生态系统受到干扰时，所表现出来的缓和干扰、调节自身状态使生存得以维持的能力，或者可以看作生态负荷的还原能力。毛显强（2002）从外部性原理出发，认为生态补偿是指"通过对损害（或保护）资源环境的行为进行收费（或补偿），提高该行为的成本（或收益），从而激励损害（或保护）行为的主体减少（或增加）因其行为带来的外部不经济性（或外部经济性），达到保护资源的目的"。2004 年，国家环境保护总局等部门联合发布《湖库富营养化防治技术政策》，首次提出"生态保护补偿"。2005 年，国务院印发《关于落实科学发展观加强环境保护的决定》，使用"生态补偿"概念。王金南（2006）提出，生态补偿是一种以保护生态服务功能、促进人与自然和谐相处为目的，根据生态系统服务价值、生态保护成本、发展机会成本，运用财政、税费、市场等手段，调节生态保护者、受益者和破坏者经济利益关系的制度安排。中国生态补偿机制与政策研究课题组（2008）认为，生态补偿实际上是以保护和可持续利用生态系统服务功能为目的，以经济手段为主要方式，调节相关者利益关系的制度安排；更详细地说，是以保育生态环境、促进人与自然和谐发展为目的，根据生态系统服务价值、生态保护成本、发展机会成本，运用政府和市场手段，调节生态保护利益相关者之间利益关系的公共制度。2014 年修订的《中华人民共和国环境保护法》、2016 年国务院印发的《关于健全生态保护补偿机制的意见》以及 2021 年中共中央办公厅、国务院办公厅印发的《关于深化生态保护补偿制度改革的意见》，都使用了"生态保护补偿"概念。

（二）农业生态补偿

农业生态补偿是生态补偿的重要领域。关于农业生态补偿的概念，不同主体理解也不完全一致，但主要都是基于生态补偿概念而进行的。蒋天中、李波（1990）较早探讨了农业环境污染和生态破坏补偿问题，强调了建立农业生态破坏补偿法规的必要性和原则等，为后续开展农业生态补偿研究和实践奠定了基础。王欧、宋洪远（2005）认为，要建立和完善农业生态建设补偿机制，提供强有力的政策支持和稳定的资金渠道，从法律、制度的角度对补偿行为予以规范化、体系化，进一步完善现有的公共物品支付体系，弥补国家财政拨款的不足，实现生态与经济的可持续发展。陈源泉、高旺盛（2007）认为，农业生态补偿是确保农业生态可持续发展与农民经济利益平衡的关键。刘尊梅（2012）将农业生态补偿定义为，为保护农业生态环境和改善或恢复农业生态系统服务功能，农业生态受益者对农业生态服务者（农业生态环境保护者）所给予的多种方式的利益补偿。金京淑（2015）认为，农业生态补偿是一种运用财政、税费、市场等经济手段激励农民维持、保育农业生态系统服务功能，调节农业生态保护者、受益者和破坏者之间的利益关系，以内化农业生产活动产生的外部成本，保障农业可持续发展的制度安排。李晓燕（2016）认为，农业生态环境补偿是在农业领域以补偿的手段保护农业生态环境、减少污染的一种制度安排，是指为了保护、恢复、增强农业生态环境系统的生态功能，通过经济、政策、法律、技术、市场等多种手段，对于因积极采取有效措施防止农业生态环境被污染和破坏而损失经济利益或发展机会的涉农企业或者农民，根据他们的诉求给予多种形式的补偿。秦小丽、王经政（2020）将农业生态补偿界定为，运用财政、税费、市场、技术等多种手段，激励农民保护和改善农业生态环境或者恢复农业生态系统的服务功能，提供优质的农业生态环境相关产品及其行为，约束破坏行为，鼓励受益者购买这些优质相关产品，从而有效调节农业生态保护者、受益者和破坏者之间的利益关系，以此来内化农业生产活动产生的外部成本，进而达到保障农业可持续发展的一种制度安排。余欣荣等（2022）从农业绿色发展角度，认为农业绿色发展生态补偿包括对农业资源资产保护的补偿、对农业绿色生产行为的补偿两大方面。

参考借鉴有关生态补偿和农业生态补偿等相关研究成果，结合开展的研究与实践工作，本研究认为，农业生态补偿一般是指以保护农业生态环境、促进农业绿色可持续发展为目的，运用经济、市场、政策、技术等多种手段，调节农业生态环境保护者、破坏者、受益者、受害者等相关主体之间的利益关系，激励保护行为、约束破坏行为，以内化农业生态环境外部性而实施的一种政策或制度安排。

（三）农业生态补偿与有关概念辨析

关于农业生态补偿与农业生态赔偿的区别、联系。从联系或共性看，二者都具有弥补损失之功能，都具有受益者对受害者或受损者的损失进行补偿的作用。从区别或差异看，二者又有许多不同。一是行为产生的原因和性质不同。农业生态补偿是由合法行为所引起的，受益者因合法行为对受害者的损失进行的弥补具有补充性，而不具有惩罚性；农业生态赔偿则是由违法行为所引起的，受益者因违法行为对受害者的损失进行的弥补具有惩罚性、归责性（朱平国等，2021）。二是主体和对象不同。农业生态补偿的主体，包括农业生态环境受益者、使用者等，可以是政府、组织、个人等，类型相对比较宽泛、多样，针对性不强；农业生态赔偿的主体，也可以是组织、个人等，但目标更具体、更有针对性，一定是因违法行为而造成农业生态环境损害的相关主体。同理，二者的实施对象也不同，农业生态补偿的对象包括农业生态环境保护者、提供者、受害者等，农业生态赔偿的对象是因相关主体的违法行为而导致损失的受害者。三是方式不同。农业生态补偿的方式，除资金补偿、实物补偿外，还包括政策补偿、技术补偿、项目补偿等其他多种形式；农业生态赔偿的方式，则主要是资金赔偿、实物赔偿。

关于农业生态补偿与农业补贴的区别、联系。从联系或共性看，二者都具有"支付""补"之意味，都具有一方补充支付给另一方相关资金、实物等作用。在内容范围上，农业补贴包含农业生态补偿，农业生态补偿是农业补贴的组成部分。如，现行农业转移支付资金政策中的耕地轮作资金、农作物秸秆综合利用资金、地膜科学使用回收支出等，就是为保护和改善农业生态环境行为进行的补贴，其实就是农业生态补偿。在执行主体上，政府机构是首要执行主体。农业补贴是政府为促进农业生产发展、保障粮食安全、实现农民增收等开展的一种支出行为，政府是执行主体；在理论与实践均处于探索的初期阶段，农业生态补偿也主要依靠政府推动。在手段方式上，二者均包括运用经济手段进行财政转移支付，如对农业生产活动、农业生态环境保护行为等进行资金或实物补贴。从区别或差异上看，二者也有许多不同。在概念内涵上，农业补贴更多体现的是"支持、扶植"，"弥补"的意味较淡，更强调的是政府或相关机构对农业生产经营主体的单向经济支持与扶植；农业生态补偿更多体现的是"弥补损失"，更强调的是受益者对受害者因保护农业生态环境等行为造成的损失而进行的弥补。在内容范围上，农业补贴范围宽泛，除包括农业环境保护补贴外，还包括对农业生产、销售与农民增收等更多方面进行的扶持与补贴，以促进农业生产发展、保障粮食安全、实现农民增收为重点（张铁亮，2012）；农业生态补偿范围相对狭窄，内容比较集中，主要围绕农业生态环境保护行为进行补偿。在责任主体上，农业补贴主要是政府行为，责任主体主要是政府；农业生态补偿责任主体既可以是政府，也可以是社会组织、市场主体、个人等。在手段方式上，农业补贴以资金或实物补贴方式为主，农业生态补偿则可通过资金、实物、技术、政策和项目等多种补偿方式实施。

二、补偿客体

明确补偿客体，即明确农业生态补偿的范围、内容等，解决"补偿什么"问题，是实施农业生态补偿的基础。

（一）按领域分

1. 农业资源保护与节约利用

主要包括三个方面：一是耕地保护与节约利用。对开展耕地地力保护、土壤改良、黑土地保护、耕地轮作休耕、耕地质量提升等行为或活动进行补偿。二是农业水源保护与节约利用。对农业生产过程中保护水源、高效用水、节约用水，以及采取必要措施严控地下水利用、开展地下水超采治理等行为或活动进行补偿。三是农业生物资源保护与合理利用。对开展农业野生动植物自然保护区建设、推进濒危农业野生植物资源保护，以及监测与防控外来入侵物种风险等行为或活动进行补偿。

2. 农业环境污染治理

主要包括三个方面：一是化学投入品减量。对农业生产过程中实施化肥、农药、农膜、兽药、饲料及饲料添加剂等化学投入品减量增效的行为或活动进行补偿。二是农业废弃物资源化利用。对开展农作物秸秆和畜禽粪污资源化利用、农膜和农药包装废弃物回收处理、病死畜禽无害化处理等行为或活动进行补偿。三是农业环境污染治理与修复。对开展退化耕地和生产障碍耕地治理与修复、农业面源污染防治、水产养殖污染治理、农业水生生态修复等行为或活动进行补偿。

3. 农业生态养护与建设

主要包括三个方面：一是构建田园生态系统。对打造种养结合、生态循环、环境优美的田园生态系统的行为或活动进行补偿。二是农业水生生态保护。对实施农业湿地保护、农业水生生物资源保护等行为或活动进行补偿。三是草原生态环境保护。对实施已垦草原治理、退耕还林还草、退牧还草、草原生态保护与建设等行为或活动进行补偿。

（二）按行业分

1. 种植业

主要对开展耕地地力保护、土壤改良、黑土地保护、耕地轮作休耕、耕地质量提升、农业灌溉水源保护、农业节水、地下水超采治理、农业野生植物保护、外来入侵物种防控、化肥农药减量使用、农田面源污染防治、农田废弃物回收处理与综合利用、退化耕地和生产障碍耕地治理与修复、田园生态系统构建等行为或活动进行补偿。

2. 畜禽养殖业

主要对畜禽养殖污染防治、畜禽粪污资源化利用，以及病死畜禽无害化处理等行为或活动进行补偿。

3. 水产养殖业

主要对水产养殖污染治理、水生生物资源保护等行为或活动进行补偿。

4. 农业湿地

主要对农业湿地保护与修复的行为或活动进行补偿。

5. 草原

主要对草原禁牧、草畜平衡维持、已垦草原治理、退耕还林还草、退牧还草、草原生态保护与建设等行为或活动进行补偿。

三、补偿主体

补偿主体又可称为补偿方、补偿者，是补偿行为的责任主体、实施主体。明确农业生态补偿主体类型，解决"谁补偿"问题，是实施农业生态补偿的基本前提。

（一）按行为角色分

1. 农业生态服务的受益者

按照受益者付费原则，因农业生态环境保护与建设而直接或间接的获益者，应该对农业生态环境保护与建设者支付相应的费用。这种受益者也可称为受益方、支付方，既包括个人、企事业单位、社会团体，也包括政府及相关机构。这种受益，既包括获得的生态利益，也包括获得的经济利益、社会利益等。

2. 农业生态环境的破坏者

按照破坏者恢复、破坏者付费原则，对破坏、损害农业生态环境导致农业环境污染或生态服务功能退化的集体、个人等，应该让其对不良行为及结果付出代价。这种破坏者，既包括企事业单位、社会团体、个人，也包括政府及相关机构。

3. 农业生态环境的使用者

按照使用者付费原则，对开发使用农业生态环境的集体、个人等，应该让其对农业生态环境使用行为及程度支付相应的费用。这种使用者，既包括企事业单位、社会团体、个人，也包括政府及相关机构。

（二）按身份类别分

1. 政府

政府是农业生态补偿的首要责任主体。农业生态环境保护的最大受益者、最终受益者是社会，政府作为社会的管理者、代言人，理应成为农业生态补偿的责任主体。一方面，由于农业生态环境的公共物品或准公共物品属性，农业生态环境中的优美田园风光、清洁空气、宜人气候、生物多样性等，一般作为公共物品或公共资源存在，需要政府作为其代言人，对生态环境保护者、贡献者提供补偿。另一方面，由于当前农业生态补偿市场机制不成熟，农业生态补偿所需资金大部分需要政府支出。

2. 社会组织

主要是农业生态环境保护的受益者、农业生态环境的使用者或破坏者等单位组织，如企事业单位、社会团体等。一方面，社会组织作为农业生态环境保护的受益者，应该向农业生态环境的保护者或农业生态环境服务的提供者支付相应的费用，避免"搭便车"现象；另一方面，社会组织作为可能的农业生态环境使用者或破坏者，如农业生产开发企业等，在从事生产经营活动的过程中可能涉及农业自然资源利用和农业生态环境破坏等行为，为避免"公地悲剧"现象，必须由其为之买单、付出成本，将其外部不经济性内部化。

3. 个人

个人在生产、生活等活动中，可能是农业生态环境保护的受益者，也可能是农业生态环境的使用者、破坏者。因此，应该让受益者付费，分担农业生态环境保护责任；让使用者、破坏者付费以促进资源有偿使用、规范行为活动，减少外部不经济性，自觉从源头保护和改善农业生态环境。

四、补偿对象

补偿对象又称为受偿方、受偿者，是农业生态补偿行为的接受者。明确农业生态补偿对象类型，解决"补偿谁"问题，也是实施农业生态补偿的基本前提。

（一）按行为角色分

1. 农业生态环境保护者

按照保护者得到补偿原则，对开展农业生态环境污染治理、保护与建设的集体和个人给予补偿。这既包括企事业单位、社会团体、个人，也包括政府及相关机构。

2. 农业生态服务贡献者

按照贡献者得到补偿原则，对为农业生态环境改善、生态服务提升做出贡献的集体和个人给予补偿。同上，也包括企事业单位、社会团体、个人和政府及相关机构。

3. 农业生态环境污染受害者

按照受害者得到补偿原则，对因农业生态环境破坏、损害或生态服务下降等受到影响的集体和个人给予补偿。同上，也包括企事业单位、社会团体、个人和政府及相关机构。

（二）按身份类别分

1. 政府

政府既是补偿主体，也可以是被补偿的对象。从纵向看，主要是上级政府对下级政府实施的补偿，下级政府是补偿对象。例如，下级政府按照上级政府要求，组织实施耕地土壤改良、轮作休耕、退化耕地和生产障碍耕地治理等耕地保护与节约利用等行为，上级政府按照一定标准给予下级政府补偿支持，则上级政府是补偿主体、下级政府是补偿对象。从横向看，主要是同级政府或不同级但无上下级关系政府间的补偿，即一方政府对另一方政府实施的补偿，被接受一方即为补偿对象。例如，地处河流上下游的两地政府，上游政府积极组织开展农业面源防治、加强农业生态环境保护等，以加强水源地保护，为下游政府用水水质安全提供了重要保障，下游政府应对上游政府补偿支持，则下游政府是补偿主体、上游政府是补偿对象。

2. 社会组织

社会组织既可以是补偿主体，也可以是补偿对象。一方面，社会组织可能是农业生态环境的保护者、生态服务的贡献者，例如农业环保民间组织、农业环保机构、农业环保企业等开展农业生态环境保护的社会组织；另一方面，社会组织也可能是农业生态环境破坏的受害者，例如农业合作社、农业生产企业等因农业生态环境破坏而使生产生活受到损害，应得到补偿。

3. 个人

个人既可以是补偿主体，也可以是补偿对象。个人在生产、生活等活动中，可能是农业生态环境的保护者、贡献者，也可能是农业生态环境破坏的受害者。应该让保护者、贡献者得到补偿，激励其对农业生态环境的保护与贡献行为；让受害者得到补偿，弥补其遭受到的损失，维护公平。

五、补偿标准

补偿标准是解决"补偿多少"问题，是实施农业生态补偿的关键核心。补偿标准的确定直接影响补偿实施和补偿效果。理论上，补偿标准是反映补偿主体与补偿对象之间的利益关系，应按照科学的方法或模型，计算给出可量化的数值大小。实际中，实施农业生态补偿是一项复杂的工作，即使能够科学界定理论补偿标准，也可能因补偿主体与补偿对象间的博弈等因素，导致未必按照理论标准实施补偿。

因此，补偿标准一般又分为理论补偿标准和实际补偿标准，最低补偿标准、最高补偿标准和落地补偿标准等类别。其中，理论补偿标准，就是从理论层面按照科学的方法或模型，计算出补偿的数值大小；实际补偿标准，是在理论补偿标准基础上，补偿主体、补偿对象根据支付意愿、受偿意愿、财力大小等因素进行博弈后，双方认可、实际执行的补偿值；最低补偿标准，一般是指按照相关技术方法计算出的最低补偿值，通常是一项农业生态补偿的下限值；最高补偿标准，一般是指按照相关技术方法计算出的最高补偿值，通常是一项农业生态补偿的上限值；落地补偿标准，就是实际补偿标准，是实际执行的补偿值。

六、补偿方式

补偿方式，或称补偿形式、补偿方法等，是补偿得以实现的形式与方法。明确农业生态补偿方式，解决"怎么补偿"问题，是开展农业生态补偿的重要工作。

（一）按补偿手段分

1. 资金补偿

是最常用的一种补偿方式，货币化补偿是其显著特点。通常情况下，补偿主体通过支付补偿金、补贴、政府财政转移支付等手段，给补偿对象以补偿支持。其中，政府财政转移支付适用于政府作为补偿主体对补偿对象的支持。

2. 实物补偿

也是一种比较常用的补偿方式。通常情况下，补偿主体给予补偿对象一定的物质帮助，以弥补其受到的损失或支持鼓励其行为。

3. 技术和智力补偿

是补偿的一种重要方式。主要是补偿主体向补偿对象提供无偿的技术咨询、技术指导、技术培训、智力咨询等技术和智力服务，支持补偿对象开展相关工作、提高技术能力水平。

4. 政策补偿

是补偿的一种方式，适用于政府作为补偿主体实施的补偿。主要是上级政府赋予下级政府、各级政府赋予特定补偿对象一定权力或让其享受特殊政策，使其在授权范围和期限内享有优惠待遇，以支持其行为活动。

5. 项目补偿

是补偿的一种方式，主要是补偿主体通过一定项目的开发或建设方式给予补偿对象的支持补偿，例如在补偿对象所处地区开展环境改善活动、环保工程建设等。

（二）按运行方式分

1. 政府补偿

是当前一种主要的补偿方式。是指政府作为补偿主体，主要采取资金、实物、技术和智力、政策、项目等手段对补偿对象进行的补偿活动，具有目标明确、政策性强等特点，但也存在政府失灵、管理和运行成本高等缺陷。

2. 市场补偿

是未来一种重要的补偿方式。是指各经济主体在各类农业生态环境法律法规或标准范围内，通过市场资源配置等行为，发挥价格杠杆作用，实施农业生态补偿的活动总称。具有管理和运行成本低、补偿灵活等特点。当前作为政府补偿的有效补充，市场补偿可以协调政府补偿的刚性，更加完善农业生态补偿机制。

七、补偿程序

补偿程序是指开展补偿工作的步骤，主要解决"补偿流程"问题。建立完善补偿程序，是实施农业生态补偿的重要工作。

理论上，农业生态补偿应遵循"补偿申请—监测评价—标准测算—协商博弈—补偿实施"的基本程序。以一项具体的农业生态环境保护活动为例，实施农业生态补偿的具体流程为：在农业生态环境保护活动发生后，保护者提出补偿申请，被保护者对该项活动开展的内容、效果、支出情况等开展调查与监测评价，按照相关方法或模型计量补偿标准，双方就补偿标准、补偿方式等展开协商或博弈，最终确定各项补偿条件后实施补偿行为。

但实际中，这样的补偿程序时常发生变化、难以执行。如，在农业生态环境保护活动开始前，补偿主体与补偿对象就已对补偿标准、补偿内容等协商一致，在保护活动完成后直接实施补偿。特别是当前流行的政府补偿形式，大多遵循"政府发布信息（确定补偿客体、时间地点、补偿标准等）—相关主体提出申请—开展工作—政府考核验收—政府实施补偿"的工作程序。以耕地轮作休耕为例：政府制定并发布工作实施方案，明确耕地轮作的任务内容、实施要求、补偿标准等；农户、农业合作社等相关农业生产经营主体据实申报，明确任务面积、实施地点等，与政府签订合同协议，并开展任务实施；在任务实施过程中、结束后，政府组织开展调查、监测与验收，对考核合格者，按照补偿标准、任务面积发放补偿资金。

无论如何，只要农业生态补偿按照一定的流程得以顺利实施完成，即认为该项程序有效。

第三节　主要特点

农业生态环境是自然生态环境的重要组成部分，农业生态补偿是生态补偿的重要领域。农业生态补偿既具有生态补偿的共同性，又具有自身的特殊性。

一、具有生态补偿的共同性

（一）政策性

尽管迄今为止生态补偿仍未有统一标准的定义，但生态补偿是一种政策设计、制度安排已然被多数研究人员和管理人员认可。因此，农业生态补偿也具有政策性特点，是一种用以调节各类相关主体利益关系的政策手段或工具。

（二）技术性

生态补偿是一项技术性较强的工作，涉及补偿标准的确定、补偿方式的选择、补偿程序的执行等多项内容。特别是补偿标准的确定，需要借助于相关数学方法、模型等技术手段，以科学量化补偿主体与补偿对象等相关主体之间的利益关系。因此，农业生态补偿的技术性特点也比较鲜明。

（三）经济性

生态补偿作为调节各类相关主体利益关系的政策手段、制度安排，主要发挥的是其经济政策手段调节作用，通过使生态环境受益者、使用者、破坏者付费，保护者、贡献者、受害者得到补偿，惩罚约束生态环境破坏行为、激励支持生态环境保护行为，将相关活动产生的外部成本内部化。

（四）目标性

生态补偿作为一种手段、工具，旨在通过调节各类相关主体利益关系，保护和改善生态环境。因此，生态补偿具有明确的目标性。

（五）复杂性

生态补偿是一项系统性工程，包括补偿主体、客体、对象、方式、标准等多个要素，涉及生态环境、经济、财政等多个行业领域，连接多个相关主体，需要历经反复计算、协商、博弈后，才能实施完成。在实施过程中，不仅需要政策引导，还需要理论与技术支撑，更需要经济与财政保障。

二、具有自身的特殊性

（一）目标特定性

农业生态环境具有农业、环境双重行业特点，既是自然环境的重要组成部分，具有自然环境的基本特点，又隶属农业行业，遵循农业生产发展规律。农业是农业生态环境的第一属性，可为农业生产服务、保障农产品质量安全、促进农业可持续发展，是农业生态环境保护的出发点和落脚点。因此，实施农业生态补偿，是在保护和改善农业生态环境基础上，进一步促进农业生产发展、保障农产品质量安全。

（二）实施复杂性

农业生态环境保护覆盖面广、内容繁多，涉及种植业、畜禽养殖业、水产养殖业等多个行业，产前、产中、产后等多个环节，生产、科教、计财等多个部门，农户、农业合作社、农业机构等多类主体。因此，与森林、流域等类型的生态补偿相比，农业生态补偿内容更为复杂，补偿主体、补偿客体、补偿对象点多量大面广，补偿环节多，补偿标准确定困难，补偿方式多样。

（三）实际补偿标准低

从理论上讲，农业生态补偿与森林、流域等类型的生态补偿一样，按照生态服务价值等方法测算并实施补偿标准。但实际执行中，农业生态补偿标准偏低、补偿金额少，甚至远低于其他几个类型的补偿标准。这既与农业生态补偿实施以政府为主体、财力紧张有关，也与农业生态环境保护环节多、主体多、领域多、项目规模小、资金投入分散等特点有关，更与农业生态环境保护、农业生产发展的国家投入基本盘偏小有关。

（四）补偿效果易变化

与森林、流域等类型的生态补偿具有效果稳定性、持续性、累积性特点不同，农业生态补偿的效果容易发生变化。一是农业生产易受自然、市场、政策等多种风险影响，甚至有时还可能随生产经营主体的喜好、习惯等发生变化，导致农业种养殖结构、生产方式等改变，进而影响农业生态环境。可能出现农业生态补偿行为中断，致使前期积累的补偿效果"打折"，甚至"逆转"。二是农业生态系统具有明显的季节性、周期性，春耕、夏耘、秋收、冬藏，交替轮回。与之对应，农业生态功能也具有典型的季节性特点，农业生态补偿也随之变化。

（五）市场机制形成难

农业生态环境的基础性、公益性以及项目规模小、效益不显著等特点，导致投资收益率低、回报率不高。除农作物秸秆和畜禽粪污资源化利用、沼气生产与利用、有机肥生产与施用等少数行业或领域有一定盈利能力和市场前景外，其他如耕地保护与质量提升、农产品产地环境保护与治理、农田面源污染防治、农业生物多样性保护等多数行业或领域盈利能力弱、市场前景差，社会主体参与的积极性低，导致生态补偿的市场机制形成比较难。

第二章　农业生态补偿理论基础

第一节　外部性理论

一、内涵与原理

外部性理论是环境经济学、生态经济学最重要的基础理论之一。它起源于 19 世纪末，盛行于 20 世纪六七十年代。1890 年，阿尔弗雷德·马歇尔（Alfred Marshall）在《经济学原理》（*Principles of Economics*）中第一次提出了"外部经济"概念。1920 年，亚瑟·塞西尔·庇古（Arthur Cecil Pigou）在《福利经济学》（*Welfare Economics*）中提出了"内部不经济"和"外部不经济"的概念，并从社会资源最优配置的角度出发，运用边际分析方法，提出边际私人净产值和边际社会净产值、私人边际成本和社会边际成本等概念，最终建立形成外部性理论。1960 年，罗纳德·哈里·科斯（Ronald Harry Coase）在《社会成本问题》（*The Problem of Social Cost*）中强调"在交易费用为零的情况下，初始产权的情况并不会影响资源配置的结果，市场交易和自愿协商均可以使资源配置达到最优；但在交易费用不为零的情况下，制度安排与选择是重要的"。此后，许多经济学家从理论、实践层面进一步丰富与发展外部性理论。

一般认为，外部性又称外在性、外部效应或溢出效应等，是指一个经济主体（生产者或消费者）在活动中对另一个经济主体的福利产生了一种有利影响或不利影响，这种有利影响带来的利益（或者说收益）或不利影响带来的损失（或者说成本），都不是该经济主体所获得或承担的，是一种经济力量对另一种经济力量"非市场性"的附带影响。换言之，外部性就是未在价格中得到反映的经济交易成本或收益。用数学语言表达，即只要某一经济主体的效用函数所包含的变量有其他经济主体的影响，或者说存在该主体的控制之外的部分，则有外部性存在。设 U^A 表示经济主体 A 的效用，那么如果：

$$U^A = U(X_1, X_2, \cdots, X_n, Y_k)，1 < k < n \qquad (2-1)$$

则一项外部性存在。其中 $X_1, X_2, \cdots, X_n$ 表示经济主体 A 所控制的活动，Y_k 表示由经济主体 B 控制的活动。第二个经济主体 B 的决策行为或经济活动对第一个经济主体 A 产生了外部性，即第一个经济主体 A 的福利和效用受到自己经济活动水平的影响，同时也受到另外一个经济主体 B 所控制的经济活动 Y_k 的影响。

当外部性存在时，人们在进行经济活动决策中所依据的价格，既不能准确地反映其全部的边际社会收益，也不能准确地反映其全部的边际社会成本，导致价格信号失真。外部性的存在，实际上是边际社会收益与边际私人收益之间的非一致性，或者边际社会成本与边际私人成本之间存在着非一致性。当某种产品或劳务的边际社会收益大于边际私人收益时，即为正外部性，会导致产品或劳务供给不足；反之，当某种产品或劳务的边际社会成本大于边际私人成本时，即为负外部性，会导致产品或劳务供给过多。无论哪种情况，都意味着资源配置不合理，不能实现帕累托最优，而这又是完全竞争的市场机制所不能克服的。

二、主要分类

1. 正外部性和负外部性

根据外部性的影响效果，外部性可分为正外部性和负外部性。正外部性又称外部经济性，是指某一经济主体的活动使其他经济主体受益而又无法向后者收费的现象，这时边际社会收益大于边际私人收益，产生外部经济性。例如，农民在农田里种植油菜花给路人带来美的享受，保护农业湿地会调节小气候，给周边居民提供清新的空气等。负外部性又称外部不经济性，是指某一经济主体的活动使其他经济主体受损而前者无法补偿后者的现象，这时边际社会成本大于边际私人成本，产生外部不经济效果。例如，河流上游的居民砍伐树木，或者乱排污水垃圾等，导致水土流失、河流污染危及下游居民生活等。

2. 生产的外部性和消费的外部性

根据外部性的产生领域，外部性可分为生产的外部性和消费的外部性，是指某一经济主体的生产或消费行为影响其他经济主体，但这一经济主体并未因此而给予相应补偿或惩罚。生产的外部性是由生产活动所导致的外部性，如城市郊区的农民在农田种植水稻，水稻在成长过程中既能蓄水防洪、增加湿度，又能形成良好景观、提供休闲娱乐等，农民的这种生产行为即对城市人产生了外部经济效果。消费的外部性是由消费行为所带来的外部性，如城镇居民在日常生活中，由于不文明的生活习惯，随意丢弃生活垃圾、乱排生活污水，并转移到周边农村，给农民生活环境带来污染、危害等，城镇居民的这种消费行为即对农民产生了外部不经济效果。生产和消费的外部性又可细分为生产的正外部性（或生产的外部经济性）、生产的负外部性（或生产的外部不经济性）、消费的正外部性（或消费的外部经济性）和消费的负外部性（或消费的外部不经济性）四种类型。

3. 代内外部性与代际外部性

根据外部性的产生时空，外部性又可分为代内外部性和代际外部性。通常，我们所理解的外部性是一种空间概念，主要是从即期考虑资源是否合理配置，即主要是指代内的外部性问题。但随着可持续发展理念逐渐被普遍认可和接受，外部性问题已不再局限于某一代人、某一空间，而逐渐扩展到了代代之间、区际，即产生了代际外部性，主要解决人类代际行为的相互影响，尤其是要消除前代对后代、当代对后代的不利影响。所以可以把这种外部性称为"当前向未来延伸的外部性"。尤其是在生态环境领域，这种现象日益突出，例如生态破坏、环境污染、资源枯竭、淡水短缺、耕地减少、生物多样性丧失等，都已经危及我们子孙后代的生存。

4. 其他分类

根据外部性产生的前提条件，外部性可分为竞争条件下的外部性与垄断条件下的外部性；根据外部性的稳定性，可分为稳定的外部性与不稳定的外部性；根据外部性的方向性，可分为单向的外部性与交互的外部性；根据外部性的根源，可分为制度外部性和科技外部性；等等。

三、内部化途径

从外部性的产生入手，实现外部性内部化需要着眼于对边际私人收益或边际私人成本的调整。当某种产品或劳务的边际私人收益或成本被调整到足以使个人或厂商的决策考虑其所产生的外部性，即考虑实际的边际社会收益或成本时，就能够实现外部性的内部化。这是解决外部性的根本思路，也是促使资源配置由缺乏效率转变到更具效率的过程。具体来讲，负外部性的内部化，也即外部边际成本被加入计算到边际私人成本之上，从而使产品、劳务的价格能反映全部的边际社会成本；正外部性（外部收益）的内部化，就是外部边际收益被加入计算到边际私人收益上，从而使产品、劳务的价格能反映全部的边际社会收益。

一是庇古手段。侧重用政府干预的方式来解决经济活动中的外部性问题。庇古认为，当经济活动出现外部性时，依靠市场是不能解决的，这时市场是失灵的，需要政府进行干预。具体来讲，就是对边际私人成本小于边际社会成本的部门实施征税，即存在负外部性（外部不经济性）时，向生产者征税；对边际私人收益小于边际社会收益的部门实行奖励和津贴，即存在正外部性（外部经济性）时，给生产者补贴。庇古指出，政府实行的这些特殊鼓励和限制，是克服边际私人成本（或收益）和边际社会成本（或收益）偏离的有效手段，政府干预能弥补市场失灵的不足。这种通过征税和补贴实现外部性内部化的手段，被称为"庇古税"。当然，庇古手段也存在一定的局限性：首先，庇古税的制定对信息要求很高，决策者必须掌握准确的生产情况、排污情况，才能确定最优的税率和补贴水平，而现实中这样的信息不一定全面、准确或者获取很难；其次，没有考虑成本问题，如果政府干预的成本大于外部性所造成的损失，则没有必要消除外部性了；最后，征税过程中可能出现寻租，导致资源的浪费与配置的扭曲。

二是科斯手段。侧重运用产权理论、市场机制来解决经济活动中的外部性问题。科斯认为，在市场交易费用为零的前提下，无论产权属于哪一方，通过协商、交易等途径都可达到资源配置最优，即经济活动的边际私人成本（或收益）等于边际社会成本（或收益），实现外部性内部化，这也是所谓的科斯第一定理。但现实生活中是存在交易费用的，这时就可以通过界定与明确产权结构以及选择合适的经济组织形态，实现外部性内部化，使资源配置达到最优，无须抛弃市场机制或引入政府干预，这是科斯第二定理。同时，科斯还认为，由于制度本身的生产不是无代价的，生产什么制度、怎样生产制度的选择，将导致不同的经济效率，换言之，要从产权制度成本收益比较的角度，选择合适的产权制度，这是科斯第三定理。科斯强调，应当从庇古的研究传统中解脱出来，寻求方法的改变，用市场手段解决外部性问题，政府只需界定明晰产权、制度即可。当然，科斯手段也存在局限性：首先，如果市场化程度不高，科斯手段就很难发挥作用；其次，自愿协商或市场机制建立需要考虑交易费用，如果交易费用高于社会净收益，那么资源协商就失去意义；最后，公共物品的产权很难界定或界定成本很高，也使自愿协商失去前提。

四、对农业生态补偿的指导意义

"外部性"起初是一个经济学概念，但随着经济社会发展，尤其是外部性理论的深入拓展和人们的认知加深，"外部性"早已超越经济范畴，而广泛存在或应用于农业、环境、社会、管理等多个领域。如今，外部性已成为农业生态环境问题产生的重要制度根源，外部性理论对农业生态环境保护与生态补偿具有重要的指导意义。

农业生产具有典型的外部性特点,既能对生态环境产生正外部性效果、改善生态环境,又能对生态环境产生负外部性影响、污染生态环境。一方面,农业生产者为保障粮食等农产品产量与质量安全,在农业生产过程中会采取翻土、施肥、增加有机物覆盖等多种措施对农田耕地进行管理维护,从而保持与改良土壤环境、防止水土流失;同时,种植的大面积农作物也能够净化空气、增加生物多样性和景观美学、调节区域小气候等,为人类提供良好生态服务。但从经济角度看,农业生产的正外部性效果并未完全在市场交易中得到体现,产生的收益难以完全体现在农业生产者身上,绝大多数被其他主体或社会无偿享用,这也导致农业生产者生态环境保护意愿和动力不足。另一方面,农业生产者为达到粮食等农产品增产、个人增收等目的,在农业生产过程中可能盲目地、掠夺式地开发与利用农业资源,如毁林开荒、过度开垦农田,超量使用化肥、农药、农膜等农业投入品,从而导致农田水土流失、土壤板结、肥力降低、重金属污染、生物多样性丧失等农业生态破坏和环境污染,农业生态功能退化,威胁人类生存环境,制约人类可持续发展。同样,这些负外部性效果也未在市场交易中得到充分体现,产生的成本也难以计算到农业生产者身上,生产者也没有因为这样的负外部性受到惩罚而改变自己利益最大化追求或生产习惯,成本却由其他主体或社会无故承担。保护和改善农业生态环境,必须解决农业生产的外部性问题,可综合采用庇古手段和科斯手段,通过政府干预向农业生产主体征税或补贴、明确农业生态环境产权和市场交易等措施,使农业生态环境保护者得到补偿、破坏者受到惩罚,将农业生产的外部性内部化,实现边际私人收益(或成本)与边际社会收益(或成本)一致。

第二节　公共物品理论

一、内涵与原理

公共物品理论，又称为公共产品理论，是现代经济学的基本理论，也是环境经济学、生态经济学的基础理论之一。公共物品理论起源于西方。1776 年，亚当·斯密（Adam Smith）在《国民财富的性质和原因的研究》（简称《国富论》）（*The Wealth of Nations*）中阐述了公共产品的类型、提供方式、资金来源、公平性等，认为政府只需充当"守夜人"，仅提供最低限度的公共服务，形成公共物品理论的雏形。1919 年，埃里克·罗伯特·林达尔分析了公共物品供给的均衡，即个人对公共产品的供给水平以及它们之间的成本分配进行讨价还价，并实现讨价还价的均衡，是公共物品理论最早的成果之一。1954—1955 年，保罗·萨缪尔森发表《公共支出的纯理论》（*The Pure Theory of Public Expenditure*）和《公共支出理论的图式探讨》（*A Schematic Study of Public Expenditure Theory*），将公共物品定义为"每个人对这种产品的消费，都不会导致其他人对该产品消费的减少"。这也成为经济学关于纯粹的公共物品的经典定义。1965 年，詹姆斯·麦基尔·布坎南在《俱乐部的经济理论》（*An Economic Theory of Clubs*）中对非纯公共物品（准公共物品）进行了讨论，公共物品的概念得以拓宽，认为只要是集体或社会团体决定为了某种原因通过集体组织提供物品或服务，便是公共物品。随着研究的深入拓展，公共物品理论逐渐成熟。

公共物品有狭义和广义之分。从狭义角度讲，公共物品是指纯公共物品，是具有非排他性和非竞争性的物品，如国防、法律、社会安全、环境保护等，一般由政府提供。从广义角度讲，公共物品是指具有非排他性或非竞争性的物品，一般包括纯公共物品、准公共物品。纯公共物品具备完全的非竞争性和非排他性，而准公共物品是介于纯公共物品和纯私人物品之间的产品，兼有纯公共物品和私人物品的特性，其供给主要是依据物品的非排他性和非竞争性强弱来确定供给模式，一般包括俱乐部物品、公共池塘资源等。其中，俱乐部物品，是指相互的或集体的消费所有权的安排，是具有非竞争性但有排他性的物品。公共池塘资源，是具有非排他性和消费共同性的物品，是一种特殊的公共物品，其公共性主要考察的是自然资源配置过程中的制度安排。按公共物品的地域划分，可以分为全球性公共物品、全国性公共物品、区域性公共物品、地方性公共物品等。

二、主要特征

1. 效用的不可分割性

主要是针对公共物品本身特性而言的。公共物品是一个整体，其供给也是整体性的，向整个社会提供，全社会受益，任何人都无法拒绝且不可分割。例如，国防、法律、公共安全、环境保护等，这些物品一旦被提供，全体国民都能享用，即使增加居民也不会降低其他居民对这种服务的享用。

2. 受益的非排他性

主要是指公共物品可以提供给任何一个人并使之受益，无论这个人是否为自己的使用行为进行了支付，或者别人是否已经因此而受益；也就是说，对于既定的公共物品，即使已有一定数量的经济主体为此受益，也并不妨碍别的经济主体从中获取效用，即任何经济主体对于公共物品的使用受益并不相互排斥。

3. 消费的非竞争性

主要是指针对既定的公共物品，每增加一个消费者，并不会影响已有消费者对此公共物品的消费和从中获得的效用，也不会增加生产此公共物品的额外成本。也就是说，既定产出的公共物品随着消费者数量的增加，其消费的边际成本为零，每一个消费者的消费行为互不影响，不构成竞争关系；消费的边际拥挤成本也为零，即任何人对公共物品的消费不会影响其他人同时享用该公共物品的数量和质量。因此，边际拥挤成本是否为零也是区分纯公共物品、准公共物品的重要标准。

三、产生的主要问题及解决方式

1. "搭便车" 问题

"搭便车" 问题首先由美国经济学家曼瑟尔·奥尔森（Mancur Lloyd Olson, Jr.）提出。1965 年，他发表《集体行动的逻辑：公共利益和团体理论》（*The Logic of Collective Action：Public Goods and the Theory of Groups*），核心观点是集体行动所产生的收益由集团内部每一个人共享，但成本却很难平均地分担，每个集体成员在分析自己的成本—收益时，都会选择让别人去努力而自己坐享其成。换言之，由于有公共物品的存在，每个成员不管是否对这一物品的产生做出过贡献，都能享受其带来的好处，或者说个人不付成本而坐享他人之利。

曼瑟尔·奥尔森认为，"搭便车" 问题会随着一个群体中人员数量的增加而加剧：①当群体成员数量增加时，群体中每个人在获取公共物品后能从中取得的好处会减少；②当群体成员数量增加时，群体中每个人在集体行动中能做出的贡献相对减少，这样，因参与集体行动而产生的满足感就会降低；③当群体成员数量增加时，群体内人与人之间进行直接监督的可能性会降低；④当群体成员数量增加时，把该群体成员组织起来参加一个集体行动的成本会大大提高。"搭便车" 问题源于公共物品的非竞争性和非排他性，每个人都拥有享用的权利。所以，这影响着公共物品供给成本分担的公平性，以及公共物品供给的持续性。个人支付较大成本而只享受较少的收益，致使集体中的理性个人没有动力继续提供公共物品，并且随着集体组织规模的日益扩大，公共物品的供给会越来越不足。

"搭便车" 问题往往导致 "市场失灵"，市场无法达到效率。而解决这一问题，仅仅依靠市场机制本身很难奏效，需要政府干预，提供这种公共物品或服务，同时建立公平机制、加强监管，并不断提高每个主体的付出或服务意识。

2. "公地悲剧"问题

"公地悲剧"问题最早由学者加勒特·哈丁（Garrett Hardin）提出。1968 年，他在《科学》（*Science*）杂志上发表文章《公地的悲剧》（*The Tragedy of the Commons*），指出作为理性人，每个牧羊者都希望自己的收益最大化。在公共草地上，每增加一只羊会有两种结果：一是获得增加一只羊的收入；二是加重草地的负担，并有可能使草地过度放牧。经过思考，牧羊者决定不顾草地的承受能力而增加羊的数量，于是他便会因羊只的增加而收益增多。看到有利可图，许多牧羊者也纷纷加入效仿此举。由于羊群的进入不受限制，所以牧场被过度使用，草地状况迅速恶化，悲剧就发生了。

从根本上说，"公地"作为公共物品，具有非排他性和非竞争性等特征，每一个经济主体都有使用权，为了自身利益最大化都倾向于过度使用，从而造成资源枯竭、"公地"不再。例如，过度砍伐的森林、过度放牧的草原、过度捕捞的渔业资源，以及过度投入化肥、农药的污染耕地等都是"公地悲剧"的典型例子。公地悲剧，其实就是每个主体都是按照自己的方式，无节制地、掠夺式地处置公共资源。从经济角度分析，是公共物品因产权难以界定而被竞争性地过度使用或侵占，私人收益大于社会收益、私人成本小于社会成本，资源配置低效率或无效率。

因此，解决"公地悲剧"问题，可采用两种手段：一是界定产权。根据科斯定理，只要界定和清晰公共物品的产权，则通过市场机制，最终总能使该资源达到最优配置和使用。因此，明确"公地"产权，或者将"公地"私有化、分配给每个主体，是理论上避免"公地悲剧"发生的最好途径。再进一步理解，既然公共物品容易遭到滥用和损害，不如把它们分配给私人，使其产权明晰、权责明确。这样每个主体在追求自身利益最大化的时候，就会自觉考虑到长期效应，从而使公共资源得到更有效率和更可持续的利用。从实践来看，家庭联产承包责任制、草原保护承包制、林地管护承包制等，就是通过产权制度安排来避免"公地悲剧"发生的一个应用和体现。二是政府干预。现实中，往往并不是所有公共物品都能或者适合通过产权分配的方式来避免"公地悲剧"的发生，尤其是还附加着社会制度等因素。例如，空气是典型的公共物品，属于典型的"公地悲剧"问题，但加强空气环境保护、避免污染发生，就很难通过界定产权归属这一途径来实现。因此，在公共物品仍然保持其公有属性的情况下，只能通过公共部门（政府）干预，来规范和协调每个经济主体的行为，确保公共物品的合理有效利用。

四、对农业生态补偿的指导意义

良好生态环境是最公平的公共产品，是最普惠的民生福祉[①]。农业生态环境作为自然生态环境的重要组成部分，不仅具有自然生态环境的基本特征，还担负着为人类提供粮食和农产品的特殊使命。可见，对人类而言，农业生态环境更是属于特殊意义的公共物品或准公共物品。公共物品理论对农业生态环境保护及补偿具有重要的支撑和指导意义。

一方面，保护和改善农业生态环境，要发挥政府的主导作用，采取实施生态补偿、建立监管机制等多种措施。农业生态环境具有公共物品或准公共物品属性，不可避免存在"搭便车"和"公地悲剧"问题。个人、企业、组织等社会主体对保护和改善农业生态环境的意愿、动力不强，导致这一公共物品持续供给拥挤或不足。政府作为公共物品的代言人，是提供和维护公共物品的首要主体。解决农业生态环境"搭便车"和"公地悲剧"问题，必须充分发挥政府的主导作用，采取建立监管机制、加大资金投入、完善规章制度等多种措施，维护这一公共物品供给的公平、效率和可持续。其中，建立健全补偿机制，实施农业生态补偿，激励和规范保护行为，是保护和改善农业生态环境的重要举措。此外，即使按照科斯解决"公地悲剧"问题的思路，由市场机制发挥作用，但清晰界定农业生态环境产权、维护市场公平合理运行也需要发挥政府的重要作用。

另一方面，保护和改善农业生态环境，也要发挥市场的积极作用，促

---

① 习近平在2013年4月考察海南时的讲话。

进产权、资源等合理配置和使用。公共物品既可以由政府直接生产供给，也可以由私人部门供给。农业生态环境是公共物品或准公共物品，政府是主要提供者、监管者但不是唯一提供者和监管者，社会或私人部门也可以提供和维护。按照科斯定理，界定农业生态环境产权，通过市场机制，总能使农业生态环境这一公共资源达到最优配置和使用。其中的市场机制，包括价格、供求、竞争等基本要素，涵盖分配、交易等相关行为，最后实现市场效率。目前，我国实行的农村土地经营权承包制、草原保护承包制、林地管护承包制等，既是配置农业生产要素、促进农业生产发展的重要措施，也是发挥市场作用、促进农业生态环境保护的有益探索。在此过程中，通过实施耕地地力保护补贴、草原保护补助奖励等补贴政策，将农业生产与生态环境保护行为挂钩，以补偿推动农业生态环境保护。此外，社会主体间自发形成的农业生态环境产权交易、生态服务购买、生态产品付费等行为，以及区域间、上下游间等市场形成的农业生态购买付费行为，也是农业生态补偿的重要体现。发挥市场作用，对降低政府管理与行政成本、提升农业生态环境管理效率和水平，解决公共物品自身局限问题、改善农业生态环境具有重要意义。

第三节　生态环境价值理论

一、内涵与原理

价值是经济学、社会学中的一个重要概念，体现着事物间的相互作用与联系，表示客体的属性和功能与主体需要间的一种效用、效益或效应关系。传统价值观认为，没有劳动参与、没有效用的东西没有价值，与之对应的就是自然资源和生态环境没有价值。这种观点，在很长一段时间内盛行，主要因为人们认为资源环境是取之不尽、用之不竭的，无偿的、没有价值的。20世纪60年代以来，特别是可持续发展理论提出以来，人们逐渐重视生态环境问题，一些经济学家也逐渐意识到经济发展与生态环境、自然资源有关。1967 年，约翰·克鲁梯拉（John V. Krutilla）定义了自然环境价值，将"存在价值"引入主流经济学，认为生态资本的存在价值是独立于人们对它进行使用的价值，要考虑生态资本在当代人和后代人之间的价值分配，为定量评估生态环境价值奠定了理论基础。1987 年，世界环境与发展委员会在报告《我们共同的未来》（*Our Common Future*）中提出应该把环境当成资本，并认为生物圈是一种最基本的资本。1990 年，大卫·皮尔斯（David W. Pearce）和科里·特纳（R. Kerry Turner）在《自然资源与环境经济学》（*Economics of Natural Resources and the Environment*）中正式提出"自然资本是任何能够产生有经济价值的生态系统服务的自然资产"，而且认为所有的生态系统服务可能都会产生经济价值。之后，关于生态环境价值的研究逐渐增多，主要包括生态环境价值的内涵、分类、评估（或核算）等，不断推动基础理论发展。

生态环境价值反映着人们对生态环境物品或服务的经济偏好，体现着人们对生态环境改善的支付意愿，或是忍受生态环境损失的接受赔偿意愿。关于生态环境价值的内涵，环境经济学家认为生态环境价值是指生态环境客体的属性和功能与人类社会主体需要之间的定性或定量关系描述，是生态环境为人类社会所提供的效用、效益或效应。生态环境价值，也称生态环境的总经济价值，包括使用价值和非使用价值。其中，使用价值又分为直接使用价值、间接使用价值和选择（或期权）价值，非使用价值又分为存在价值、遗传（或遗赠）价值。

（1）使用价值。指生态环境被使用或消费的时候，满足人们某种需要或偏好的能力。其中，直接使用价值指生态环境直接满足人们生产和消费需要的价值，如生态环境的休闲娱乐、环境教育、基因保护等；间接使用价值指人们通过生态环境获得的间接效益，虽然不直接进入生产和消费过程，却是生产和消费正常进行的必要条件，如生态环境的涵养水源、水土保持、气候调节等；选择价值，或称期权价值，指人们为了保存或保护某一生态环境，以便将来用作各种用途所愿支付的金额。

（2）非使用价值。指与人类是否使用生态环境没有关系，侧重生态环境的一种内在属性价值，即无论是否使用，生态环境只要存在都具有其内在价值。所以，存在价值是非使用价值的一种最主要的表现形式，是指从仅仅知道这个生态环境存在的满意中获得的价值，尽管并没有要使用它的意图。从某种意义上说，其反映着人们对生态环境资源的道德评判，是人们对生态环境存在意义的支付意愿。遗传（或遗赠）价值，是指当代人为后代人保留的使用价值或非使用价值的价值，是人们希望为未来保留的财产的选择。

二、生态环境价值核算

开展生态环境价值核算，是判断计量人们对生态环境经济偏好或支付（接受赔偿）意愿的重要手段，具有重要意义。第一，可以通过开展价值核算，体现生态环境的经济价值，明确生态环境的"家产"；第二，可以深化人类对生态环境的认知和理解，生态环境是巨大资源与财富，要更加重视和爱护生态环境；第三，可以促使人们采取针对性措施，加大投入力度，管理和保护生态环境，使之更好地为人类服务。

多年来，围绕生态环境价值核算，国内外开展了大量相关研究。从国外看，1978 年，挪威开始资源环境核算，以国民经济为模型建立环境账户。1985 年，荷兰开始土地、能源、森林等的核算。1989 年，法国发布《环境核算体系——法国的方法》(*Environmental Accounting System—The French Method*)。1990 年，墨西哥把土地、水、森林等纳入环境经济核算，并率先进行绿色国内生产总值 (Green Gross Domestic Product，绿色 GDP) 核算。1991 年，日本开始环境核算，于 1995 年设计成整合环境账户及传统账户的会计基本架构。1993 年，美国建立反映环境信息的资源环境经济综合账户体系。1997 年，罗伯特·科斯坦萨 (Robert Costanza) 等发表《全球生态系统服务和自然资本的价值》(*The Value of the World's Ecosystem Services and Natural Capital*)，对全球生态资本的经济价值进行评估，将全球生态系统的服务功能分为 17 种并进行赋值计算，得出每年 33 万亿美元的结论，使人们认识到生态资本拥有巨大的经济价值，同时也在世界范围内掀起了生态系统服务功能价值评估与核算的研究热潮。1989 年以来，联合国先后发布了《综合环境与经济核算体系》系列版本，为进一步推动环境价值理论发展，规范各国绿色国民经济核算体系提供了指南和保证。从国内看，20 世纪 80 年代，李金昌、过孝民等翻译和出版了自然资源核算方面的外文著作，刘鸿亮等构建了环境污染和生态破坏引起的经济损失的计算方法，国务院发展研究中心与世界资源研究所合作研究《自然资源核算及其纳入国民经济核算体系》，为国内认识和了解资源环境价值、评估方法与开展价值核算等发挥了重要作用。20 世纪 90 年代以来，欧阳志云、李文华、王金南、刘思华、谢高地等开展了一系列相关研究，进一步推动了生态环境价值核算工作。2002 年，国家统计局扩展国民经济核算体系，新增自然资源实物核算卫星账户，补充水、土地、矿产、森林等资源的实物核算表，并开展污染物排放的实物量数据统计。2006 年，国家环境保护总局与国家统计局发布《中国绿色国民经济核算研究报告 2004》，是我国第一份经环境污染调整的 GDP 核算研究报告。2013 年，国家林业局和国家统计局联合启动全国林地林木资源价值和森林生态服务功能价值核算。2015 年，环境保护部又启动了"绿色 GDP 2.0 核算体系"。2020 年，生态环境部发布《陆地生态系统生产总值（GEP）核算技术指南》。2021 年，中共中央办公厅、国务院办公厅印发《关于建立健全生态产品价值实现机制的意见》，提出建立生态产品价值核算体系。2022 年，国家发展改革委、国家统计局联合印发《生态产品总值核算规范（试行）》。与此同时，许多专家学者、研究机构、地方政府等也开展了系列生态环境价值核算研究与实践，为丰富与完善生态环境价值理论提供了重要支撑。

目前，生态环境价值核算的方法主要包括机理机制法、当量因子法、能值分析法等几大类。①机理机制法。是基于生态学、环境学、经济学、农学等多学科理论，从农业生态系统内在机理出发，通过分析其运移机制、演化规律、环境因子及质量变化等，对农业生态环境价值进行评估的方法。根据人类对生态环境物品或服务支付（接受赔偿）意愿的获取途径，按照市场信息的完全与否，机理机制法又可以分为直接市场法、间接市场法、意愿调查法等 3 类。②当量因子法。是基于生态系统单位面积价值进行核算的方法，即通过明确不同类型农业生态系统生态服务价值当量因子、单位面积生态服务经济价值量，然后根据其面积大小，估算其生态服务的经济价值。具体来说，就是在区分不同种类农业生态系统服务功能的基础上，基于可量化的标准构建不同类型农业生态系统各种服务功能的价值当量，然后结合其分布面积进行评估。最早由罗伯特·科斯坦萨等于 1997 年提出，我国学者谢高地等在参考其研究成果的基础上，建立了我国生态系统生态服务价值当量因子法。③能值分析法。是在生态系统服务实物量核算基础上，通过能值转换率统一转化为太阳能值，再进一步结合能值货币比得到生态系统服务货币化价值的方法。具体来讲，就是从地球生物圈能量运动出发，统一以太阳能值来表达某种资源或产品在形成或生产过程中所消耗的所有能量，然后再将能量货币化以显现其价值。这种方法能够克服不同种类、不同级别生态产品和服务量纲不统一问题，实现能量可比性，但能值转化率等参数确定却没有统一标准。

三、对农业生态补偿的指导意义

生态环境价值理论已成为环境经济学、生态经济学、资源经济学领域的一项重要理论，对农业生态环境保护及补偿具有重要支撑和指导意义。

一方面，承认农业生态环境具有价值，为开展农业生态环境保护与补偿提供必要依据和动力。农业依靠生态环境而产生，又在创造生态环境的过程中得以发展。在农业生产过程中，生态环境既是劳动对象又是劳动资料，农业生产的过程就是人们通过劳动改变自然物的形态以适应人类社会需要的过程，即利用对农业自然资源和生态环境的消费及其形态的变化过程（屈志光等，2014）。所以，农业生态系统与自然生态系统有着天然的耦合性，农业生态系统是自然生态系统的重要组成部分，对人类生存与发展发挥着基础性效用。因此，耕地、草原、湿地，以及土壤环境、水环境、大气环境等农业资源环境具有重要价值。尤其是随着工业化和城市化的快速推进，各种自然资源、生态环境要素稀缺性和生态系统的阈值性日益凸显，如耕地数量减少、土壤环境污染加剧、农业水资源短缺、草原沙化，等等。良好的农业生态环境成为一种稀缺的"奢侈品"，进一步彰显其存在的意义和价值的宝贵。正基于此，人们才有意愿和动力，采取投入、补偿等必要措施以保护和改善农业生态环境。

另一方面，核算的农业生态环境价值量，为开展农业生态补偿提供重要参考标尺。随着生态环境价值理论的不断发展，生态环境价值的评估、核算方法也不断完善，对农业生态环境价值计量发挥着重要指导与支撑作用，有利于不断提高农业生态补偿的精准性和指向性。例如，直接市场法，可作为计量农业生态环境质量变化的经济损失或经济效益方法。通过建立剂量—反应函数、损害函数或生产率变动方程等具体技术方法，计算农业生态环境质量的实际变化情况，同时再结合市场价格，从而直接估算农业生态环境质量变化带来的经济损失或效益，即获得具体的农业生态环境价值，进而衡量估算农业生态补偿标准。此外，还有替代市场法，如旅行费用、防护支出、影子价格法等，也可作为估算农业生态环境价值的方法，为开展必要的农业生态补偿提供参考依据。

第四节　可持续发展理论

一、内涵与原理

可持续发展已是广泛共识。可持续发展的思想萌芽可以追溯到20世纪60年代。1962年，美国海洋生物学家蕾切尔·卡逊（Rachel Carson）出版《寂静的春天》（*Silent Spring*），深刻揭示了化学杀虫剂的滥用对生物界和人类的致命危害，提出人类应该与大自然的其他生物和谐共处，共同分享地球的思想。此后，人们更加关注环境问题。1972年，罗马俱乐部发表研究报告《增长的极限》（*Limits to Growth*），深刻阐述了自然环境的重要性以及人口和资源之间的关系，指出经济增长不可能无限持续下去，世界将会面临一场"灾难性的崩溃"，并提出"零增长"的对策性方案。同年，联合国在斯德哥尔摩召开人类历史上第一次环境会议——联合国人类环境会议，第一次将环境问题纳入世界各国政府和国际政治的事务议程，讨论了可持续发展的概念。1987 年，世界环境与发展委员会在报告《我们共同的未来》（*Our Common Future*）中正式提出可持续发展模式，明确阐述"可持续发展"的概念及定义。1992 年，联合国在里约热内卢召开环境与发展大会，讨论通过《里约环境与发展宣言》（*Rio Declaration*）和《21 世纪议程》（*Agenda* 21），确立将可持续发展作为人类社会共同的发展战略，标志着可持续发展由理论和概念走向行动，拉开了世界可持续发展的实践序幕。

关于可持续发展的定义，目前被广泛接受、影响最大的仍是世界环境与发展委员会在《我们共同的未来》中所述，即"既能满足当代人的需要，又不对后代人满足其需要的能力构成危害的发展"。从提出背景与目标初衷理解，可持续发展的核心仍然是发展，而且是一种持续的、有质量的与公平的发展；在发展中，要注重环境保护与资源节约，以自然资源为基础，与环境承载能力相协调，提高发展质量；强调经济、社会、环境要协调发展，使子孙后代能够永续发展和安居乐业。可持续发展与传统发展模式有着本质区别：一是由单纯追求经济增长转变为经济、生态、社会综合协调发展；二是由以物为本的发展转变为以人为本的发展；三是由物质资源推动型的发展转变为非物质资源（科技、知识）推动型的发展；四是由注重眼前、局部利益的发展转变为注重长远和全局的发展。

可持续发展的目标是持续的经济繁荣、生态良好、社会进步，是经济、生态、社会的协调发展。具体包括经济可持续发展、生态可持续发展、社会可持续发展三个方面，其中，经济发展是基础，生态发展是基本条件，社会进步是目的。三者是一个相互影响的综合体，要保持协调发展，才能实现人类的可持续发展。

（1）经济可持续。可持续发展并不否定经济增长，相反，却强调经济增长的必要性，鼓励经济增长。因为经济增长是人类生存、发展与社会进步的重要动力，提供着重要的物质保障。面临的许多困难和问题，都需要通过经济增长来解决；经济增长可以提高当代人福利水平，增强国家实力和社会财富。但经济方面的目标，是追求经济发展的质量和效率。可持续发展不仅重视经济增长的数量，更追求经济增长的质量。要求改变传统的以"高投入、高消耗、高污染"为特征的发展模式，强调充分考虑资源环境承载能力等限制因素，选择资源节约、环境友好、生态良性的可持续发展模式，以提高经济增长的质量和效益，实现经济的可持续发展，不断满足人类生存发展的需求。

（2）生态可持续。可持续发展追求人与自然的和谐。自然资源与生态环境是人类生存与发展的物质基础，也是可持续发展的首要条件。如果发展没有限制，超越资源环境承载极限，那么这种发展也终将不可持续。所以，生态、资源与环境发展的目标强调发展的限制性，要以自然资源为基础，与自身承载能力相协调，不能超越自身的承载极限，才能为发展持续提供条件。要求在保护环境和资源永续利用的条件下进行发展，以可持续的方式使用自然资源和环境成本，使人类的发展控制在资源环境的承载能力之内。必须采取科学合理的发展方式，从根本上、源头上降低资源环境的损耗速率，使之低于其再生速率，使自然资源与生态环境能够自我净化、自我恢复，实现持续发展。

（3）社会可持续。可持续发展的总目标是谋求社会的全面进步。尽管世界各国的发展阶段不同，发展的具体目标也不相同，但发展的本质一致，即不断改善人类生活质量，提高人类健康水平，创造一个保障平等、自由、教育、人权和免受暴力的社会环境。即发展不仅仅是经济问题，不能单纯追求产值的经济增长；也不只是生态环境保护问题，不能单纯为了保护生态环境而不发展；发展的最终目的，是在生态环境承载能力约束下，通过提升经济增长的质量与效率，促进社会经济结构发生变化，实现人类社会的全面进步和可持续发展。

二、基本原则

可持续发展综合了经济、生态、社会三大目标，充分体现了时空上的整体性。强调经济、生态与社会的一体化发展，不可偏废；强调人类在时间和空间上的共同发展，而不是某时段、某几代人的发展；强调是人类的共同选择，而不是某些国家和地区的追求。

1. 公平性原则

主要是指机会选择的平等性。可持续发展是一种机会、利益均等的发展。公平性原则包括两个方面：一方面是本代人的公平即代内的横向公平；另一方面是指代际公平性，即世代之间的纵向公平。代内公平，主要是强调同代内区际的均衡发展，即一个地区的发展不应以损害其他地区的发展为代价；可持续发展要满足当代所有人的基本需求，给他们机会以满足他们要求过美好生活的愿望。代际公平，主要是强调既满足当代人的需要，又不损害后代的发展能力，因为人类赖以生存与发展的自然资源是有限的；未来各代人应与当代人有同样的权利来提出他们对资源与环境的需求，当代人在考虑自己的需求与消费的同时，也要对未来各代人的需求与消费负起历史的责任。总的来说，人类各代都处在同一生存空间，他们对这一空间中的自然资源和社会财富拥有同等享用权，他们拥有同等的生存权；各代人之间的公平要求任何一代都不能处于支配的地位，即各代人都应有同样选择的机会空间。

2. 持续性原则

主要是指在对人类有意义的时间和空间尺度上，支配这一生存空间的生物、物理、化学定律规定的限度内，资源环境对人类福利需求的可承受能力或可承载能力。可持续发展，顾名思义，就是一种可"持续"的发展，强调发展的长期性、持续性，不能超越资源和环境的承载能力，不能过"度"。具体来说，就是在满足发展需要的同时必须有限制因素，即在"发展"的概念中包含制约因素。因为，归根结底，人类生存与发展的物质基础还是资源环境，资源的持续利用和生态环境的健康是保持人类社会可持续发展的首要条件。所以，人们要尊重自然、顺应自然、保护自然，不断调整完善自己的生产生活方式，在经济社会发展中要充分考虑资源环境承载力这一限制因素，科学合理的发展规模、发展方式、发展布局、人口数量等系列问题，不能超越资源环境承载能力，做到与自然和谐相处、和谐共生，维持自然生态系统持续、再生，最终保障人类社会的可持续发展。

3. 共同性原则

可持续发展是超越文化与历史的障碍来看待全球问题的，所讨论的问题是关系到全人类的问题，所要达到的目标是全人类的共同目标。所以，可持续发展关系到全球的发展。要实现可持续发展的总目标，必须争取全球共同的配合行动，这是由地球整体性和相互依存性所决定的。地球系统是一个有机的整体，其各子系统之间具有相互依赖、相互影响的关系。正如《我们共同的未来》中写的"今天我们最紧迫的任务也许是要说服各国，认识回到多边主义的必要性"，"进一步发展共同的认识和共同的责任感，是这个分裂的世界十分需要的"。这就是说，实现可持续发展就是人类要共同促进自身之间、自身与自然之间的协调，这是人类共同的道义和责任。致力于达成既尊重各方的利益，又保护全球环境与发展体系的国际协定至关重要。无论贫富，各个国家要实现可持续发展都需要适当调整其国内和国际政策。

三、对农业生态补偿的指导意义

可持续发展思想、理论和战略是人类对自然及人类自身的再认识，是在反思自身发展历程的基础上，对思维方式、生产方式、生活方式进行的一次历史性变革，是人类世界观、发展观的伟大进步。如今，可持续发展理论已被世人广泛接受、追求与实践，对农业生态补偿也具有重要指导意义。

首先，要从思想上真正重视农业生态环境保护。可持续发展理论与农业生态环境保护紧密相连，其思想萌芽主要源于农业投入品对生态环境的危害。因为在此之前，人们并未真正意识到生态环境保护的重要性，认为生态环境是取之不尽、用之不竭的资源，可以随心所欲、肆意利用。例如，20世纪40年代，人们为了消除害虫、提高粮食产量，在农业生产中大量使用剧毒农药，结果导致农药残留、环境污染，进而影响人体健康、生产发展。农业是人类生存与发展的基本产业，农业发展如何、可持续发展与否，不仅直接关系着农业本身的生产发展状况，而且影响到整个国民经济和其他相关产业的发展，最终影响着人类生存发展和社会的全面进步。生态环境又是农业生产发展的物质基础，可以说是人类生存和经济社会发展"基础的基础"。可持续发展的目标是持续的经济繁荣、生态良好、社会进步，强调经济、生态、社会的协调发展；强调农业生态环境的重要作用，不仅体现在对经济发展的支撑和服务上，也体现在对人类生存繁衍的支持上。这就要求我们必须从思想上真正反思自身行为，切实转变农业发展理念、调整发展方式，从依靠拼资源消耗、拼农资投入、拼生态环境的粗放生产经营，尽快转到注重提高质量和效益的集约生产经营上来，自觉走资源节约、环境友好、生态保育的农业发展道路。

其次，要建立激励机制加强农业生态环境保护。加强农业生态环境保护，保障可持续发展，需要采取有力措施、加大投入。农业生态环境保护横跨种植、畜禽养殖、水产养殖等多个行业或领域，涵盖土壤、水、大气、废弃物、农业投入品等多个环境要素，涉及工程设施、仪器设备、试验示范等诸多建设任务，需要科学技术的有力支撑，更需要资金投入的坚实保障。一方面，要把资金投入在农业生态环境保护行为上。农产品产地污染修复、农业面源污染防治、畜禽粪污资源化利用、农作物秸秆综合利用等农业生态环境保护活动都要消耗大量物力财力，需要真金白银投入。即使某一阶段农业生态环境状况良好，没有被污染或破坏，但为维护其生态平衡、保障永续利用和可持续发展，也需要采取措施加以保护，如施用有机肥提升耕地质量、建立保护区保护农业生物多样性等，这些都需要资金投入。另一方面，要把资金投入在农业生态环境保护主体上。如上所述，农业生态环境的外部性特征、公共物品属性，导致个人、企业等相关主体开发利用农业生态环境的动机大于其保护治理的动机。保障农业可持续发展，必须加强农业生态环境保护，在政府作为农业生态环境公共产品代言人财力精力有限的情况下，需要全面发动社会力量积极参与，通过实施生态补偿，给予实施农业生态环境保护治理的个人、企业等相关主体以补偿补贴，弥补其投入损失、激励其保护行为，保持其农业生态环境保护治理的意愿和动力。

第五节　成本收益理论

一、内涵与原理

成本收益理论是经济学和管理学领域的基本理论，也是环境经济学、生态经济学的基础理论。成本收益概念首次由朱尔斯·杜普伊特（Jules Dupuit）于 1844 年在文章《论公共工程效益的衡量》（*On the Measurement of the Utility of Public Works*）中提出，被定义为"社会的改良"（袁学英、颉茂华，2016）。1897 年，维尔弗雷多·帕累托（Vilfredo Pareto）研究发现了社会财富和收益分配的"二八法则"（即 80% 的社会财富集中在 20% 的人手里，而 80% 的人只拥有 20% 的社会财富），揭示了成本与收益等之间的不平衡关系，对成本收益理论进行了重新界定。1939 年，尼古拉斯·卡尔多（Nicholas Kaldor）、约翰·理查德·希克斯（John Richard Hicks）在前人研究的基础上对成本收益理论进行了再提炼，建立了卡尔多 – 希克斯（Kaldor – Kicks）效率标准，交易行动者只有从交易结果中获得的收益可以对其所付出的成本进行补偿，即收益大于成本这一标准时，交易者才有可能进行交易（袁学英、颉茂华，2016）。相对帕累托标准而言，卡尔多 – 希克斯标准放宽了相关约束条件，即在使一部分人受益的同时可导致一部分人受损，但只要受益者的收益在补偿受损者的损失后仍有剩余就是有效率的，并且受益者对受损者的补偿可以通过希克斯需求曲线估算，因此又被称为"潜在的帕累托最优"。此后，相关学者又开展了大量研究，对此进一步丰富与完善，推动成本收益理论迅速发展，并广泛应用于经济、管理、社会、生态环境等多个领域。

从本质上看，成本收益理论是研究人行为动机的理论，以"理性经济人"假设作为理论前提，是人以实现个人利益最大化为目标进行的行为选择。成本收益理论旨在分析"理性经济人"（经济主体）在以利益最大化为目标的前提下，通过成本收益分析，以求做出用最小成本获取最高收益的决策的行为。具体来讲，成本收益分析是以货币单位为基础对成本（或投入）与收益（或产出）进行估算和衡量，从而对成本（或投入）和收益（或产出）进行比较，为经济主体选择最优方案提供决策信息的一种经济评价方法。经济主体在进行经济活动时，会考虑具体经济行为的经济价值得失，从而合理估计成本（或投入）与收益（或产出）关系。从事经济活动的主体，从追求利益最大化出发，总是力图用最小的成本（或投入）获取最大的收益（或产出）。对经济主体来说，当实施某种经济行为的收益（或产出）大于成本（或投入）时就倾向于选择实施该行为，如果两种行动方案能够获得同等收益（或产出），但是成本（或投入）却有高低之分，行为人则倾向于选择成本（或投入）更低的一种。

成本收益分析是经济学研究的基础方法，目的在于对研究目标的经济性、效率性和效果性有一个全面认识，从而可以做出最有利的决策。其中，经济性侧重研究如何以最小的代价达到既定目标，效率性侧重研究如何在给定成本下达到最优效益，而效果性则重视最后结果是否达到既定的目标。在市场经济中，经济主体在实施经济行为时都会考虑经济价值得失，以便尽可能测算其成本（或投入）和收益（或产出）关系；成本收益分析理论就是一种用来解释经济主体此种行为的经济理念，要求主体对未来行为有预期目标，并能够对达成预期目标的概率有所掌握（杨扬，2014）。

（1）成本。所谓成本，是指为了获得某种收益而必须付出的代价。一般可分为会计成本和经济成本、显性成本和隐性成本、不变成本和可变成本、短期成本和长期成本、机会成本等。其中，会计成本是指经济主体在开展的经济活动中记入会计账目的各项费用支出，是实际发生的支出，包括工资、原材料费用、动力运输费用、土地和房租租金、借入资本等；经济成本是经济主体为开展经济活动所付出的全部经济代价、投入的全部资源，是各种要素的支出总和，比会计成本含义更广泛、内容更丰富；显性成本是经济主体在开展经济活动时用于购买或租用他人的生产要素所发生的实际支出，是有形的成本；隐性成本是一种隐藏于总成本之中、游离于会计入账之外的成本，是由经济主体的行为而有意或无意造成的，具有一定隐蔽性的将来成本和转移成本，如自己的资金、劳动等；不变成本，又称固定成本，是总成本中（短期内）不受业务量、产量等增减变动影响而保持不变的成本；可变成本，又称变动成本，是总成本中随业务量、产量等变化而变动的成本；机会成本是指经济主体在使用相同的生产要素情况下用于其他所放弃的用途所能获得的最高收入。在相互关系上，会计成本等于显性成本，经济成本等于显性成本与隐性成本之和。

（2）收益。所谓收益，是指"财富的增加"以及"那部分不侵蚀资本（包括固定资本和流动资本）的可予消费的数额"（亚当·斯密，1776），或者是指在保持期末与期初同样富有的情况下可能消费的最大金额（约翰·理查德·希克斯，1946）。一般可分为会计收益、经济收益等。其中，会计收益是本期交易中发生的收入（或产出）和与此对应的历史成本（或投入）之间的差额，是账目利润；而经济收益则是剔除追加投资和利润分配等之后的净资产的增加额，是实际财富的绝对增加。结合上述成本的有关概念、分类，从相互关系看，收益等于收入减去成本，会计收益等于总收入减去显性成本，经济收益等于总收入减去总成本（显性成本与隐性成本之和）。可见，一般情况下，会计收益大于经济收益。

二、主要特征与相关要求

1. 主要特征

一般而言，成本收益分析具有自利性、经济性、计算性等特征。其中，自利性指经济主体的出发点和目标是追求经济行为的最大收益，且带有强烈的自利动机，强调自己的行为效用；经济性指经济主体总是试图在经济活动中以最少的投入获得最大的收益，使经济活动经济、高效；计算性指经济主体为使自己的经济行为达到经济、高效目标，对自己的投入与产出进行精打细算（袁学英、颉茂华，2016；汪长球，2012）。

2. 主要准则

（1）净现值和内部回收率。时间因素对经济效益的影响大。开展成本收益分析时，要把时间因素考虑在内，按照一定的社会贴现率折算成现值，计算出净收益现值以及收益与成本现值的比率。社会贴现率是现值与未来价值相对比较的反映，不同的社会贴现率会产生不同的净收益，甚至影响不同方案的优劣次序，或对单独方案的经济有效性得出截然不同的结论（许光建、魏义方，2014）。一般以收益与成本比率最大的方案为最佳，且方案的净收益现值大于零，或收益与成本的比率大于1。在分析时，通常还要计算内部回收率，即净现值等于零时的内部贴现率；只有内部回收率大于社会贴现率时的方案才可取，内部回收率越高，则方案越好。

（2）影子价格。价格是成本收益分析的核心问题。现实中，由于税收、补贴等多种因素影响，市场价格与社会价值往往发生偏离，导致存在"失真"问题。这时需要建立数学模型，把市场价格合理地调整为影子价格或会计价格（即达到既定目标最优化时应采取的价格），把经济比较置于同一核算水平上，以更好地反映机会成本，保证稀缺资源的正确分配和过剩资源的有效利用。

（3）不确定性和风险。不确定性和风险是经济活动实施过程中的客观存在，也是开展成本收益分析时无法避免的误差。评估这些不确定性和风险对经济活动收益的影响，就必须开展敏感性分析，研究成本与收益的变化对可盈利率或现值的可能影响；同时用数理统计方法进行概率分析和期望值分析，以此降低或避免不确定性和风险。

3. 相关要求

开展成本收益分析，一般从数量和质量两个方面进行。其中数量分析，是根据经济理论，运用原始资料数据，采用科学方法，对收益和成本进行最佳的估计、鉴定和比较，最后评定经济价值；质量分析是成本收益分析中不能用数量分析的部分，又称为社会影响分析，要求一切非数量化的因素尽可能明确地列出，相关最重要的因素需作科学的专题探讨。成本收益分析以数量为主，分析过程对于量化有严格的要求：①分析应基于大量统计资料。②分析应具有一定的深度和广度。③分析应尽量运用数量，凡有货币价值的，应运用价值分析；凡无货币价值而有实物数量的，尽可能作数量分析；凡无价值与数量的，尽可能列出收益与成本的项目，并做出质量的说明（赵鸣骥，2004）。

4. 过程与程序

开展成本收益分析，一般采用以下三种思路来比较不同的方案：①在成本相同的情况下，比较收益的大小，以收益大的方案为最佳；②在收益相同的情况下，比较成本的大小，以成本小的方案为最佳；③在成本与收益都不相同的情况下，以收益与成本的比率和变化关系来确定，收益与成本比率最大的方案为最佳。

成本收益分析不是一个单纯的经济分析技术问题，必须事前有缜密的设计、执行中有正确的技巧、事后有决策的结论，全过程可分为五个阶段：①确定问题；②设计分析；③搜集资料；④进行分析；⑤提供成果（赵鸣骥，2004）。其中，关于数量的分析又可按照以下程序开展：①明确要达到的目标和任务；②提出能够实现目标的若干可供选择的方案；③列举每一方案的成本和收益；④计算每一方案的成本和收益；⑤计算贴现成本和收益；⑥选择决策标准，开展综合分析评估；⑦对各种方案进行优劣排序。

三、主要的问题或局限

在实际应用中，成本收益分析经常会遇到许多技术上的困难或限制（赵鸣骥，2004）：

（1）目标选择问题。如果经济活动或方案涉及多项目标，选择范围过于广泛，需要考虑各项目标之间的配合问题，可能会导致选择顾此失彼。

（2）资料丰缺问题。如果相关资料、数据等不全面，就会影响成本收益分析的全面性和准确性。

（3）量化标准同一性问题。成本收益分析结果的最终表征方式是货币化，但相关物品的货币化量化困难较大且准确性不高，尤其是不具有市场交易价格的行业领域，这可能影响成本收益分析结论。

（4）贴现率选择问题。如果贴现率选择不当，或高或低等都可能导致资源配置不合理。此外，部分人士认为，开展环境、健康、安全等领域的成本收益分析，不能使用贴现率，因为不符合道德规范要求且前后之间也不兼容。

（5）政府支出衡量问题。政府支出活动的场所往往是市场失效的地方，政府支出不能以市场价格来衡量，即便使用影子价格也十分困难，特别是对无形的社会成本和收益，只能用间接方法进行推断，未免粗略。

（6）预算额度限制问题。如果经济活动投资过大，超过预算限额，即便是高效率行为，也要受到预算资金定额的限制。

四、对农业生态补偿的指导意义

成本收益分析法产生以来，理论和实践不断发展，已在多个国家、多个领域被广泛应用。1936年，美国国会通过《洪水控制法案》（*Flood Control Act*），要求对水利项目方案的可行性进行论证，系统地测算工程项目的收益和成本，开启了程序化应用成本收益分析方法的先河（许光建、魏义方，2014）。20世纪90年代以来，美国、英国、澳大利亚、加拿大、新西兰等经合组织（Organization for Economic Cooperation and Development，OECD）国家纷纷发布成本收益分析的使用手册、应用指南等，成本收益分析成为重要的预算绩效管理工具和政府治理工具（曹堂哲等，2020）。我国成本收益分析的实践应用最早出现在工程项目领域，随后延伸拓展到政府监管、区域规划、环境经济、绩效评价等领域，成为农业生态环境保护及补偿的重要指导与支撑。

一是为农业生态保护及补偿提供依据。成本收益分析以"理性经济人"（经济主体）为理论假设，是将经济主体的经济活动的成本和收益进行量化并以货币化形式表征，对成本和收益进行比较、评估，从而为经济主体选择自身利益最大化的行为或方案提供决策依据的一种经济评价方法。无论是政府还是个人或集体组织等经济主体，作为"理性经济人"在实施经济活动时，都会从利益最大化出发，开展成本收益分析，评估预测经济行为的成本与收益。农业生态环境保护作为一项经济活动，也不例外。这些经济主体在开展农业生态环境保护活动时，都会从利益最大化出发，衡量自身的成本与收益，当收益大于成本时会选择开展行动，而当收益小于成本时则缺乏行动的动力。对政府而言，开展全社会农业生态环境保护，可能付出的成本很大甚至巨大，但产生的收益或正面影响更大，因为农业生态环境保护关系人的身体健康、生命安全、粮食安全乃至经济社会可持续发展，政府作为公共物品代言人从公共利益出发，有必要也有动力实施这一行为。对个人、集体组织等而言，开展农业生态环境保护要付出一定的成本，但相关收益或价值却很难在现实中体现，导致其意愿不强、动力不足，这时就需要给予一定的补偿，使其收益大于成本（或损失），以保持和激励农业生态环境保护行为积极性。

二是为农业生态补偿标准确定提供参考。成本收益分析会根据经济理论，运用原始资料数据，采用科学方法，对每一行动或方案的收益和成本进行最佳估计、鉴定和比较，最后量化评定其经济价值。这种对成本、收益的量化评定，尤其是净收益的衡量，可为确定农业生态补偿额度、制定农业生态补偿标准提供必要参考。农业生态补偿标准的确定一直是顺利实施补偿行为、健全补偿机制的核心问题。补偿标准低，不能有效弥补成本与收入的差距，甚至出现负收益，影响补偿对象的行为积极性，导致农业生态补偿无法顺利实施；补偿标准高，超出补偿主体的承受能力或预算限额，对补偿主体造成压力，导致农业生态补偿无法有效持续实施。对政府而言，通过开展农业生态环境保护成本收益分析，可以预估农业生态环境保护行为的成本、收益，有利于从宏观上做好农业生态环境保护投资预算与支出准备；同时，可以更加直观地了解具体方案、计划或行动的成本与收益大小，避免行动低效率、无效率甚至负效率。对个人、集体组织等而言，通过开展农业生态环境保护行动的成本收益分析，可以直观地了解其保护行动的成本、收益大小，从而判断决定是否开展保护行动；更重要的是，帮助其明确能够接受的最低补偿额度，以保持其继续有效开展农业生态环境保护行动的意愿和动力。

第六节　博弈理论

一、内涵与原理

博弈理论，又称博弈论，也称对策论或赛局论，是研究具有斗争或竞争性质现象的理论，比如棋牌、赌博等对局中的胜负问题。追溯博弈思想渊源，我国古代的《孙子兵法》可以算作最早的一部博弈论专著。随着时代发展，博弈思想不断专业化、理论化，逐渐发展成为一门正式学科。1928 年，约翰·冯·诺依曼（John von Neumann）证明了博弈论的基本原理，宣告博弈论的正式诞生。1944 年，约翰·冯·诺依曼和奥斯卡·摩根斯特恩（Oskar Morgenstern）合著出版《博弈论与经济行为》（*Theory of Game and Economic Behavior*），将二人博弈推广到 N 人博弈结构并将博弈论系统地应用于经济领域，奠定了博弈论学科的基础和理论体系。1950—1951 年，约翰·福布斯·纳什（John Forbes Nash, Jr.）发表《N 人博弈的均衡点》（*Equilibrium Points in N – Person Games*）、《非合作博弈》（*Non – Cooperative Games*）等，提出了纳什均衡的概念和均衡存在定理，为博弈论的一般化奠定了坚实的基础。此外，莱因哈德·泽尔腾（Reinhard Selten）、约翰·海萨尼（John C. Harsanyi）等的研究也对博弈论发展起到重要推动作用。

博弈论已经成为经济学的标准分析工具之一，是研究多个个体或团队之间在特定条件制约下的对局中利用相关方的策略而实施应对策略的理论和方法。在具有竞争或对抗性质的博弈行为中，参加竞争或对抗的各方为达到各自不同的目标或利益，必须考虑对手的各种可能的行动方案，并力图选取对自己最为有利或最为合理的方案。博弈论就是研究博弈行为中各方是否存在着最合理的行为方案，以及如何找到这个合理的行为方案的数学理论和方法。

一项博弈要具备以下几个要素：①局中人。在一场博弈中，每一个有决策权的参与者称为一个局中人。②策略。一局博弈中，每个局中人都可以选择实际可行的完整的行动方案，该方案不是某阶段的行动方案而是指导整个行动的方案，称为这个局中人的一个策略。如果在一局博弈中局中人有有限个策略，则称为"有限博弈"，否则称为"无限博弈"。③得失。指一局博弈结局时的结果。每个局中人在一局博弈结束时的得失，不仅与该局中人自身所选择的策略有关，还与全局中人所取定的一组策略有关。因此，一局博弈结束时每个局中人的"得失"是全体局中人所取定的一组策略的函数，通常称为支付函数。④次序。局中人的决策有先后之分，且一个局中人要做不止一次的决策选择，存在次序问题；其他要素相同但次序不同，博弈就不同。⑤博弈均衡。指达到博弈的平衡，出现稳定的博弈结果，即所有局中人的最优对策组合。纳什均衡是一种稳定的博弈结果，是指在一策略组合中所有局中人都面临，当其他人不改变策略时他的策略是最好的，如果他改变策略他的支付将会降低。在纳什均衡点上每一个理性的局中人都不会有单独改变策略的冲动。

博弈论研究基于以下几个基本假设：①局中人都是理性的，能够最大化自己的利益。②完全理性是共同知识。③每个局中人被假定为对所处环境及其他局中人的行为形成正确信念与预期。

二、主要分类

按照不同的标准、特点或方法，博弈有许多不同分类。在此，仅列举以下几种类型。

1. 两人博弈和多人博弈

按照博弈局中人的多少，博弈可分为两人博弈和多人博弈。如果局中人只有两人则为两人博弈，如果是两人以上则是多人博弈。

2. 合作博弈和非合作博弈

按照博弈局中人之间是否具有约束力的协议，博弈可分为合作博弈和非合作博弈。如果局中人能够联合，达成一个具有约束力的协议，称为合作博弈；如果局中人之间没有这样的协议，每个局中人都独立地从个人理性出发，选择能够使自己利益最大化的行动或对策，则为非合作博弈。

3. 静态博弈和动态博弈

根据局中人行动的先后顺序，博弈可分为静态博弈和动态博弈。如果一个博弈中的每个局中人必须同时选择行动，或者虽非同时但后行动者并不知道先行动者采取了什么具体行动，则该博弈是静态博弈；如果局中人的行动有先后顺序，且后行动者能够观察到先行动者所选择的行动，则该博弈是动态博弈。

4. 完全信息博弈和不完全信息博弈

按照博弈局中人对其他局中人的类型特征、对策及收益等知识的了解程度，博弈又可分为完全信息博弈和不完全信息博弈。如果一个博弈中的每个局中人对其他局中人的特征、策略空间及收益函数等都有准确的信息，则该博弈为完全信息博弈，否则为不完全信息博弈（范如国、韩民春，2007）。

三、经典模型

博弈论有许多经典模型，每个模型都代表不同的研究视角和重点，也深刻反映着不同的问题，带来不同启示。在此，也仅列举以下几种模型。

1. 囚徒困境

囚徒困境是博弈论的非合作博弈代表性案例，最早由美国兰德公司的梅里尔·弗勒德（Merrill Flood）和梅尔文·德雷希尔（Melvin Dresher）于 1950 年拟定，后由艾伯特·塔克（Albert Tucker）于 1953 年阐述命名。它是指两个被捕的囚徒之间的一种特殊博弈，说明即使合作对双方都有利但保持合作也是困难的，反映个人最佳选择并非团体最佳选择，或者说在一个群体中个人做出理性选择却往往导致集体的非理性。

具体讲的是，两个嫌疑人 A 和 B 共谋作案后被警察抓住，分别关在不同的屋里接受审讯，不能互相沟通情况。警察知道 A、B 两人有罪，但缺乏足够的证据。审讯中，如果两人都抵赖，都不揭发对方，则可能由于证据不确定，两人各被判刑 1 年；如果两人都坦白，互相揭发对方，则证据确凿，两人各被判 8 年；如果两人中一个坦白（揭发）而另一个抵赖，则坦白者（揭发者）因立功而获释，而抵赖者则罪加两年共被判刑 10 年（见表 2 - 1）。于是，每个嫌疑人都面临两种选择：坦白或抵赖。从选择组合来看，对"集体"而言，A、B 双方都选择抵赖是帕累托最优的，因为偏离这个选择组合的任何其他选择组合都至少会使一个人的境况变差；但对个人而言，选择坦白却总是最优的，可以说坦白是任何一个嫌疑人的占优策略，双方都选择坦白是一个占优策略均衡，即纳什均衡。

表 2 - 1　囚徒困境矩阵

	B——坦白	B——抵赖
A——坦白	-8, -8	0, -10
A——抵赖	-10, 0	-1, -1

尽管囚徒困境是一种相对理想化的模型，但它反映出的深刻问题是，在非合作博弈中个人的理性有时可能导致集体的非理性，即达到了纳什均衡却未必实现帕累托最优。

2. 智猪博弈

智猪博弈是一个著名的纳什均衡例子，由约翰·福布斯·纳什于 1950 年提出。讲的是，假设猪圈里有一头大猪、一头小猪。猪圈很长，一侧有猪食槽，另一侧安装着控制猪食供应的按钮。按一下按钮会有 10 个单位的猪食进槽，但是谁按按钮就会首先付出 2 个单位的成本，且丧失先到另一侧（猪食槽）进食的机会。如果小猪先到猪食槽进食，因为体型小、竞争力弱，进食速度一般，最终大小猪吃到食物的比率是 6∶4；如果大小猪同时到猪食槽进食，大猪由于体型大、竞争力强、进食速度快，最终大小猪收益比是 7∶3；如果大猪先到猪食槽进食，则会吃掉大部分猪食，最终导致大小猪收益比为9∶1。那么，在两头猪都有智慧的前提下，最终结果是：小猪选择等待，大猪去按按钮，达到纳什均衡。这一博弈模型得以成立的条件是：首先，大小猪之间虽有力量强弱、竞争力大小之分，但大猪并不能强迫小猪做出某种行为，大小猪的行为都是自主的；其次，大猪和小猪都具有智慧，能对自己行为的收益做出理性分析（张维迎，2000）。

出现这种结果的原因或过程为：在大猪选择行动（按按钮）的前提下，小猪选择等待，小猪因先到猪食槽可得到4个单位的纯收益，大猪也得到4个单位的纯收益（付出2个单位成本）；在大猪选择等待的前提下（优先到达猪食槽），小猪如果行动（按按钮）的话，大猪的纯收益达到9，而小猪的纯收益则为 -1（付出2个单位成本）；如果大小猪同时行动，则同时到达猪食槽，分别得到5个单位和1个单位的纯收益（各自付出2个单位成本）；如果大小猪都选择等待，那么各自纯收益均为零（见表2-2）。因此，综合比较后，对小猪而言等待要优于行动，等待是其占优策略；对大猪而言，虽然知道小猪可能选择等待，但自己行动总是优于等待，行动是占优策略。智猪博弈的启示是，对于竞争中的弱者而言，或许等待比行动更重要，"搭便车"是一种更好的策略选择。

表2-2　智猪博弈矩阵

	小猪——行动（按按钮）	小猪——等待（先进食）
大猪——行动（按按钮）	5，1	4，4
大猪——等待（先进食）	9，-1	0，0

3. 讨价还价

讨价还价模型也称鲁宾斯坦模型，由阿里尔·鲁宾斯坦（Ariel Rubinstein）于1982年建立。作为一个非零和博弈，讨价还价模型主要研究的是博弈局中人之间通过协商方式解决利益分配问题。主要内容是，博弈局中人A和B要一起分割一块蛋糕。A先出价，B可以选择接受或拒绝，如果B选择接受则博弈结束，按照A的方案分配蛋糕；如果B选择拒绝，将出现讨价还价。A也可以选择接受或拒绝，若A接受则博弈结束，按照B的方案分配蛋糕；如果A选择拒绝，那么他再次出价。如此循环，直到博弈的一个局中人给出的价格被另一个局中人接受为止。经过博弈，最后达到纳什均衡。

当然，讨价还价模型也要基于几个基本假设：理性经济人假设，局中人在给定的约束条件下均追求自身利益最大化；完全且完美信息，局中人完全了解对方各种情况下的得益，且每次行动时都能看到之前自己做出的所有行动，每个时刻只有一个人行动，没有外生的随机性；协议总是即时达成且结果有效率；等等。讨价还价模型说明，博弈局中人之间总能通过协商谈判方式解决利益分配问题，最后达到纳什均衡；协商谈判的策略、技巧、心理和经济承受力等也是达成均衡的重要影响因素。

四、对农业生态补偿的指导意义

随着博弈理论的不断发展，人类认识和需求的深化，博弈理论已广泛应用于经济学、生物学、政治学、社会学、国际关系学等诸多学科。如今，博弈理论对农业生态环境保护、农业生态补偿等行为也具有重要的支撑和指导意义。在农业生态环境保护与生态补偿过程中，各利益相关者之间既密不可分又相互影响，存在复杂的利益冲突与矛盾，属于典型的博弈关系。每个利益相关者都从自身出发，努力使自己利益最大化。经博弈，最后各利益相关者之间形成一个相互认可的解决方案，达成一种均衡。从博弈论的内涵与原理看，农业生态补偿中的补偿主体、补偿对象等各利益相关者可用博弈局中人解释，包括政府、农民、企业、组织等；农业生态补偿的补偿方式、方法等各种补偿方案可用博弈策略解释，即用以解决农业生态补偿过程中各利益相关者之间利益冲突与矛盾关系的最合理方案；农业生态补偿的补偿与受偿结果可用博弈得失、博弈均衡解释，即补偿方、受偿方共同认可接受的补偿金额。

由于农业生态环境的公共物品属性，个人、企业等主体作为"理性经济人"都会选择从自身利益最大化出发，尽可能多地使用、占用或掠夺这一公共资源。在存在制度空隙或外在约束软化情况下，选择更多开发利用农业生态环境是个人、企业等主体的占优策略，最后构成纳什均衡，但这种均衡是个体利益最大化、农业生态环境受损害的均衡，陷入"囚徒困境"，导致农业生态环境面临"公地悲剧"。解决这个问题的方法之一，就是建立农业生态补偿机制，对减少开发利用、加强保护治理农业生态环境的行为实施补偿，弥补因开发利用带来的收入损失，最后形成各主体间保护农业生态环境的纳什均衡。同时，由于农业生态环境保护治理需要投入较大人力物力财力，可能导致大多数个人、企业甚至部分地方政府无意愿无动力，而更倾向于选择"搭便车"。破解政府与个人、政府与企业、中央政府与地方政府、大企业与小企业等主体之间的农业生态环境"智猪博弈"，也需要建立生态补偿机制，对个人、企业或地方政府农业生态环境保护治理行为进行补偿。补偿金额或补偿标准既是关键，也是一个复杂的确定过程。如果补偿标准低，受偿方不接受或积极性不高，导致农业生态补偿行为无法实施或效果不明显；如果补偿标准高，补偿方财力无法承担或入不敷出，也可能导致农业生态补偿行为无法实施。这可能需要反复沟通、多次讨价还价，最终确定一个各方都认可的补偿金额或标准，使各方利益都达到最大化，实现纳什均衡。

第三章　农业生态补偿标准确定方法

　　补偿标准的确定，不仅是科学量化补偿主体与补偿对象间利益关系的理论研究过程，而且是补偿主体与补偿对象间复杂的实际博弈过程。补偿实施中，科学测算的补偿理论标准是实际执行标准的重要依据。从已有研究和实践看，不同国家、不同区域因条件差异，采用的补偿标准确定方法也多种多样。目前，生态补偿理论标准的确定方法主要包括成本法（包括直接成本法、机会成本法）、生态服务价值法、支付意愿和受偿意愿法等。不同确定方法因选取的指标、具体技术和测算角度不同，导致补偿标准结果存在差异。因此，实际工作中，应综合应用多种补偿标准确定方法，并加强沟通协商，合理确定农业生态补偿标准。

第一节　成本法

　　所谓成本法，是因保护农业生态环境而直接投入的费用，因农业生态环境被损害而造成的直接损失，以及可能因保护农业生态环境而不得不放弃其他机会创造的最大利益等作为测算补偿标准的方法。因此，通常情况下，成本法包括直接成本法、机会成本法等。

一、直接成本法

　　直接成本法是指将为农业生态环境保护、污染治理、污染预防等直接投入的成本，以及因农业生态环境被损害而造成的直接损失等费用加总作为测算补偿标准的方法，具有逻辑清晰、计算简单、操作容易等特点，但需要充分识别农业生态环境保护中的各项成本费用。

1. 保护成本法

保护成本法是从农业生态环境保护的正外部性出发，计算保护农业生态环境所投入的成本费用。这种为保护农业生态环境，拟采取相关措施、行动，使农业生态环境质量得以改善提升而发生的成本费用，称为保护成本或保护费用。

运用保护成本法，一般分为以下几个步骤：

①监测评估农业生态环境（或服务）现状，明确基期农业生态环境（或服务）的质量状况、等级或水平等；

②明确农业生态环境（或服务）保护目标，提出预期达到的农业生态环境（或服务）质量状况、等级或水平等；

③给出农业生态环境（或服务）保护方案，确定可能采取的保护技术、措施或行动；

④估算拟采取的保护技术、措施或行动的市场价格，即货币价值；

⑤确定总的保护成本费用，将保护农业生态环境的各种成本费用加总，得到总的农业生态环境保护成本费用。

2. 治理成本法

治理成本法主要是从农业生态环境被损害的负外部性出发，计算治理恢复被损害的农业生态环境而投入的成本费用。这种将受损害的农业生态环境质量治理恢复到受损害以前状况所需要的成本费用，称为治理或恢复成本费用。一般情况下，污染治理成本又可分为实际治理成本和虚拟治理成本。其中，实际治理成本是指当前已经发生的为治理污染而投入的成本；虚拟治理成本是指按照现行的治理技术和水平治理污染所需要的支出，是基于源头治理提出的方法，适用于环境污染所致生态环境损害无法通过恢复工程完全恢复、恢复成本远远大于其收益或缺乏生态环境损害恢复评价指标的情形。

运用治理成本法，一般分为以下几个步骤：

①识别农业生态环境影响（或危害），确定受影响（或危害）的农业生态环境所具有的功能或提供的服务；

②评估受影响程度，确定农业生态环境各种功能（或服务）受损的数量、质量、方式、程度及其时间、区间等；

③给出治理方案，确定可能采取的农业生态环境治理技术、措施或行动；

④估算治理技术、措施或行动的市场价格，即货币价值；

⑤确定总的治理成本，将治理该受损农业生态环境的各种成本加总得到总的受损农业生态环境的治理成本。

3. 防护支出法

当某种活动有可能导致农业生态环境损害时，可以采取应对措施来预防可能出现的这种损害，以避免环境污染、退化等危害。防护支出法主要是从农业生态环境损害的负外部性出发，计算预防可能被损害的农业生态环境而支出的费用。这种为预防农业生态环境损害所准备做出的预防性支出方法，称为防护支出法。因此，防护支出也称为防护成本。

实施防护支出法，一般分为以下几个步骤：

①识别可能的农业生态环境危害，预测可能发生的危害类别、时间、区间等，这是运用防护支出法的基础；

②评估受影响程度，界定农业生态环境危害可能影响的范围、受体类别、影响方式、影响程度等；

③给出防护方案，确定可能采取的农业生态环境危害防护技术、措施或行动；

④估算防护技术、措施或行动的市场价格，即货币价值；

⑤确定总的防护支出，将防护农业生态环境危害的各种支出加总得到总的农业生态环境防护支出。

4. 损失评估法

损失评估法主要是从农业生态环境被损害的负外部性出发，计算因农业生态环境被损害而造成的直接损失。

运用损失评估法，一般分为以下几个步骤：

①识别农业生态环境影响（或危害），确定受影响（或危害）的农业生态环境所具有的功能或提供的服务；

②评估影响程度，界定农业生态环境损害可能影响的范围、受体类别、影响方式、影响程度等；

③给出损失评估方案，确定农业生态环境损害造成的经济损失估算指标、方法；

④开展损失评估，估算农业生态环境损害造成的各种经济损失，即货币价值；

⑤确定总的直接损失，将因农业生态环境被损害造成的各种损失加总得到总的直接损失。

二、机会成本法

机会成本源于资源的稀缺性特征，使人们的选择受到限制。在某种资源稀缺的条件下，人们将该资源一旦用于某种生产或消费就不能再同时用于另一种生产或消费，即选择了一种机会就意味着放弃了另一种机会。因此，机会成本就是指把该资源投入某一特定用途后所放弃的在其他用途中所能够获得的最大利益。

从具体应用与计算来看，机会成本法一般有 3 个基本前提（常荆莎、严汉民，1998）：一是资源的稀缺性。人们在配置资源时不能实施每一个方案，只能选择一个，放弃其他。假如资源是充足的，人们在实施每一方案时所需的资源都能无代价地获得，也就不存在放弃机会而失去相应的收益这种代价了。二是资源的多用性。资源具有多种用途，既可以用于这个方面，也可以用于其他方面。如果资源只有一种用途，则放弃其他用途可能获得的收入就无从谈起。三是资源的充分利用性。资源一旦投入某种用途，必须充分利用，不能闲置。假如资源的利用不充分，仍有剩余，则闲置的资源不能获得收益，使用闲置资源的机会成本为零。

　　此处的机会成本区别于某一具体资源的机会成本，主要是指农业生态保护者或贡献者为了保护农业生态环境、供给生态服务等，而不得不放弃其他机会可能创造的最大利益，更多强调补偿对象的机会成本，但二者的原理与计算方法相通。

　　综上，运用成本法测算农业生态补偿标准，要根据农业生态环境要素、保护内容与方式等情况分别开展成本测算。农业生态环境保护成本评估方法见表 3 – 1。

表3-1 农业生态环境保护成本评估方法

农业生态保护内容		技术方法	参考公式	式中符号含义
耕地保护与节约利用	耕地质量保护与提升	保护成本法、防护支出法、机会成本法	$C_{耕地质量保护与提升} = (C_{工程} + C_{农艺} + C_{生物} + C_{化学} + C_{技术}) \times A' + C_{其他}$	$C_{耕地质量保护与提升}$ 为耕地质量保护与提升成本（元/亩）；$C_{工程}$ 为农田排碱、土地平整等工程建设与运维成本（元/亩）；$C_{农艺}$ 为优化种植结构、耕作方式等农艺措施成本（元/亩）；$C_{生物}$ 为施用绿肥等生物措施成本（元/亩）；$C_{化学}$ 为施用土壤调理剂等化学措施成本（元/亩）；$C_{技术}$ 为深耕深翻等技术措施成本（元/亩）；A' 为耕地质量保护与提升面积（亩）；$C_{其他}$ 为其他相关成本（元）
	土壤改良	保护成本法、防护支出法、机会成本法	$C_{土壤改良} = (C_{工程} + C_{生物} + C_{化学} + C_{技术}) \times A' + C_{其他}$	$C_{土壤改良}$ 为土壤改良成本（元/亩）；$C_{工程}$ 为农田排灌、土地平整等工程建设与运维成本（元/亩）；$C_{生物}$ 为施用绿肥等生物措施改良成本（元/亩）；$C_{化学}$ 为施用土壤改良剂等化学措施改良成本（元/亩）；$C_{技术}$ 为深耕深翻、优化耕作等技术措施改良成本（元/亩）；A' 为土壤改良面积（亩）；$C_{其他}$ 为其他相关成本（元）
	黑土地保护	保护成本法、防护支出法、机会成本法	$C_{黑土地保护} = (C_{工程} + C_{设施设备} + C_{物资} + C_{技术}) \times A' + C_{其他}$	$C_{黑土地保护}$ 为黑土地保护成本（元/亩）；$C_{工程}$ 为农田排灌、防护林网等工程建设与运维成本（元/亩）；$C_{设施设备}$ 为水肥一体化设施设备投入与运维成本（元/亩）；$C_{物资}$ 为有机肥等物资投入成本（元/亩）；$C_{技术}$ 为深耕深松等技术实施成本（元/亩）；A' 为黑土地保护面积（亩）；$C_{其他}$ 为其他相关成本（元）
	耕地轮作休耕	机会成本法	$C_{耕地轮作} = I_{种植其他作物} \times A'$	$C_{耕地轮作}$ 为耕地轮作休耕成本（元/亩）；$I_{种植其他作物}$ 为种植其他作物的最大收益（元/亩）；A' 为轮作休耕面积（亩）
农业资源与节约保护与利用	农业水资源保护与节约利用	保护成本法、防护支出法、机会成本法	$C_{保护水源} = C_{工程} + C_{设施设备} + C_{技术} + C_{物资} + C_{其他}$	$C_{保护水源}$ 为保护水源成本（元）；$C_{工程}$ 为保护水源工程建设与运维成本（元）；$C_{设施设备}$ 为保护水源设备投入与运维成本（元）；$C_{技术}$ 为保护水源技术实施成本（元）；$C_{物资}$ 为保护水源物资投入成本（元）；$C_{其他}$ 为其他相关成本（元）

续表

农业生态保护内容		技术方法	参考公式	式中符号含义
农业资源保护与节约利用	农业水源保护与节约利用	节约与高效用水	保护成本法、机会成本法	$C_{节约与高效用水} = C_{工程} + C_{设施设备} + C_{农艺} + C_{作物} + C_{其他}$	$C_{节约与高效用水}$ 为农业节约与高效用水成本（元）；$C_{工程}$ 为农业节约与高效用水工程建设与运维成本（元）；$C_{设施设备}$ 为农业节约与高效用水设施设备投入与运维成本（元）；$C_{农艺}$ 为农业节约与高效用水农艺措施成本（元）；$C_{作物}$ 为农业节约与高效用水作物替代成本（元）；$C_{其他}$ 为其他相关成本（元）
		地下水严控利用与超采治理	保护成本法、治理成本法、防护支出法、机会成本法	$C_{地下水严控利用与超采治理} = C_{工程} + C_{设施设备} + C_{农艺} + C_{作物} + C_{回灌} + C_{其他}$	$C_{地下水严控利用与超采治理}$ 为地下水严控利用与超采治理成本（元）；$C_{工程}$ 为农业节水工程建设与运维成本（元）；$C_{设施设备}$ 为农业节水设施设备投入与运维成本（元）；$C_{农艺}$ 为农业节水农艺措施成本（元）；$C_{作物}$ 为农业节水耐旱耗水低替代作物成本（元）；$C_{回灌}$ 为地下水回灌成本（元）；$C_{其他}$ 为其他相关成本（元）
	农业生物资源保护与利用	农业野生动植物保护	保护成本法、防护支出法、机会成本法	$C_{农业野生动植物保护} = C_{工程} + C_{设施设备} + C_{技术} + C_{物资} + C_{其他}$	$C_{农业野生动植物保护}$ 为农业野生动植物保护成本（元）；$C_{工程}$ 为围栏、基地等工程建设与运维成本（元）；$C_{设施设备}$ 为调查监测、防护等设施设备投入与运维成本（元）；$C_{技术}$ 为实施防治、育种、保护技术措施成本（元）；$C_{物资}$ 为相关物资投入成本（元）；$C_{其他}$ 为其他相关成本（元）
		监测与防控外来物种风险	保护成本法、防护支出法、机会成本法	$C_{监测与防控外来物种风险} = C_{工程} + C_{设施设备} + C_{技术} + C_{物资} + C_{其他}$	$C_{监测与防控外来物种风险}$ 为监测与防控外来物种风险成本（元）；$C_{工程}$ 为隔离墙、围墙等工程建设与运维成本（元）；$C_{设施设备}$ 为监测预警设备、气象站等设施设备投入与运维成本（元）；$C_{技术}$ 为实施生物防治、化学防治等技术措施投入成本（元）；$C_{物资}$ 为相关物资投入成本（元）；$C_{其他}$ 为其他相关成本（元）

续表

农业生态保护内容		技术方法	参考公式	式中符号含义
	农业投入品减施增效（化肥、农药、兽药、饲料及添加剂等投入品减施增效）	治理成本法、替代成本法、机会成本法	$C_{农业投入品减施增效} = C_{农业投入品替代} \times G + C_{其他}$	$C_{农业投入品减施增效}$ 为农业投入品减施增效成本（元）；$C_{农业投入品替代}$ 为农业投入品替代成本（元/t）；G 为农业投入品替代重量（t）；$C_{其他}$ 为其他相关成本（元）
	农作物秸秆综合利用	治理成本法、机会成本法	$C_{农作物秸秆综合利用} = C_{直接还田} \times A' + (C_{肥料化利用} + C_{饲料化利用} + C_{基料化利用} + C_{原料化利用} + C_{燃料化利用}) \times G + C_{其他}$	$C_{农作物秸秆综合利用}$ 为秸秆综合利用成本（元）；$C_{直接还田}$ 为秸秆直接还田成本（元/亩）；A' 为直接还田面积（亩）；$C_{肥料化利用}$ 为秸秆肥料化利用成本（元/t）；$C_{饲料化利用}$ 为秸秆饲料化利用成本（元/t）；$C_{基料化利用}$ 为秸秆基料化利用成本（元/t）；$C_{原料化利用}$ 为秸秆原料化利用成本（元/t）；$C_{燃料化利用}$ 为秸秆燃料化利用成本（元/t）；G 为秸秆重量（t）；$C_{其他}$ 为其他相关成本（元）
农业环境污染治理	农业废弃物资源化利用（畜禽粪污资源化利用）	治理成本法、机会成本法	$C_{畜禽粪污资源化利用} = (C_{收集} + C_{运输} + C_{处理}) \times G + C_{其他}$	$C_{畜禽粪污资源化利用}$ 为畜禽粪污资源化利用成本（元）；$C_{收集}$ 为畜禽粪污收集成本（元/t）；$C_{运输}$ 为畜禽粪污运输成本（元/t）；$C_{处理}$ 为畜禽粪污处理成本（元/t）；G 为畜禽粪污重量（t）；$C_{其他}$ 为其他相关成本（元）
	病死畜禽无害化处理	治理成本法、机会成本法	$C_{病死畜禽无害化处理} = (C_{回收} + C_{运输} + C_{无害化处理}) \times G + C_{其他}$	$C_{病死畜禽无害化处理}$ 为病死畜禽无害化处理成本（元）；$C_{回收}$ 为病死畜禽回收成本（元/t）；$C_{运输}$ 为病死畜禽运输成本（元/t）；$C_{无害化处理}$ 为病死畜禽无害化处理成本（元/t）；G 为病死畜禽重量（t）；$C_{其他}$ 为其他相关成本（元）
	地膜回收处理	治理成本法、机会成本法	$C_{地膜回收处理} = C_{回收} \times A' + C_{加工处理} \times G + C_{其他}$	$C_{地膜回收处理}$ 为地膜回收处理成本（元）；$C_{回收}$ 为地膜回收成本（元/亩）；A' 为回收面积（亩）；$C_{运输}$ 为地膜运输成本（元/t）；G 为地膜重量（t）；$C_{加工处理}$ 为地膜加工处理成本（元/t）；$C_{其他}$ 为其他相关成本（元）

续表

农业生态保护内容		技术方法	参考公式	式中符号含义
	农药包装废弃物回收处理	治理成本法、机会成本法	$C_{农药包装废弃物回收处理} = (C_{回收} + C_{处理}) \times G + C_{其他}$	$C_{农药包装废弃物回收处理}$ 为农药包装废弃物回收处理成本（元）；$C_{回收}$ 为农药包装废弃物回收成本（元/t）；$C_{运输}$ 为农药包装废弃物运输成本（元/t）；$C_{处理}$ 为农药包装废弃物处理成本（元/t）；G 为农药包装废弃物重量（t）；$C_{其他}$ 为其他相关成本（元）
	农业面源污染防治	治理成本法、防护支出法、机会成本法	$C_{农业面源污染防治} = C_{工程} + C_{设施设备} + C_{技术} + C_{物资} + C_{其他}$	$C_{农业面源污染防治}$ 为农业面源污染防治成本（元）；$C_{工程}$ 为农业面源污染防治工程建设与运维成本（元）；$C_{设施设备}$ 为农业面源污染防治设施设备投入与运维成本（元）；$C_{技术}$ 为农业面源污染防治技术实施成本（元）；$C_{物资}$ 为农业面源污染防治物资投入成本（元）；$C_{其他}$ 为其他相关成本（元）
农业环境污染治理与修复	农田土壤治理与修复	治理成本法、机会成本法	$C_{农田土壤治理与修复} = (C_{物理} + C_{化学} + C_{生物} + C_{农艺}) \times A' + C_{其他}$	$C_{农田土壤治理与修复}$ 为农田土壤治理与修复成本（元/亩）；$C_{物理}$ 为农田土壤治理与修复物理措施成本（元/亩）；$C_{化学}$ 为农田土壤治理与修复化学措施成本（元/亩）；$C_{生物}$ 为农田土壤治理与修复生物措施成本（元/亩）；$C_{农艺}$ 为农田土壤治理与修复农艺措施成本（元/亩）；A' 为农田土壤治理与修复面积（亩）；$C_{其他}$ 为其他相关成本（元）
	农业水生生态修复	治理成本法、机会成本法	$C_{农业水生生态修复} = (C_{物理} + C_{生物} + C_{化学} + C_{植物}) \times A' + C_{其他}$	$C_{农业水生生态修复}$ 为农业水生生态修复成本（元/m²）；$C_{物理}$ 为农业水生生态修复物理措施成本（元/m²）；$C_{生物}$ 为农业水生生态修复生物措施成本（元/m²）；$C_{化学}$ 为农业水生生态修复化学措施成本（元/m²）；$C_{植物}$ 为农业水生生态修复植物措施成本（元/m²）；A' 为农业水生生态修复面积（m²）；$C_{其他}$ 为其他相关成本（元）

续表

农业生态保护内容		技术方法	参考公式	式中符号含义
农业生态保护与建设	构建田园生态系统	保护成本法、防护支出法、机会成本法	$C_{构建田园生态系统} = C_{工程} + C_{设施设备} + C_{技术} + C_{物质} + C_{其他}$	$C_{构建田园生态系统}$ 为构建田园生态系统成本（元）；$C_{工程}$ 为构建田园生态系统工程建设与运维成本（元）；$C_{设施设备}$ 为构建田园生态系统设备投入与运维成本（元）；$C_{技术}$ 为构建田园生态系统技术实施成本（元）；$C_{物质}$ 为构建田园生态系统物资投入成本（元）；$C_{其他}$ 为其他相关成本（元）
	农业湿地保护	保护成本法、防护支出法、机会成本法	$C_{农业湿地保护} = C_{工程} + C_{设施设备} + C_{技术} + C_{物质} + C_{其他}$	$C_{农业湿地保护}$ 为农业湿地保护成本（元）；$C_{工程}$ 为农业湿地保护工程建设与运维成本（元）；$C_{设施设备}$ 为农业湿地保护设施设备投入成本（元）；$C_{技术}$ 为农业湿地保护技术实施成本（元）；$C_{物质}$ 为农业湿地保护物资投入成本（元）；$C_{其他}$ 为其他相关成本（元）
	农业水生生物资源保护	保护成本法、防护支出法、机会成本法	$C_{农业水生生物资源保护} = C_{工程} + C_{设施设备} + C_{技术} + C_{物质} + C_{其他}$	$C_{农业水生生物资源保护}$ 为农业水生生物资源保护成本（元）；$C_{工程}$ 为农业水生生物资源保护工程建设与运维成本（元）；$C_{设施设备}$ 为农业水生生物资源保护设施设备实施成本（元）；$C_{技术}$ 为农业水生生物资源保护技术实施成本（元）；$C_{物质}$ 为农业水生生物资源保护物资投入成本（元）；$C_{其他}$ 为其他相关成本（元）
	已垦草原治理	治理成本法、机会成本法	$C_{已垦草原治理} = C_{工程建设} + C_{草地治理} + C_{饲草种植} + C_{饲草贮运} + C_{其他}$	$C_{已垦草原治理}$ 为已垦草原治理成本（元）；$C_{工程建设}$ 为草原围栏等工程建设与运维成本（元）；$C_{草地治理}$ 为草地平整与治理成本（元）；$C_{饲草种植}$ 为饲草种植成本（元）；$C_{饲草贮运}$ 为饲草贮运成本（元）；$C_{其他}$ 为其他相关成本（元）
	退耕退牧还草	保护成本法、防护支出法、机会成本法	$C_{退耕退牧还草} = C_{工程建设} + C_{耕地治理} + C_{饲草种植} + C_{其他}$ 或 $C_{退耕退牧还草} = I_{种养殖} \times A'$	$C_{退耕退牧还草}$ 为退耕退牧还草成本（元）；$C_{工程建设}$ 为草原围栏等工程建设与运维成本（元）；$C_{耕地治理}$ 为耕地治理成本（元）；$C_{饲草种植}$ 为饲草种植成本（元）；$C_{其他}$ 为其他相关成本（元）；$I_{种养殖}$ 为单位面积种养殖的最大收益（元/亩）；A' 为草地面积（亩）

续表

农业生态保护内容		技术方法	参考公式	式中符号含义
农业生态养护与建设	草原生态保护			
	草原生态保护与建设	保护成本法、防护支出法、机会成本法	$C_{草原生态保护与建设} = C_{工程建设} + C_{设施设备} + C_{草地保护} + C_{饲草种植} + C_{其他}$	$C_{草原生态保护与建设}$ 为草原生态保护与建设成本（元）；$C_{工程建设}$ 为草原围栏等工程建设与运维成本（元）；$C_{设施设备}$ 为护草设施设备成本（元）；$C_{草地保护}$ 为草地保护与质量提升成本（元）；$C_{饲草种植}$ 为饲草种植成本（元）；$C_{其他}$ 为其他相关成本（元）

第二节　生态服务价值法

农业具有生产、生态、生活等多种功能。科学合理的农业生产，会保护和改善生态环境，具有重要的生态功能（服务）价值，如保护土壤、涵养水源、净化空气、消纳废弃物、维持生物多样性、增加景观美学、调节气候等。开展农业生态功能（服务）价值评估也是当前研究热点。目前，根据评估角度、技术手段等的不同，农业生态服务价值评估方法主要包括机理机制法、当量因子法、模型模拟法、能值分析法等几大类，这里仅重点介绍机理机制法和当量因子法。

一、机理机制法

机理机制法是评估农业生态服务价值的最基本方法，基于生态学、环境学、经济学、农学等学科理论，从农业生态系统内在机理出发，通过分析其运移机制、演化规律、环境因子及质量变化等，对农业生态服务进行定量评估，并以货币化的方式表征其经济价值。具体来说，就是基于农业生态系统服务量的多少和单位价格得到总价值，通过建立单一服务与生态环境变量之间的生产方程来模拟农业生态系统服务。按照市场信息的完全与否，机理机制法又可以分为直接市场法、揭示偏好法（替代市场法）和陈述偏好法（假想市场法）三大类。

（一）直接市场法

直接市场法是指直接运用货币价格对可以观察和度量的农业生态环境质量变动进行估算的方法，包括生产率变动法、剂量—反应法、影子工程法（替代工程法）等。

1. 生产率变动法

生产率变动法，又称生产效应法，是利用生产率的变动来评价生态环境状况变动影响的方法。这种方法认为，生态环境变化可以通过生产过程影响生产者生产的产量、成本和利润，或是通过消费品的供给与价格变动影响消费者福利（马中，2006）。它把生态环境质量看作一个生产要素，生态环境质量的变化导致生产率和生产成本的变化，从而导致产品价格和产量的变化，而后者则可以从市场观察或测量，即利用市场价格就可以计算出生态环境质量变化发生的经济损失或实现的经济收益。

实施生产率变动法，一般分为以下几个步骤（马中，2006）：①估计生态环境变化的物理影响，即对受者所造成影响的物理效果和范围；②估计这种物理影响对成本或产出造成的影响；③估计产出或成本变化的市场价值。

利用生产率变动法评估生态环境价值必须具备以下数据与信息（马中，2006）：①生产或消费活动对可交易物品的生态环境影响数据；②有关所分析物品的市场价格的数据；③在价格可能受到影响时，对生产与消费反应的预测；④如果该物品是非市场交易品，则需要与其最相近的市场交易品（替代品）的信息；⑤由于生产者和消费者对生态环境损害会做出相应的反应，因此，需要对可能的或已经实施的行为调整进行识别和评价。

从特点上看，生产率变动法适用于对有实际市场价格的生态系统服务功能价值评估，当生态系统服务/环境物品的变化主要反映在生产率的变化上时可以用此方法。可见，这是用于估算直接使用价值的方法，对缺乏市场价格的生态服务适应力不足，但只能通过参照一个替代物品的市场信息来进行评估。

2. 剂量—反应法

剂量—反应法是通过一定的手段评估环境变化给受者造成影响的物理效果，目的在于建立环境反应和造成这种反应的原因之间的关系，评价在一定的污染水平下，产品或服务产出的变化，进而通过市场价格（或影子价格）对这种产出的变化进行价值评估。从特点看，剂量—反应法主要用于评估环境变化对市场产品或服务的影响，通常采用统计回归技术试图将某种影响与其他影响分离开。因此，剂量—反应法不适用于对非使用价值的评估，但可为其他直接市场法提供信息和基础数据。

实施剂量—反应法，需要建立环境变化—产品或服务变化的定量关系，要有相关基础数据支撑，而数据可通过实验室或实地研究、受控试验、根据实际生活信息建立关系模型等途径获得。

3. 影子工程法（替代工程法）

影子工程法又称替代工程法，是一种工程替代的方法，即为了估算某个不可能直接得到结果的损失项目，假设采用某项实际效果相近但实际上并未进行的工程，以该工程建造成本替代待评估项目的经济损失的方法。影子工程法在资源环境经济领域的运用，可以理解为当某一项经济社会活动导致环境污染或退化，且在技术上无法恢复或恢复费用太高时，人们可以另外设计建造一个工程项目来代替原来受损的资源环境（至少是功能），以使环境质量对经济发展和人民生活水平的影响保持不变。这种用建造替代工程费用来估计环境污染或退化造成的经济损失的方法，称为影子工程法。这项影子工程的费用即可视作该资源环境的经济价值，但应该是最低值。

影子工程法可将难以计算的资源环境的生态价值转换为可计算的经济价值，将不可量化的问题转化为可量化的问题，简化了环境资源的估价。但也存在一些问题：①估算结果可能多样。因为现实中和原受损环境系统具有类似功能的替代工程可能有多种，即替代工程不是唯一的，而每一个替代工程的费用又有差异。②估算结果与真实价值存在偏差。替代工程只是对原受损环境系统功能的近似代替，加之环境系统的很多功能在现实中无法代替，使得这一方法对资源环境价值的评估存在一定偏差。在实际运用时为了尽可能减少偏差，可以考虑同时采用几种替代工程，选取最符合实际的替代工程或者各替代工程的平均值进行估算。

总的来看，直接市场法，是最常见、应用最广、最容易理解的一种生态环境价值评估技术，具有比较直观、易于计算、易于调整等优点。顾名思义，直接市场法的建立是基于所观察到的市场行为，也就是说只有在环境质量变化的后果既可以观察并度量，又可以用货币价格加以测算的时候，才能采用该方法。因此，采用直接市场法，需要具备以下几个条件（马中，2006）：①环境质量变化的物理效果比较明显，可以观察出来，或者能够用实证方法获得；②环境质量变化直接增加或者减少商品或服务的产出，这种商品或服务是市场化的，或者是潜在的、可交易的，甚至它们有市场化的替代物；③市场运行良好，价格是一个产品或服务的经济价值的良好指标。

但实际工作中，运用直接市场法也会遇到一些问题或困难，或者说这种方法也具有一定的局限性。原因主要有（马中，2006）：①环境质量变化或者环境影响的效果，不易直观准确观察或获得。我们知道，生态环境是一个错综复杂的综合系统，各类环境要素、生物体、活动、能量、信息等交织其中，相互影响。直接准确观察、判断与获得这些元素间的相互作用、反应机理，或者一种活动对环境影响的物理关系，是一件非常困难的技术性工作。原因和后果之间的联系，并非我们看到的那么简单。确定环境质量变化与受体变化（原因和后果）之间的关系，需要建立科学的剂量—反应关系模型，在大量试验、实证研究和资料分析的基础上进行确定。②在评估影响程度时，通常很难把环境因素单独分离出来。环境质量变化以及最终对产品或服务的影响可能有一个或多个原因，而要把某一个原因造成的后果同其他原因造成的后果区分开是非常困难的。例如，土壤保持，既有农作物种植覆盖地表的原因，也有人类建设某种工程措施的原因；空气污染，既可能是工业生产排放废气所致，也可能由农作物秸秆燃烧所致，但很难分清某一具体原因。③环境质量变化导致的商品或服务产出，市场化测算比较难。当环境变化对市场产生明显影响时，就需要对市场结构、弹性、供给与需求反应进行比较深入的观察。需要对生产者和消费者行为进行分析，同时也要联系到生产者与消费者的适应性反应。④市场机制不完善所导致的价格问题。当市场发育不良或者存在扭曲以及当产出的变化可能对价格产生重大影响时，局限性就暴露出来。当存在消费者剩余时，市场价格也会低估真实的经济价值，而且忽略了外部性。必要时，需要对所采用的价格进行调整。对于缺乏市场，或者市场发育不良的产品，特别是在自给自足的经济中，只能运用间接的方法或者采用替代方式进行评估。

（二）揭示偏好法（替代市场法）

揭示偏好法是通过考察人们与市场相关的行为，特别是在与环境联系紧密的市场中所支付的价格或他们获得的利益，间接推断出人们对环境的偏好，以此来估算环境质量变化的经济价值（马中，2006）。这种通过间接方式估算生态环境价值的方法，又可称为间接市场法，也可称为替代市场法，具体来讲，就是指使用替代物的市场价格来衡量估算没有市场价格的环境物品价值的方法，主要包括内涵资产定价法、旅行费用法、碳税法、工业制氧法、造林成本法等。

1. 内涵资产定价法

内涵资产定价法，又称资产价值法，也称内涵价格法、享乐价格法等。它是基于这样的一种理论，即人们赋予环境的价值可以从他们购买的具有环境属性的商品价格中推断出来（马中，2006）。通俗地讲，内涵资产定价法就是以环境质量变化引起的资产价值变化量来衡量环境质量变化的经济损失或收益的一种评估方法。

内涵资产定价法是将环境质量看作资产价值的一个内涵因素（或者称影响因素），并最终反映在资产的价格中。换句话说，资产的价值（或价格）是资产的各种特性或质量的综合反映，其中就包括环境质量。环境质量的变化，将影响人们对资产的评价，进而影响人们对资产的支付意愿。因此，在影响资产价值的其他因素不变时，就可以用环境质量变化引起的资产价格变化，来衡量环境质量变化的货币价值（吴健，2012）。

内涵资产定价法在环境对房地产价值影响方面的研究最为成熟，即以房产价格的变化来反映评估环境质量变化的价值。一般可按照以下几个步骤（马中，2006）：

假设：买主了解决定房价的各种信息；所有变量都是连续的；这些变量的变化都影响住房价格；房地产市场处于或接近均衡状态。

①建立房产价格与其各种特征的函数关系：

$$P_{房} = f(h_1, h_2, \cdots, h_k) \tag{3-1}$$

式中，$P_{房}$ 为房产价格；$h_1, h_2, \cdots$ 为房屋的各种内部特性（面积、间数、结构等）及其周边环境特征（周边学校质量、商店远近、交通等）；h_k 为房屋附近的环境质量（如空气质量）。

假设上述函数是线性的，其函数形式为：

$$P_{房} = \alpha_0 + \alpha_1 h_1 + \alpha_2 h_2 + \cdots + \alpha_\kappa h_\kappa \qquad (3-2)$$

②求出边际隐含价格：

把房产价格函数对特定的使用特性求导，可以求得每种特性的边际隐含价格。这表示在其他特性不变的情况下，特性 i 增加 1 单位，房产价格的变动幅度。对环境质量而言，其边际隐含价格如式（3-3）所示，表示单位环境质量变动引起的房产价格变动。

$$d_k = \frac{d_{P房}}{dh_k} \qquad (3-3)$$

假设环境质量的边际隐含价格（d_k）是常数，意味着单位环境质量改变引起的资产价值变化量是不变的。

以空气质量为例，对于一处房产来说，空气质量由三级提高到二级所增加的价值等于空气质量由二级提高到一级所增加的价值，则当环境质量改善 Δh_κ 时，环境改善的效益为：

$$\Delta V = \Delta P_{房} = \Delta h_\kappa \cdot d_\kappa \qquad (3-4)$$

采用内涵资产定价法，应该具备以下条件（马中，2006）：

①房地产市场比较活跃；

②人们认识到而且认为环境质量是财产价值的相关因素；

③买主比较清楚地了解当地的环境质量或者环境随着时间的变化情况；

④房地产市场不存在扭曲现象，交易是明显而清晰的。

2. 旅行费用法

旅行费用法是一种评价没有市场价格商品的方法，利用旅行费用估算环境质量发生变化后给旅游场所带来的效益变化，从而估算出环境质量变化所造成的经济损失或收益。换句话说，旅行费用法是通过人们的旅游消费行为来对环境产品或服务进行价值评估，并把消费的直接费用与消费者剩余之和作为该环境产品或服务的价格，实际上反映了消费者对旅游景点的支付意愿（消费者对这些环境产品或服务的价值认同）。其中，直接费用主要包括旅游者的交通费、餐费、住宿费、与旅游有关的其他直接花费及时间成本等，消费者剩余则体现为消费者的意愿支付与实际支付之差。

实施旅行费用法，一般分为以下几个步骤（马中，2006）：

①定义和划分旅游者的出发地区。以评价场所为圆心，把场所四周的地区按距离远近分成若干个区域。距离的不断增大意味着旅行费用的不断增加。

②在评价地点对旅游者进行抽样调查。主要是收集相关信息，以确定旅游者的出发地、旅行费用和其他社会经济特征等。

③计算每一区域内到此地点旅游的人次（旅游率）。

④求出旅行费用对旅游率的影响。

⑤确定实际需求曲线。对每一个出发地区第一阶段的需求函数进行校正，求出每个区域旅游率与旅行费用的关系。

⑥计算每个区域的消费者剩余。

⑦加总每个区域的旅游费用及消费者剩余。得出的消费者总支付愿望，既是旅游点的价值，也是这种环境产品或服务的价值。

旅行费用法主要用于估算对景观、美学、娱乐、休闲设施的需求以及对休闲地的保护、改善所产生的效益，适用于带有景观美学、休闲娱乐功能的户外场所价值评估，比如农业湿地、美丽草原、公园果园、水库等兼有休闲娱乐及其他用途的地方。利用旅行费用法，必须具备几个条件（马中，2006）：①这些地点是可以到达的，至少在一定的时间范围内可以到达；②这样的场所没有直接的门票费及其他费用，或者收费很低；③要到达这样的地方，需花费时间或者有其他开销。

3. 碳税法

碳税，是指针对二氧化碳排放所征收的税。它以保护环境为目的，希望通过征收碳税的方式，削减二氧化碳排放，减缓全球变暖。多数经济学家认为，这是最具市场效率的经济减排二氧化碳手段。根据二氧化碳减排技术所需成本不同，设定不同的碳税率。因此，碳税法就是指以碳税定额为标准来估算生态环境中的碳减排的价值，即以此说明某一生态系统的固碳功能价值。

碳税法比较直接、方便，计算过程简单，只要确定了碳减排量、碳税率，就可计算出碳减排的价值，即该生态系统的固碳功能价值。其中，碳减排量可以借于助科学仪器监测、模型模拟计算、理论公式推导等多种手段获得；碳税率则由各个国家的法律规定而定，国家不同，价格也存在差异。

4. 工业制氧法

工业制氧，顾名思义，就是利用空气分离、水分解等相关工业方法制取氧气。相对于实验室制氧，工业制氧的原料来源较为广泛，操作简便、流程化，规模大、成本低、市场认可度高。资源环境价值评估中的工业制氧法，主要是针对生态系统释放氧气这一功能而言，即采用工业制氧所需要的成本（或价格）来估算生态系统释放氧气的经济价值。

工业制氧法比较直接、方便，计算过程简单，只要确定了氧气释放量、工业制氧价格，就可计算出释放氧气的价值，即该生态系统的释放氧气功能的价值。其中，氧气释放量可以借助于科学仪器监测、模型模拟计算、理论公式推导等多种手段获得；工业制氧价格一般由市场决定，定价机制相对稳定。

5. 造林成本法

植树造林，是通过植物固碳、降低二氧化碳浓度，防止气候变暖的一种有效方法。不仅如此，森林作为地球上重要的生态系统，还具有防风固沙、涵养水源、保持土壤、防止水土流失等其他多种功能，对维护自然生态系统平衡与安全发挥着重要作用。因此，所谓的造林成本法，就是为估算某一生态系统的生态功能价值，人为假想制造具有同等功能效应的森林生态系统作为替代，而由此产生的人为建造森林的成本即视为这一生态系统的生态功能价值。

造林成本法也比较直接、方便，计算过程简单，只要确定了生态系统的生态功能物质量、造林成本，就可计算出生态系统的生态功能价值。其中，生态功能物质量可以借助于科学仪器监测、模型模拟计算、理论公式推导等多种手段获得；而造林成本价格一般由市场决定，定价机制也相对稳定。20世纪以来，世界银行等国际组织向发展中国家贷款援助造林项目，主要目的就是降低大气中的二氧化碳含量；1990年，我国接受世界银行贷款援助，实施国家造林项目。

　　总的来看，揭示偏好法（替代市场法）是开展生态环境价值评估的一项重要技术，易于理解、应用广泛。相对于直接市场法而言，它能够规避价值评估中出现的环境质量变化信息不全、市场价格无法确定等直接面临的困难与问题，从而采取一种替代、间接的方式，灵活开展评估工作。替代市场法可以利用直接市场法所无法利用的信息，这些信息本身是可靠的，衡量估算时所涉及的因果关系也是客观存在的。采用揭示偏好法（替代市场法），需要具备几个条件：①任何资源环境服务都能找到完全的替代物或价值反映物；②相关各方面都对环境质量及其变动趋势比较了解，人们对于环境物品、替代物品的选择是科学的、经济的，即人们都是理性的；③相关市场机制健全，基本符合自由竞争的假设，并且成本较低。

　　但由于生态环境系统及其价值构成的复杂性，揭示偏好法（替代市场法）也受到科学技术水平、市场条件等的限制，存在一定的不足。①环境资源不可能实现完全替代，而有些只能是部分替代，甚至是无法替代。②该方法要求替代方案是最经济、最合理的替代，现实中往往难以做到。经常会出现替代过度、替代不足、替代方案不合理等情况。③没有考虑替代引起的间接成本和收益问题。④需要收集大量的资料，因而调查资料、处理资料的能力会对估价结果产生较大的影响。所以，与直接市场法相比，采用揭示偏好法（替代市场法）估算出的生态环境价值结果可信度要低。此外，在具体价值估算中，该方法采用的只是有关商品和劳务的市场价格，而不是消费者的实际支付意愿或受偿意愿，所以不能完全充分衡量生态环境开发的边际外部成本。

（三）陈述偏好法（假想市场法）

　　陈述偏好法是在缺乏直接的且也无法间接获取市场信息、只能依靠假想市场的情况下，试图采用调查技术直接通过被调查者的回答来判断资源环境的价值。由于环境变化以及反映它们价值的市场都是假设的，故其又被称为假想市场法。可见，与直接市场评价法和揭示偏好法不同，陈述偏好法不是基于可观察到的或间接的市场行为，而是基于调查对象的回答。

此处主要介绍选择试验法。

选择试验法，是基于价值理论和随机效用理论的一种陈述偏好价值评估技术，通常也被称作"陈述选择分析"。

根据价值理论，对于消费者而言，是商品的特征而不是商品本身具有效用，消费者的偏好序就是将这些特征集排序。也就是说，给消费者提供一种"复合物品"（由一系列有价值的特征组成的物品）的几种简洁描述，每一种描述被当作一种完整的"特征包"，而与有关物品的一种或多种特征的其他描述相区别。一件商品可以被分解为多种可区分的属性，个人对于某一商品的不同属性的偏好就会被检测出来。对农业生态系统而言，其本身就可视为一个"复合物品"，有关的这些特征，包括农事劳作体验、动植物的多样性、休闲、观光等与价格有关的最重要的问题。然后，消费者基于个人的偏好，在各种描述情景之间进行两两比较，接受或拒绝一种情景。在建立一系列这类反应以后，就有可能区分单个特征的变化对价格变化的影响。在描述情景中，能够研究的特征的数量受回答者处理所描述的详细特征的能力限制。一般情况下，7~8个特征数量是上限。虽然价格—质量特征之间关系的计算本身比较复杂，但这种方法在解决与环境价值评估相关的"成果参照"问题方面，还是特别有价值、有意义的（孙发平、曾贤刚，2008）。

选择试验法具有独特优势（吴健，2012）。第一，比较灵活，可以通过建模来完成属性之间复杂的取舍，并且与随机效用模型保持一致。第二，通过统计设计，可以很好地排除个人因素对于选择的干扰。此外，选择试验中，正交试验设计被用来构建选择情景，这样可以使得参数估计免受其他因素的干扰。第三，可以帮助研究者检测属性的价值，以及福利测量和财富影响函数形式选择的影响，而这些通过条件价值法很难获得。

总的来看，陈述偏好法在资源环境价值评估中有着明显的优点。由于采用调查技术开展判断评估，不依赖人们的市场行为，可以解决许多其他方法无法解决的问题。例如，对资源环境的选择价值和存在价值等无法在市场中表现出来的价值的评价。而且，这一方法在具有较强公共物品性的资源（如空气和水质量问题）以及没有市场价格的环境物品的价值评估方面，已经开展了大量的实证性研究工作，效果也不错。当然，陈述偏好法也有局限性。最大的问题就是，这种方法是基于一种假想的、臆测的、个人主观意愿的直接调查，可能受多种因素影响，进而导致评价结果不准确、不客观，与实际情况偏离等。例如，受访者的教育水平、经济状况、认知情况、实际需求等，参差不齐、千差万别，评估结果也往往多种多样；调查者的经验、询问的方式等，可能会给受访者错误诱导；调查方法的设计、采样方法、结果的统计方法、估价初始化设定不当等，也将导致不同的评估结果。因此，为得到有意义的评估结果，需要细致地设计与实施工作，最大化地提高这种方法的科学性、有效性。

二、当量因子法

当量因子法也可称为基于单位面积价值当量因子法，即通过明确各类型生态系统生态服务价值当量因子、单位面积生态服务经济价值量，然后根据其面积大小，估算其生态服务的经济价值。具体来说，就是在区分不同种类生态系统服务功能的基础上，基于可量化的标准构建不同类型生态系统各种服务功能的价值当量，然后结合生态系统的分布面积进行评估。

当量因子法最早由罗伯特·科斯坦萨等于1997年提出。他们发表在《自然》杂志上的《全球生态系统服务和自然资本的价值》研究文章，以生态服务供求曲线为一条垂直直线为假定条件，逐项估计了各种生态系统的各项生态系统服务价值，从科学意义上明确了生态系统服务价值估算的原理及方法，也奠定了农业生态服务价值估算的理论与方法基础。我国学者谢高地等，在参考罗伯特·科斯坦萨等研究成果的基础上，建立了我国生态系统生态服务价值当量因子法。

运用当量因子法，一般分为以下几个步骤：

①确定生态系统生态服务价值当量。

当量因子法的前提、核心是构建准确的生态系统生态服务价值当量。当量因子，是表征生态系统产生的生态服务的相对贡献大小的潜在能力，即把农田的食物生产功能价值设定为"1",以此确定其他生态服务功能价值的相对大小。罗伯特·科斯坦萨等于1997年建立了全球生态系统生态服务价值当量因子表(见表3-2)。谢高地等根据我国实际,于2002年制定了我国生态系统生态服务价值当量因子表,并将当量因子定义为$1hm^2$全国平均产量的农田每年自然粮食产量的经济价值,把生态服务划分为气体调节、气候调节、水源涵养、土壤形成与保护、废物处理、生物多样性维持、食物生产、原材料生产、休闲娱乐共9类(见表3-3);然后,又于2007年、2015年,对当量因子表进行了技术改进,把生态系统的生态服务分为供给服务、调节服务、支持服务和文化服务4个大类(见表3-4、表3-5)。

表3-2　生态系统单位面积生态服务价值当量

一级类型	二级类型	森林	草地	农田	湿地	河流/湖泊	荒漠
供给服务	食物生产	0.80	1.24	1.00	4.74	0.76	0.00
	原材料生产	2.56	0.00	0.00	1.96	0.00	0.00
调节服务	气体调节	0.00	0.13	0.00	1.96	0.00	0.00
	气候调节	2.65	0	0.00	0.08	0.00	0.00
	水文调节	0.09	0.06	0.00	0.35	0.14	0.00
	废物处理	1.61	1.61	0.00	0.08	12.31	
支持服务	保持土壤	8.65	0.56	0.00	0.00	0.00	
	维持生物多样性	0.33	0.89	0.70	5.63	0.00	0.00
文化服务	提供美学景观	1.26	0.04	0.00	26.94	4.26	
合计		17.95	4.53	1.7	42.24	17.47	0.00

资料来源:罗伯特·科斯坦萨等(1997)。

表3-3　我国陆地生态系统单位面积生态服务价值当量

	森林	草地	农田	湿地	水体	荒漠
气体调节	3.5	0.8	0.5	1.8	0	0
气候调节	2.7	0.9	0.89	17.1	0.46	0
水源涵养	3.2	0.8	0.6	15.5	20.38	0.03
土壤形成与保护	3.9	1.95	1.46	1.71	0.01	0.02
废物处理	1.31	1.31	1.64	18.18	18.18	0.01
生物多样性维持	3.26	1.09	0.71	2.5	2.49	0.34

续表

	森林	草地	农田	湿地	水体	荒漠
食物生产	0.1	0.3	1	0.3	0.1	0.01
原材料生产	2.6	0.05	0.1	0.07	0.01	0
休闲娱乐	1.28	0.04	0.01	5.55	4.34	0.01

资料来源：谢高地等（2002）。

表3-4　我国生态系统单位面积生态服务价值当量

一级类型	二级类型	森林	草地	农田	湿地	河流/湖泊	荒漠
供给服务	食物生产	0.33	0.43	1.00	0.36	0.53	0.02
	原材料生产	2.98	0.36	0.39	0.24	0.35	0.04
调节服务	气体调节	4.32	1.50	0.72	2.41	0.51	0.06
	气候调节	4.07	1.56	0.97	13.55	2.06	0.13
	水文调节	4.09	1.52	0.77	13.44	18.77	0.07
	废物处理	1.72	1.32	1.39	14.40	14.85	0.26
支持服务	保持土壤	4.02	2.24	1.47	1.99	0.41	0.17
	维持生物多样性	4.51	1.87	0.17	4.69	3.43	0.40
文化服务	提供美学景观	2.08	0.87	0.17	4.69	4.44	0.24
	合计	28.12	11.67	7.9	54.77	45.35	1.39

资料来源：谢高地等（2007）。

表3-5　我国生态系统单位面积生态服务价值当量

生态系统分类		供给服务			调节服务				支持服务			文化服务
一级分类	二级分类	食物生产	原料生产	水资源供给	气体调节	气候调节	净化环境	水文调节	土壤保持	维持养分循环	生物多样性	美学景观
农田	旱地	0.85	0.40	0.02	0.67	0.36	0.10	0.27	1.03	0.12	0.13	0.06
	水田	1.36	0.09	-2.63	1.11	0.57	0.17	2.72	0.01	0.19	0.21	0.09
森林	针叶	0.22	0.52	0.27	1.70	5.07	1.49	3.34	2.06	0.16	1.88	0.82
	针阔混交	0.31	0.71	0.37	2.35	7.03	1.99	3.51	2.86	0.22	2.60	1.14
	阔叶	0.29	0.66	0.34	2.17	6.50	1.93	4.74	2.65	0.20	2.41	1.06
	灌木	0.19	0.43	0.22	1.41	4.23	1.28	3.35	1.72	0.13	1.57	0.69
草地	草原	0.10	0.14	0.08	0.51	1.34	0.44	0.98	0.62	0.05	0.56	0.25
	灌草丛	0.38	0.56	0.31	1.97	5.21	1.72	3.82	2.40	0.18	2.18	0.96
	草甸	0.22	0.33	0.18	1.14	3.02	1.00	2.21	1.39	0.11	1.27	0.56

79

续表

生态系统分类		供给服务			调节服务				支持服务			文化服务
一级分类	二级分类	食物生产	原料生产	水资源供给	气体调节	气候调节	净化环境	水文调节	土壤保持	维持养分循环	生物多样性	美学景观
湿地	湿地	0.51	0.50	2.59	1.90	3.60	3.60	24.23	2.31	0.18	7.87	4.73
荒漠	荒漠	0.01	0.03	0.02	0.11	0.10	0.31	0.21	0.13	0.01	0.12	0.05
	裸地	0.00	0.00	0.00	0.02	0.00	0.10	0.03	0.02	0.00	0.02	0.01
水域	水系	0.80	0.23	8.29	0.77	2.29	5.55	102.24	0.93	0.07	2.55	1.89
	冰川积雪	0.00	0.00	2.16	0.18	0.54	0.16	7.13	0.00	0.00	0.01	0.09

资料来源：谢高地等（2015）。

②测算生态系统单位面积生态服务价值。

通过计算，确定1个生态系统生态服务价值当量因子的经济价值量，并以此对生态系统生态服务价值当量表进行经济赋值，转换成当年生态系统服务单价表。罗伯特·科斯坦萨等研究提出，1个生态服务价值当量因子的经济价值量为54美元/hm²（见表3-6）。谢高地等根据我国情况，于2002年提出1个生态服务价值当量因子的经济价值量等于当年全国平均粮食单产市场价值的1/7（见表3-7）；2007年，将我国1个生态服务价值当量因子的经济价值量确定为449.1元/hm²（见表3-8）；2015年，又将单位面积农田生态系统粮食生产的净利润作为1个标准当量因子的生态系统服务价值量，并通过计算得到2010年标准生态系统生态服务价值当量因子经济价值量的值为3406.5元/hm²（见表3-9）。

表3-6　全球生态系统单位面积生态服务价值　　单位：美元/hm²

一级类型	二级类型	森林	草地	农田	湿地	河流/湖泊	荒漠
供给服务	食物生产	43.2	66.96	54	255.96	41.04	0
	原材料生产	138.24	0	0	105.84	0	0
调节服务	气体调节	0	7.02	0	105.84	0	0
	气候调节	143.1	0	0	4.32	0	0
	水文调节	4.86	3.24	0	18.9	7.56	0
	废物处理	86.94	86.94	0	4.32	664.74	0

续表

一级类型	二级类型	森林	草地	农田	湿地	河流/湖泊	荒漠
支持服务	保持土壤	467.1	30.24	0	0	0	0
	维持生物多样性	17.82	48.06	37.8	304.02	0	0
文化服务	提供美学景观	68.04	2.16	0	1454.76	230.04	0
	合计	969.3	244.62	91.8	2280.96	943.38	0

资料来源：罗伯特·科斯坦萨等（1997）。

表3-7 我国生态系统单位面积生态服务价值　　　　单位：元/hm²

	森林	草地	农田	湿地	水体	荒漠
气体调节	3097.0	707.9	442.4	1592.7	0.0	0.0
气候调节	2389.1	796.4	787.5	15130.9	407.0	0.0
水源涵养	2831.5	707.9	530.9	13715.2	18033.2	26.5
土壤形成与保护	3450.9	1725.5	1291.9	1513.1	8.8	17.7
废物处理	1159.2	1159.2	1451.2	16086.6	16086.6	8.8
生物多样性维持	2884.6	964.5	628.2	2212.2	2203.3	300.8
食物生产	88.5	265.5	884.9	265.5	88.5	8.8
原材料生产	2300.6	44.2	88.5	61.9	8.8	0.0
休闲娱乐	1132.6	35.4	8.8	4910.9	3840.2	8.8

资料来源：谢高地等（2002）。

表3-8 我国生态系统单位面积生态服务价值　　　　单位：元/hm²

一级类型	二级类型	森林	草地	农田	湿地	河流/湖泊	荒漠
供给服务	食物生产	148.20	193.11	449.10	161.68	238.02	8.98
	原材料生产	1338.32	161.68	175.15	107.78	157.19	17.96
调节服务	气体调节	1940.11	673.65	323.35	1082.33	229.04	26.95
	气候调节	1827.84	700.60	435.63	6085.31	925.15	58.38
	水文调节	1836.82	682.63	345.81	6035.90	8429.61	31.44
	废物处理	772.45	592.81	624.25	6467.04	6669.14	116.77
支持服务	保持土壤	1805.38	1005.98	660.18	893.71	184.13	76.35
	维持生物多样性	2025.44	839.82	458.08	1657.18	1540.41	179.64
文化服务	提供美学景观	934.13	390.72	76.35	2106.28	1994.00	107.78
	合计	12628.69	5241.00	3547.89	24597.21	20366.69	624.25

资料来源：谢高地等（2007）。

表 3-9 我国生态系统单位面积生态服务价值（2010 年）

单位：元/hm²

| 生态系统分类 | | 供给服务 | | | 调节服务 | | | | 支持服务 | | | 文化服务 |
一级分类	二级分类	食物生产	原料生产	水资源供给	气体调节	气候调节	净化环境	水文调节	土壤保持	维持养分循环	生物多样性	美学景观
农田	旱地	2895.53	1362.60	68.13	2282.36	1226.34	340.65	919.76	3508.70	408.78	442.85	204.39
	水田	4632.84	306.59	-8959.10	3781.22	1941.71	579.11	9265.68	34.07	647.24	715.37	306.59
森林	针叶	749.43	1771.38	919.76	5791.05	17270.96	5075.69	11377.71	7017.39	545.04	6404.22	2793.33
	针阔混交	1056.02	2418.62	1260.41	8005.28	23947.70	6778.94	11956.82	9742.59	749.43	8856.90	3883.41
	阔叶	987.89	2248.29	1158.21	7392.11	22142.25	6574.55	16146.81	9027.23	681.30	8209.67	3610.89
	灌木	647.24	1464.80	749.43	4803.17	14409.50	4360.32	11411.78	5859.18	442.85	5348.21	2350.49
草地	草原	340.65	476.91	272.52	1737.32	4564.71	1498.86	3338.37	2112.03	170.33	1907.64	851.63
	灌草丛	1294.47	1907.64	1056.02	6710.81	17747.87	5859.18	13012.83	8175.60	613.17	7426.17	3270.24
	草甸	749.43	1124.15	613.17	3883.41	10287.63	3406.50	7528.37	4735.04	374.72	4326.26	1907.64
湿地	湿地	1737.32	1703.25	8822.84	6472.35	12263.40	12263.40	82539.50	7869.02	613.17	26809.16	16112.75
荒漠	荒漠	34.07	102.20	68.13	374.72	340.65	1056.02	715.37	442.85	34.07	408.78	170.33
	裸地	0.00	0.00	0.00	68.13	0.00	340.65	102.20	68.13	0.00	68.13	34.07
水域	水系	2725.20	783.50	28239.89	2623.01	7800.89	18906.08	348280.56	3168.05	238.46	8686.58	6438.29
	冰川积雪	0.00	0.00	7358.04	613.17	1839.51	545.04	24288.35	0.00	0.00	34.07	306.59

资料来源：谢高地等（2015）。

其中，全国平均状态粮食单产市场价值，可用式（3-5）计算。

$$E_a = \sum_{i=1}^{n} \frac{a_i p_i q_i}{A} \tag{3-5}$$

式中，E_a 表示单位当量因子的价值量（元/hm²）；i 表示粮食作物种类；a_i 表示第 i 种粮食作物播种面积（hm²）；p_i 表示第 i 种粮食作物全国平均价格（元/kg）；q_i 表示第 i 种粮食作物播种面积单产（kg/hm²）；A 表示 n 种粮食作物总播种面积（hm²）。

主要选取小麦、稻谷和玉米三大粮食作物，计算单位面积农田生态系统粮食生产的净利润，如式（3-6）、式（3-7）所示。

$$V_{标准当量因子} = (V_{小麦} \times A_{小麦} + V_{稻谷} \times A_{稻谷} + V_{玉米} \times A_{玉米})/A \tag{3-6}$$

$$A = A_{小麦} + A_{稻谷} + A_{玉米} \tag{3-7}$$

式中，$V_{标准当量因子}$ 表示 1 个标准当量因子的生态系统服务价值量（元/hm²）；$V_{小麦}$、$V_{稻谷}$ 和 $V_{玉米}$ 分别表示当年全国小麦、稻谷和玉米的单位面积平均净利润（元/hm²）；$A_{小麦}$、$A_{稻谷}$ 和 $A_{玉米}$ 分别表示当年小麦、稻谷和玉米的播种面积（hm²）；A 表示当年小麦、稻谷和玉米三种作物的总播种面积（hm²）。

③估算生态系统生态服务价值。

通过测量、统计、模拟、资料查阅等多种途径，获取生态系统的面积，按照上述单位面积生态服务价值表，估算得出生态系统生态服务价值。其中，生态系统理论生态服务价值计算公式为：

$$E_t = \sum_{k=1}^{n} A_k C_k E_a \tag{3-8}$$

式中，E_t 表示理论生态服务价值量（元）；A_k 表示研究区域第 k 种土地利用类型的面积（hm²）；C_k 表示第 k 种土地单位面积价值当量因子；E_a 表示单位当量因子的价值量（元/hm²）。

由于理论生态价值量并没有将消费者的心理和实际经济承受能力考虑在内，不能真实反映所处社会经济发展阶段的现实贡献，所以需要进一步采用发展阶段系数进行修正，以此获取农业生态价值的现实量。发展阶段系数则通过皮尔（Pearl）生长曲线和恩格尔系数求取，计算公式如式（3-9）、式（3-10）、式（3-11）所示。

$$E_r = E_t \times \iota \tag{3-9}$$

$$\iota = \frac{1}{1 + \exp(-t)} \tag{3-10}$$

$$t = \frac{1}{E_n} - 3 \tag{3-11}$$

式中，E_r 表示现实生态服务价值量（元）；E_t 表示理论生态服务价值量（元）；ι 为社会对生态效益的支付意愿，$\iota \in (0, 1)$；E_n 表示恩格尔系数。

对比来看，罗伯特·科斯坦萨等研究提出的各种生态系统生态服务价值当量因子尺度较大，主要是基于全球尺度，且忽略了经济发展、自然条件等地区间的差异，比较适合欧美发达国家情况；此外，某些数据也存在较大偏差，如对耕地的估计过低、对湿地估计偏高等。而谢高地等建立的当量因子法，是在对我国大量相关专业人士问卷调查基础上研究得出的，比较适合我国实际。

总的来看，当量因子法计算简单、操作性强，结果便于比较，可以实现对农业生态服务价值的快速核算。但也存在一些问题：①尺度偏大，对区域间的内在差异体现不足。该方法基于面积角度估算，多应用于大尺度生态服务价值核算和评估。我国幅员辽阔，各地区间差异较大，特别是不同区域的生态系统类型差异明显，该方法无法消除不同区域生态系统的内在差异。②主观色彩较浓，估算结果具有相对性。尽管我国的生态系统生态服务当量因子是基于几百位专业人士调查、研究综合得出的，但仍然摆脱不了个人的主观认识影响，各人的专业背景、所处环境、对农业认知与理解等不同，对当量因子的意见也不同。此外，该方法的核心是准确构建当量因子表，本质是以农田食物生产为基点，把农田的食物生产功能价值设定为"1"，然后以此估算其他生态服务功能价值的相对重要性，估算的价值结果是"相对价值"。③估算结果精度差，对生态补偿标准的支撑不够。正是由于当量因子法存在估算尺度偏大、区域间差异体现弱，主观色彩浓、结果具有相对性等问题，尤其是对乡镇、村庄甚至田块等小尺度或微观区域的适用性弱，对农户等农业生产经营主体"生产"的农业生态服务价值估算精度差，导致估算结果对农业生态补偿的支撑不够。

综上，运用生态服务价值法测算农业生态补偿标准，要根据农业生态环境要素、生态功能（服务）类别等情况分别开展价值测算。具体可参考表 3 – 10。

表 3 - 10　农业生态功能（服务）价值评估方法

农业生态功能（服务）价值		技术方法	参考公式	式中符号含义
保护土壤	保持土壤总量	生产率变动法、影子工程法、当量因子法	$V_{保持土壤总量} = M_{保持土壤总量} \times P_土 / \rho_土$ $M_{保持土壤总量} = (A_p - A_r) \times A'$ $A_p = R \times K \times L \times S$ $A_r = R \times K \times L \times S \times C \times T$	$V_{保持土壤总量}$ 为农业保持土壤总量的价值量（元/a）；$M_{保持土壤总量}$ 为农业保持土壤总量的实物量，即土壤保持的土方所需的费用（元/a）；$P_土$ 为挖取单位体积的土方所需的费用（元/m³）；A_p 为潜在土壤侵蚀模数，即无农作物、植被及落叶覆盖和水土保持措施下的土壤侵蚀模数［t/(hm²·a)］；A_r 为实际土壤侵蚀模数，即有农作物、植被及落叶覆盖和水土保持措施情况下的土壤侵蚀模数［t/(hm²·a)］；R 为降雨侵蚀力因子［MJ·mm/(hm²·h·a)］；K 为土壤可蚀性因子［t·h/(hm²·MJ·mm)］；L 为坡长因子，无量纲；S 为坡度因子，无量纲；C 为地表作物、植被覆盖因子，无量纲；T 为水土保持措施因子，无量纲
	保护土壤质量	生产率变动法、替代价格法、当量因子法	$V_{保持土壤质量} = M_{保持土壤总量} \times (C_N \times P_N/F_N + C_P \times P_P/F_P + C_K \times P_K/F_K + C_{有机质} \times P_{有机质})$	$V_{保持土壤质量}$ 为农业保持土壤质量的价值量（元/a）；$M_{保持土壤总量}$ 为农业保持土壤总量的实物量（t）；C_N 为土壤含氮量（%）；C_P 为土壤含磷量（%）；C_K 为土壤含钾量（%）；$C_{有机质}$ 为土壤中有机质含量（%）；P_N 为磷酸二铵化肥价格（元/t）；F_N 为磷酸二铵化肥含氮量（%）（等同 P_N）（元/t）；F_P 为磷酸二铵化肥含磷量（%）；P_P 为磷酸二铵化肥价格（元/t）；P_K 为氯化钾化肥价格（元/t）；F_K 为氯化钾化肥含钾量（%）；$P_{有机质}$ 为有机质价格（元/t）

续表

农业生态功能(服务)价值		技术方法	参考公式	式中符号含义
涵养水源	蓄水防洪	生产率变动法、影子工程法、当量因子法	$V_{蓄水防洪} = M_{蓄水防洪} \times C_{水库}$ $M_{蓄水防洪} = (H - h) \times A'$	$V_{蓄水防洪}$ 为蓄水防洪的价值量(元);$M_{蓄水防洪}$ 为农业蓄水防洪的实物量(m³);$C_{水库}$ 为水库平均成本(元/m³);H 为农田田埂、水土保持工程设施或蓄鱼塘、农业湿地埂面的高度(cm);h 为正常农业生产时的平均淹水深度(cm);A' 为农业生产面积(hm²)
	补给地下水	生产率变动法、当量因子法	$V_{补给地下水} = M_{补给地下水} \times P_{水}$ $M_{补给地下水} = I_人 \times D \times A_1$	$V_{补给地下水}$ 为补给地下水源的价值量(元);$M_{补给地下水}$ 为农业补给地下水源的实物量(m³);$P_{水}$ 为农业用水价格(元/m³);$I_人$ 为土壤入渗率(cm/d);D 为灌溉天数或农业湿地存水天数(d);A_1 为农业灌溉面积、农业水域、渔业水域受雨面积、渔业水域面积(hm²)
净化空气	固碳	造林成本法、碳税法、当量因子法	$$V_{碳} = \frac{V_{造林} + V_{碳税}}{2}$$ $V_{造林} = M_{固碳} \times C_{造林}$ $V_{碳税} = M_{固碳} \times C_{碳税}$ $M_{固碳} = \dfrac{Q_{产}}{\S} \times \beta \times R_{碳} \times A'$ $M'_{固碳} = N_{净初级生产力} \times \beta \times R_{碳} \times A'$	$V_{碳}$ 为农业每年固碳的价值(元/a);$V_{造林}$ 为造林成本法估算的农业每年固碳价值(元/a);$V_{碳税}$ 为碳税法估算的农业每年固碳价值(元/a);$M_{固碳}$ 为耕地农业生态系统每年固碳的实物量,选取水稻、小麦、玉米三种作物进行估算(t/a);$C_{造林}$ 为造林单位面积年产量[t/(hm²·a)];$C_{碳税}$ 为碳税率;$Q_{产}$ 为农作物经济系数;$Q_{产}$ 为农作物单位面积年产量(t/hm²);β 为农作物干物质中固定CO₂的含量;$R_{碳}$ 为CO₂中碳的含量;A' 为农业湿地生态系统的面积(hm²);$M'_{固碳}$ 为果园、草地、农业湿地生态系统每年固碳的实物量(t/a);$N_{净初级生产力}$ 为果园、草地、农业湿地净初级生产力[t/(hm²·a)]

续表

农业生态功能(服务)价值		技术方法	参考公式	式中符号含义
	释氧	造林成本法、工业制氧法、当量因子法	$V_{释氧} = \dfrac{V_{工业} + V_{造林}}{2}$ $V_{工业} = M_{释氧} \times P_{工业}$ $V_{造林} = M_{释氧} \times P_{造林}$ $M_{释氧} = \dfrac{Q^{产}}{§} \times 8 \times \delta \times A'$ $M'_{释氧} = N_{净初级生产力} \times \delta \times A'$	$V_{释氧}$ 为农业每年释氧的价值(元);$V_{工业}$ 为工业制氧法估算的农业每年释氧的价值(元/a);$V_{造林}$ 为造林地成本法估算的农业每年释氧的价值(元/a);$M_{释氧}$ 为耕地生态系统每年释氧的实物量,选取水稻、小麦、玉米三种作物进行计算(v/a);$P_{工业}$ 为工业制氧成本(元/t);$P_{造林}$ 为造林单位面积成本(元/hm²·a);$§$ 为耕作物单位产量[v/(hm²·a)];$Q^{产}$ 为农业生态系统每生产1g农作物干物质释放 O_2 的量;δ 为农业生态系统释放的面积(hm²);$M'_{释氧}$ 为果园、草地、农业湿地生态系统净年释氧量;$N_{净初级生产力}$ 为果园、草地、农业湿地净初级生产力(v/a)[v/(hm²·a)]
净化空气	吸附吸收有害气体	剂量—反应法、生产率变动法、当量因子法	$V_{吸附吸收有害气体} = M_{吸收SO_X} \times P_{SO_X} + M_{吸收NO_X} \times P_{NO_X} + M_{吸收HF} \times P_{HF} + M_{吸附粉尘} \times P_{粉尘}$ $M_{吸收SO_X} = Q_{SO_X} \times A'$ $M_{吸收NO_X} = Q_{NO_X} \times A'$ $M_{吸收HF} = Q_{HF} \times A'$ $M_{吸附粉尘} = Q_{粉尘} \times A'$	$V_{吸附吸收有害气体}$ 为农业吸附吸收有害气体的价值(元);P_{SO_X} 为农业吸收 SO_X(硫化物)的市场价格(元/kg);$M_{吸收SO_X}$ 为净化 SO_X(硫化物)的实物量(t);P_{NO_X} 为农业吸收 NO_X(氮氧化物)的市场价格(元/t);$M_{吸收NO_X}$ 为净化 NO_X(氮氧化物)的实物量(t);P_{HF} 为农业吸收 HF(氟化物)的市场价格(元/t);$M_{吸收HF}$ 为净化 HF(氟化物)的实物量(t);$P_{粉尘}$ 为吸附粉尘的市场价格(元/kg);$M_{吸附粉尘}$ 为农作物吸收粉尘的实物量(t);Q_{SO_X} 为农作物吸收 SO_X(硫化物)的平均通量(kg/hm²);Q_{NO_X} 为农作物吸收 NO_X(氮氧化物)的平均通量(kg/hm²);Q_{HF} 为农作物吸收 HF(氟化物)的平均通量(kg/hm²);$Q_{粉尘}$ 为农作物吸附粉尘的平均通量(kg/hm²);A' 为农业生产面积(hm²)

续表

农业生态功能（服务）价值		技术方法	参考公式	式中符号含义
净化空气	生产空气负离子	生产率变动法、替代价格法、当量因子法	$V_{负离子} = (Q_{负离子} - 600) \times A' \times H' \times D' \times P_{负离子}/L$	$V_{负离子}$ 为农业生产空气负离子功能的价值量（元/a）；$Q_{负离子}$ 为农业生态系统的空气负离子平均浓度（个/cm³）；A' 为农业生态系统的面积（hm²）；H' 为农作物、植被等平均高度或渔业水面距岸平均高度（m）；D' 为农业生产周期（d）；L 为空气负离子平均存活时间（min）；$P_{负离子}$ 为空气负离子的单位市场价格（元/个）
消纳废弃物		替代成本法、当量因子法	$V_{人畜粪污} = M_{人畜粪污} \times P_{人畜粪污}$ $M_{人畜粪污} = Q_{人畜粪污} \times A'$	$V_{人畜粪污}$ 为农业消纳人畜粪污的价值量（元）；$M_{人畜粪污}$ 为农业消纳人畜粪污处理的实物量（t）；$P_{人畜粪污}$ 为人畜粪污处理的市场价格（元/t）；$Q_{人畜粪污}$ 为农业单位面积平均消纳人畜粪污的物质量（t/hm²）；A' 为农业生态系统的面积（hm²）
维持生物多样性		机会成本法、当量因子法	$V_{生物多样性} = E \times A' \times P_{生物多样性}$	$V_{生物多样性}$ 为农业维持生物多样性功能的价值量（元）；$P_{生物多样性}$ 为农业维持生物多样性的单位价值（元/hm²）；E 为农业生态系统单位面积生态服务价值当量；A' 为农业生态系统的面积（hm²）
增加景观美学		旅行费用法、条件价值法、当量因子法	$V_{景观美学} = E \times A' \times P_{景观美学}$	$V_{景观美学}$ 为农业增加景观美学功能的价值量（元）；$P_{景观美学}$ 为农业增加景观美学的单位价值（元/hm²）；E 为农业生态系统单位面积生态服务价值当量；A' 为农业生态系统的面积（hm²）

续表

农业生态功能(服务)价值	技术方法	参考公式	式中符号含义
调节气候	生产率变动法、替代工程法、当量因子法	$V_{调节气候} = \dfrac{M_{调节气候} \times \rho_水 \times 2257.6}{29307.6} \times P_{标准煤}$ $M_{调节气候} = Q_{水分} \times A'$	$V_{调节气候}$ 为农业调节气候功能的价值量(元);$M_{调节气候}$ 为农作物、渔业水域和农业湿地等的水分蒸腾蒸发量(m³);$Q_{水分}$ 为标准煤发量(m³);$P_{标准煤}$ 为标准煤的市场价格(元/t);$\rho_水$ 为水的密度;A' 为单位面积农业生态类型的水分蒸腾蒸发量(mm);A' 为农业生产面积(hm²)

第三节　条件价值评估法

条件价值评估法，或称意愿调查价值评估法，主要是通过调查方式直接考察受访者在假设性市场里的经济行为，推导出人们对资源环境的假想变化的评价。它试图通过直接向有关人群样本提问来发现人们是如何给一定的环境变化定价的，如对某一环境改善效益的支付意愿和对环境质量损失的接受赔偿意愿。

该方法通常随机选择部分家庭或个人作为样本，以问卷调查的形式，询问他们对于一项环境改善措施或一项防止环境恶化措施的最大支付意愿，或者要求住户或个人给出一个对忍受环境恶化而接受的最大赔偿意愿，以此估算环境改善或环境恶化的经济价值。直接询问调查对象的支付意愿或接受赔偿意愿是这一方法的特点。为在实践中得到准确答案，意愿调查必须基于两个假设前提：环境收益具有"可支付性"特征和"投标竞争"特征。也就是说，被调查者要知道自己的个人偏好，有能力对环境物品或服务进行估价，并且愿意诚实地说出自己的支付意愿或受偿意愿。

一、常见方法

（一）投标博弈法

要求调查对象根据假设的情况，说出他对不同水平的环境物品或服务的支付意愿或接受赔偿意愿。可具体分为单次投标博弈和收敛投标博弈。单次投标博弈，调查者首先要向被调查者解释要估价的环境物品或服务的特征及其变动的影响，以及保护这些环境物品或服务的具体办法。然后询问被调查者，为了保护这些环境物品或改善服务的最大支付意愿，或者放弃保护这些环境物品或服务的最小接受赔偿意愿。收敛投标博弈，又称重复投标博弈，被调查者不必自行说出一个确定的支付意愿或接受赔偿意愿的数额，而是被问及是否愿意对某一物品或服务支付给定的金额，根据被调查者的回答，不断改变这一数额，直到得到最大支付意愿或最小的接受赔偿意愿（马中，2006）。

（二）比较博弈法

又称权衡博弈法，要求被调查者在不同的物品或服务与相应数量的货币之间做出选择。通常给出一定数额的货币和一定的环境商品或服务的不同组合，其中货币值实际上代表了一定量的环境物品或服务的价格。给定被调查者这种组合的初始值，然后询问被调查者愿意选择哪一项。根据被调查者的反应，不断提高（或降低）价格水平，直到其认为选择二者中的任意一个为止。此时，被调查者所选择的价格就表示他对给定量的环境物品或服务的支付意愿。此后，再给出另一组组合几轮询问，根据被调查者对不同环境质量水平的选择情况进行分析，就可以估算出他对边际环境质量变化的支付意愿（马中，2006）。

（三）无费用选择法

通过询问个人在不同的物品或服务之间的选择来估算环境物品或服务的价值。该方法模拟市场上购买商品或服务的选择方式，给被调查者两个或多个方案，每一个方案都不用被调查者付钱，从这个意义上说，对被调查者而言是无费用的（马中，2006）。

二、实施步骤与条件

（一）实施步骤

实施条件价值评估法的步骤如下：创建假想市场，设计调查问卷、创设问题情境，获得个人的支付意愿或受偿意愿，估计平均的支付意愿/受偿意愿，估计支付意愿/受偿意愿曲线，计算总的支付意愿/受偿意愿。

（二）计算公式

按照上述实施步骤，参考式（3－12）计算支付意愿/受偿意愿。

$$W_{总} = W_{平均} \times P_{人} \qquad\qquad (3-12)$$

式中，$W_总$表示总的支付意愿/受偿意愿（元）；$W_{平均}$表示人均支付意愿或受偿意愿（元）；$P_人$表示总人数（人）。

（三）实施条件

实施条件价值评估法需要满足以下几个条件（马中，2006）：环境变化对市场产出没有直接的影响；难以直接通过市场获取人们对物品或服务偏好的信息；样本人群具有代表性，对所调查的问题感兴趣并且有相当程度的了解；有充足的资金、人力和时间进行研究。

（四）存在局限

从特点上看，条件价值评估法是通过对消费者的主观调查来推断资源环境的价值，并未对实际的市场进行观察，也没有通过要求消费者以现金支付的方式来表征支付意愿/接受赔偿意愿来验证其有效需求。因此，从理论上说，这种方法有一定的局限性。

1. 容易造成一些偏差

可能存在的偏差主要有（马中，2006）：信息偏差、支付方式偏差、起点偏差、假想偏差、部分—整体偏差、策略性偏差、无反应偏差、肯定性回答偏差、抗议反应偏差、嵌入性偏差、问题顺序偏差、停留时间长度偏差、调查者偏差、调查方式偏差等。这些偏差，将成为影响条件价值评估研究结果有效性的可能因素。根据相关研究经验，可以采取相应的方法有效减少和降低这些偏差的影响。

2. 支付意愿和接受赔偿意愿不一致

在支付意愿和接受赔偿意愿之间存在着极大的不对称性。意愿调查评估法研究的结果一直表明：支付意愿比接受赔偿意愿的数量要低很多（通常为1/3）。从原理上讲，支付意愿适用于估价效益，而接受赔偿意愿与费用分摊有关。这可能是由于同人们对获得其尚未拥有的某物的评价相比，人们对其已有之物的损失会有更高的估价。也就是说，即便在意愿调查评估法的假设条件下，也不存在为人们所接受的唯一的环境质量定价方法，价值评估是否准确取决于是把环境变化作为收益还是作为损失（马中，

2006)。

经过多年的发展，条件价值评估法已成为一种评价资源环境经济价值最常用和最有用的工具之一，得到越来越多的关注与应用。它能够考虑利益相关者的切身利益，可以解决其他许多方法不能解决的问题，实现对资源环境经济价值的估算。但条件价值评估法也存在一定的局限性，主要表现在三个方面：首先，比较烦琐，需要精心设计。因为支付意愿值与样本总人口数极度相关，所以该方法的使用需要大量的样本、充足的数据信息，需要精心设计，尤其是调查活动需要花费大量的时间、金钱等。其次，该方法过于依赖人们的看法，而不是实际的市场行为，将不可避免地导致一些偏差。最后，评估结果受被调查者的受教育程度、收入水平、环境意识等影响。因此，该方法更适用于评估区域性的环境问题，而不适合评估全球环境问题。

第四节　补偿标准确定

农业生态补偿标准的科学确定与计量是一项十分复杂的工作，既要综合应用多种理论、多种方法以科学计算，又要坚持因地制宜、沟通协商以合理确定。

一、方法的选择

选择合适的补偿标准确定方法，是科学合理确定农业生态补偿标准的关键。成本法、生态服务价值法、条件价值评估法等，都有其适用范围、优势与不足（见表 3-11）。

成本法在生态补偿标准测算中应用比较广泛，逻辑清晰、计算简单、操作性强、贴近实际，能够体现补偿标准的社会属性（李姣等，2022），但需要识别的投入成本比较多，诸多非市场物品和服务数据的可获得性较差，估算结果作为补偿标准偏低、受偿者的动力不足，导致应用有限。

表3-11　农业生态补偿标准确定常用方法对比

名称		优点	缺点	适用范围
1. 成本法		逻辑清晰,计算简单,操作容易,体现补偿的社会属性	需要识别的投入成本多,存在不确定性,估算结果作为补偿标准偏低	适用于已经开始保护投入、污染治理或防护具有市场价格的补偿估算,贴近实际的补偿标准下限
(1) 直接成本法	保护成本法	逻辑清晰,计算简单,操作容易	需要全面识别核算成本,没有考虑机会成本,估算结果作为补偿标准偏低	适用于有明确市场价格的农业生态环境保护投入
	治理成本法	逻辑清晰,计算简单,操作容易	需要全面识别核算成本,估算结果作为补偿标准偏低	适用于有明确市场价格的农业生态环境治理
	防护支出法	逻辑清晰,计算简单,操作容易	需要全面识别核算成本支出,没有考虑机会成本,估算结果作为补偿标准偏低	适用于有明确市场价格的农业生态环境防护
	直接损失法	逻辑清晰,计算简单,操作容易	需要全面识别评估损失,估算结果作为补偿标准偏低	适用于有明确市场价格的损失评估
(2) 机会成本法		逻辑清晰,计算简单,操作容易,应用广泛	需要全面识别概括发展机会	适用于具有唯一性或其不可逆特征的项目评估
2. 生态服务价值法		估算结果作为补偿标准的理论依据充分,体现补偿的自然属性	涉及内容参数多,计算复杂,估算结果作为补偿标准偏高,与实际补偿差距较大	适用于理论补偿标准估算,作为补偿标准上限
(1) 直接市场法	生产率变动法	容易量化,评估结果客观,可信度高	数据要求全面,对无市场价格的价值估算适应性较差	适用于有明确市场价格的农业生态功能(服务)价值评估
	剂量-反应法	评估结果相对科学,准确,可信度高	科学建立剂量-反应关系难度大,信息需求量大,要求高	适用于有明确市场价格的农业生态功能(服务)价值评估
	影子工程法	将不可量化的问题量化,简化环境资源估价	估算结果可能多样,与真实价值存在偏差	适用于有明确市场价格的农业生态功能(服务)价值评估

名称		优点	缺点	适用范围
内涵资产定价法		估算舒适性资源环境价值,将不可量化的问题量化	统计技巧要求高,数据要求精确,量大,评估结果偏低	适用于没有市场价格的农业生态功能(服务)价值评估
旅行费用法		数据相对容易得到,市场化程度较高	无法评估与人类非直接相关的环境价值,评估结果偏低	适用于没有市场价格的农业生态功能(服务)价值评估
(2)揭示偏好法	碳税法	直接方便,计算简单,数据易得,市场化程度较高	评估结果对比整体价值偏低	适用于农业固碳功能价值评估
	工业制氧法	直接方便,计算简单,数据易得,市场化程度较高	评估结果对比整体价值偏低	适用于农业释氧功能价值评估
	造林成本法	直接方便,计算简单,数据易得,市场化程度较高	评估结果对比整体价值偏低	适用于农业固碳、释氧功能价值评估
(3)陈述偏好法	选择试验法	比较灵活,能够排除个人因素干扰,揭示更多偏好信息	调查比较复杂,增加负担,模型分析和处理技术难度大,存在假想偏差	主要用于确定"复合物品"某种特征的质量变化对"复合物品"的价值的影响
(4)当量因子法		计算简单,操作性强,结果便于比较,可对农业生态功能(服务)价值快速核算	尺度偏大,无法消除区域内在差异,评估结果的相对性,精度要差	适用于区域或全球范围农业生态功能(服务)价值评估
3.条件价值评估法		构建虚拟市场,能够考虑相关利益者的切身利益,反映微观主体诉求	主观性强,评估结果易受被调查者影响,存在假想项;比较频繁,样本量与信息量需求大,调查成本高	适用于小范围的补偿标准估算

生态服务价值法在确定生态补偿标准方面理论依据最充分，能够体现补偿标准的自然属性，但涉及内容参数多、计算比较复杂，且目前尚未有统一、标准的评价方法，导致评价结果产生的误差或差异比较大，估算结果作为补偿标准偏高，与现实结合性差，很难在农业生态补偿的具体政策设计中应用。

条件价值评估法测算的价格取决于个人偏好，能够反映微观主体的诉求，通过假想市场的构造来实现，不受现有市场的限制，但是假想市场构造的误差需要通过更精细的实验手段设计和调查来进行规避，调查成本比较高。

因此，实际工作中，要根据不同情况，适当选择、综合运用多种评估方法，提高农业生态补偿标准的科学性、准确性和客观性。

二、标准的确定

（一）主要原则

1. 科学性原则

农业生态补偿标准的确定首先要具有科学性，即要从农业生态补偿的概念内涵、属性特点出发，根据农业生态环境、农业生产发展、支付意愿与受偿意愿等之间的交互机理与逻辑关系，综合运用成本法、生态服务价值法、条件价值评估法等方法，或建立相关方法、模型，科学系统研究测算，确保并提升补偿标准的科学化水平。

2. 实用性原则

农业生态补偿归根结底是一种调节相关主体利益关系的政策制度安排。只有落实落地、发挥作用，才能体现其价值。因此，补偿标准确定要在科学测算基础上，立足现实，综合考虑农业生态环境、经济社会发展、相关主体认知与意愿等因素，沟通协商、综合确定。尤其是在当前补偿的市场机制不成熟、政府财力吃紧的形势下，更需要结合实际，以保证补偿行为顺利实施。

3. 效益性原则

农业生态补偿标准的确定要能够保障补偿行为发挥作用，能够调节相关主体之间的利益关系，将农业生态环境外部性问题内部化。对农业生态环境保护者或生态服务贡献者，补偿标准不能偏低，要至少能够弥补其损失，并使之继续保持保护或贡献的动力；对因农业生态环境受到损害的受害者，补偿标准不能偏低，要能够弥补其损失，维持必要的公平；对农业生态环境破坏者或使用者，付费标准不能偏低，至少要经过该付费投入能够恢复农业生态环境破坏或使用前的状态水平，惩罚或约束破坏与使用行为，杜绝"公地悲剧"现象；对农业生态服务受益者，要使其合理付费，减少"搭便车"现象。

（二）范围设定

如第一章所述，农业生态补偿标准可分为理论补偿标准和实际补偿标准、最低补偿标准和最高补偿标准等。补偿标准的确定，特别是实际补偿标准的确定，需要遵循科学性、实用性和效益性原则。因此，农业生态补偿标准应在一个科学合理的区间范围内确定（见图3-1）。

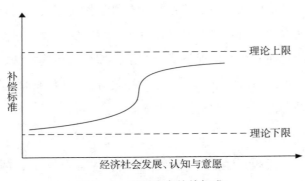

图3-1　农业生态补偿标准

（1）理论补偿标准

理论标准，是从农业生态环境学、生态经济学、环境经济学等理论出发，按照科学的方法或模型，测算的实施农业生态补偿行为应该执行的补偿值。从本质上讲，理论标准应该是一个定值。测算角度不同、方法不统一或选择差异等，导致测算数值不一。为更好体现这些不同或差异，将理论标准分为理论上限标准、理论下限标准。其中，理论上限标准是理论上应该补偿的最高标准，理论下限标准是理论上应该补偿的最低标准。退一步讲，即使存在一个上下限标准的区间范围，也不影响最终确定的理论标准是一个定值。按照上述给出的成本法、生态服务价值法、条件价值评估法等方法，或者新建相关方法、模型等测算出的补偿标准值都应成为理论标准。

①最高补偿标准。

最高标准，或称理论上限标准，是从理论层面测算的实施农业生态补偿行为应该执行的最大补偿值。农业生态功能（服务）价值主要是从农业生态环境的自然属性出发，根据农业生产对生态环境影响的内在机理机制，对农业保护土壤、涵养水源、净化空气、消纳废弃物、维持生物多样性、增加景观美学、调节气候等功能作用或效益进行市场化、货币化表达的指标。农业生态（功能）服务价值是农业生态环境正外部性的体现，也是农业生态环境保护者或生态服务贡献者投入付出后产生的最大收益，将此正外部性内部化，必须对此收益进行补偿。因此，农业生态功能（服务）价值作为农业生态补偿标准的理论依据最充分，符合外部性内部化要求，但金额与实际财力等情况相差巨大，适合作为补偿标准的理论上限，即最高补偿标准。

②最低补偿标准。

最低标准，或称理论下限标准，是从理论层面测算的实施农业生态补偿行为应该执行的最小补偿值。农业生态环境保护相关成本主要是从农业生态环境的社会属性出发，根据人们为保护农业生态环境投入的人力、物力、财力等直接成本以及为此而损失的相关发展机会成本等测算的指标。农业生态环境保护相关成本是反映人们为保护农业生态环境而开展的社会活动投入，有利于农业生态环境保护和改善，为弥补其损失、激发保护动力，必须对此进行补偿。因此，农业生态环境保护相关成本（即直接成本与机会成本之和）应该是补偿的理论下限标准，即最低补偿标准。

（2）实际补偿标准

实际补偿标准，是基于理论补偿标准，根据经济社会发展水平、农业生态环境状况、相关主体认知与意愿等实际情况，经协商、博弈后实际执行的补偿值。为体现补偿的实用性、效益性等原则，实际补偿标准应该是位于理论补偿上限标准与下限标准区间内的一个定值。因此，从一定程度上讲，在理论补偿标准上下限区间内，实际补偿标准与理论补偿标准相统一。

第四章　农业生态补偿政策分析

第一节　总体情况

从根本上讲，农业生态补偿因农业生态环境保护而产生，是农业生态环境保护的一种手段或制度，随着农业生态环境保护、经济社会发展状况等变化而变化。因此，考察研究我国农业生态补偿的起源、发展，必须从农业生态环境保护入手。我国对农业生态环境保护工作的真正重视、提出与开启，还要从 20 世纪 70 年代说起（张铁亮等，2021）。50 余年来，我国农业生态补偿历经萌芽孕育、起步探索、快速发展与强化管理等多个阶段，逐渐建立法规政策体系，逐步发挥应有作用。

一、政策演进

（一）萌芽孕育阶段（1970—1980 年）

1970 年 12 月 26 日，周恩来总理在接见农林部和其他有关部委的领导同志时，对农业受工业污染危害问题明确指出："我们不要做超级大国，不能不顾一切，要为后代着想。对我们来说，工业'公害'是个新课题。工业化一搞起来，这个问题就大了。农林部应该把这个问题提出来。农业又要空气，又要水。"[①]　因此，从这个时期开始，伴随着农业生态环境保护

---

① 顾明 . 周总理是我国环保事业的奠基人［M］//李琦 . 在周恩来身边的日子 . 北京:中央文献出版社,1998:332.

工作的产生、起步与开展，农业生态补偿开始孕育。这段时期，农业生态环境保护的工作重点是提出理念、形成思路，成立机构、明确任务，开展初步的研究、调查和监测。在理念与思路方面，1970 年周恩来总理接见农林部和其他有关部委领导同志时的讲话指示，表明农业生态环境问题受到我国重视，农业生态环境保护理念开始逐渐形成；国务院、环保部门、农业部门等印发系列文件，要求开展农业生态环境保护工作，促进了工作思路的初步形成。在机构与任务方面，1971 年农林部在中国农林科学院生物研究所设立农业环保研究室，开始有目的、有计划地进行农业环境保护科研工作（陶战，1993）；1974 年，农业部在科技局设立农业环境保护处（买永彬，1989），承担全国农业生态环境保护工作组织与管理职责。在研究、调查与监测方面，我国初步开展了农业环境质量标准研究和农业环境、农畜水产品污染状况调查与监测评价及污染治理工作，研究了农田灌溉水质标准、渔业水质标准和农药安全使用标准等，引起社会各界对农业环境和农畜水产品污染严重性的关注，对保护灌溉水源、渔业水域和防止农药污染起到了一定作用，并为开展环境管理和监测工作提供了科学依据和技术储备（陶战，1993）。

因此，这段时期，我国农业生态补偿处于萌芽孕育阶段。主要表现为两个特点：一是补偿概念与政策措施尚未形成。这段时期既未明确提出农业生态补偿概念，也未发布补偿政策措施。形成的相关农业生态环境保护政策措施，主要表现在提出工作理念思路、开展初步调查监测与标准研究等方面。虽然在 1973 年，国务院批转《关于保护和改善环境的若干规定（试行草案）》（见表 4－1），专门规定环境保护投资，强调"除保护环境、治理'三废'基本建设、科研和监测计划外，国家每年拿出一笔投资，用于其他方面的环境保护"，但对于农业生态环境保护而言，并未明确具体措施。二是补偿实践尚未实质性开展。这段时期开展的少量农业生态环境保护项目与资金投入实践，主要围绕调查与监测评价、标准研究与制定、监测机构建设与运行等方面展开。即使如此，在率先开展的农业环境调查与监测工作方面，我国农业环境监测网络体系建设未列入过国家专项大型建设计划，直到 20 世纪 80 年代中期以后，农业部每年才有约 200 万元的专项基建费对省级农业环境监测站轮流提供补助性支持（陶战，1999）。

表 4 – 1　主要政策或标志性事件（1970—1980 年）

时间	主要政策或标志性事件	意义或涉及内容
1970 年	周恩来总理接见农林部等部门领导时的讲话指示	提出农业生态环境保护理念
1971 年	中国农林科学院生物研究所成立农业环境保护研究室	设立农业环境保护研究机构
1972 年	农林部拟定污水灌溉暂行水质标准	开展初步的农业环境标准研究制定
1973 年	农林部委托浙江农业大学主持制定农药安全使用标准	开展初步的农业环境标准研究制定
	国务院批转《关于保护和改善环境的若干规定（试行草案）》	专章规定环境保护投资
1974 年	农林部科技局设立农业环境保护处	设立农业环境保护管理机构
1976 年	农林部委托中国农科院生物所，组织开展全国主要污水灌区农业环境质量调查研究	开展初步的农业环境调查监测
1977 年	农林部转发《全国农业环境保护工作座谈会纪要》	提出要查清污染源，加强科学研究
	农林部召开全国农业环境保护工作座谈会	强调做好农业环境监测、科研
	农林部召开全国渔业环境保护工作座谈会	强调做好渔业环境监测、科研
1978 年	我国实行改革开放	推动经济、社会、农业农村、投资体制等各行业各领域的全方位变化，深刻影响农业生态环境保护及投入
1979 年	颁布《中华人民共和国环境保护法（试行）》	第一部环境保护基本法。规定国家对保护环境有显著成绩和贡献的单位、个人，给予表扬和奖励
	农业部印发《关于农业环境污染情况和加强农业环境保护工作的意见》	要求建立全国农业环境监测网
	成立农业部环境保护科研监测所	设立国家级农业环境科研与监测机构

（二）起步探索阶段（1981—1997 年）

随着我国农业生态环境保护工作的逐步发展，农业生态补偿的相关研究与实践也逐渐实质性起步。1982 年，国务院环境保护领导小组开始组织生态农业试点，拉开了生态农业建设的序幕，也推动农业生态补偿实践迈出重要步伐。1985 年，国务院环境保护委员会印发《关于发展生态农业加强农业生态环境保护工作的意见》，强调进一步开展生态农业的试点工作。同时，为加快节水型农业建设步伐，缓解水资源紧缺矛盾，促进节水灌溉新技术推广，经国务院批准，在国家计委、财政部、中国人民银行、中国农业银行和中国工商银行等大力支持下，从 1985 年开始，中国农业银行分两期安排了节水灌溉贴息贷款，用于发展节水型农业，推广喷、微灌和管道输水灌溉等节水灌溉新技术（陈雷，1994），推动农业节水补偿实践起步发展。同年，颁布《中华人民共和国草原法》，规定"因过量放牧造成草原沙化、退化、水土流失的，草原使用者应当调整放牧强度，补种牧草，恢复植被；在保护、管理和建设草原、发展草原畜牧业等方面成绩显著的单位和个人，由各级人民政府给予精神的或者物质的奖励"，为开展草原保护补偿提供了法律保障。1986 年，颁布《中华人民共和国渔业法》，规定"县级以上人民政府渔业行政主管部门可以向受益的单位和个人征收渔业资源增殖保护费，专门用于增殖和保护渔业资源"，为开展渔业资源保护补偿提供了法律保障。1987 年，张诚谦在研究资源有偿利用时提出了"生态补偿"概念，为开展农业生态补偿相关研究提供了有益参考。1990 年，蒋天中、李波探讨了农业环境污染和生态破坏补偿问题，强调了建立农业生态破坏补偿法规的必要性和原则等，是国内较早开展农业生态补偿研究的探索，为后续开展农业生态补偿理论研究和实践奠定了基础；国务院印发《关于进一步加强环境保护工作的决定》，要求各级人民政府和有关部门必须执行国家有关资源和环境保护的法律、法规，按照"谁开发谁保护，谁破坏谁恢复，谁利用谁补偿"和"开发利用与保护增殖并重"的方针，认真保护和合理利用自然资源，积极开展跨部门的协作，加强资源管理和生态建设，做好自然保护工作，同时要求加强对农业环境的保护和管理。1992 年，国务院批转了国家体改委《关于一九九二年经济体制改革要点》，明确提出要建立林价制度和森林生态效益补偿制度，这是可查资料中国家层面官方文件首次提出生态补偿概念。1993 年，颁布《中华人民共和国农业法》，专章规定农业资源与农业环境保护，要求各级人民政府在财政预算内安排的各项用于农业的资金应当主要用于加强农业生态环境保护建设等，从法律层面确立农业环境保护及其投入地位。1996 年，颁布《中华人民共和国野生植物保护条例》，规定"在野生植物资源保护、科学研究、培育利用和宣传教育方面成绩显著的单位和个人，由人民政府给予奖励"。

这段时期，我国农业生态环境保护工作范围不断扩大，除继续深入开展农业环境保护标准研究和调查监测外，还逐步开展生态农业建设、农业节水灌溉等，推动农业生态补偿探索起步。主要表现为以下几个特点：一是项目实践开始探索起步。1982 年，我国开始组织生态农业试点，到 1985 年进一步开展生态农业试点，再到 1993 年建设 50 个生态农业试点县，生态农业建设由生态户、生态村逐步扩展到生态乡、生态县；从 1985 年开始，中国农业银行分两期安排节水灌溉贴息贷款，用于发展节水型农业；这些项目的实施开展，也推动农业生态补偿实践起步。二是政策措施开始形成（见表 4 - 2）。1985 年以来，我国陆续颁布《中华人民共和国草原法》《中华人民共和国渔业法》《中华人民共和国环境保护法》《中华人民共和国农业法》等系列法律，规定对开展草原保护、渔业资源保护、农业资源与环境保护等给予投入支持或奖励，为实施农业生态补偿奠定了法律基础。同时，还印发《关于进一步加强环境保护工作的决定》《关于一九九二年经济体制改革要点》等政策文件，强调生态补偿的重要性。三是补偿主体开始明确。政府发挥关键主导作用，组织实施相关农业生态环境保护项目，并投入相应资金支持。四是补偿方式比较简单。主要是资金投入补偿，辅以个别的项目补偿、政策补偿等。五是补偿范围与对象狭窄。主要围绕生态农业建设、农业节水、草原保护、野生植物保护等开展投入与补偿实践。

表 4-2　主要政策或标志性事件（1981—1997 年）

时间	主要政策或标志性事件	意义或涉及内容
1982 年	国务院环境保护领导小组开始组织生态农业试点	农业生态补偿实践迈出重要步伐
1985 年	颁布《中华人民共和国草原法》	为开展草原生态补偿提供法律保障
	国务院环境保护委员会印发《关于发展生态农业加强农业生态环境保护工作的意见》	进一步开展生态农业的试点工作，争取建成一批不同生态类型（包括山地、丘陵、平原、草原、水网、城市郊区等）的生态农业示范基点
1986 年	颁布《中华人民共和国渔业法》	为开展渔业资源保护补偿提供法律保障
1988 年	颁布《中华人民共和国水法》	规定兴建水利工程或者其他建设项目，对原有灌溉用水、供水水源或者航道水量有不利影响的，建设单位应当采取措施或者予以补偿
1989 年	颁布《中华人民共和国环境保护法》	规定对保护和改善环境有显著成绩的单位和个人，由人民政府给予奖励
1990 年	国务院印发《关于进一步加强环境保护工作的决定》	要求各级人民政府和有关部门必须执行国家有关资源和环境保护的法律、法规，按照"谁开发谁保护，谁破坏谁恢复，谁利用谁补偿"和"开发利用与保护增殖并重"的方针，认真保护和合理利用自然资源，积极开展跨部门的协作，加强资源管理和生态建设，做好自然保护工作
1992 年	国务院批转国家体改委《关于一九九二年经济体制改革要点》	提出要建立林价制度和森林生态效益补偿制度。国家层面官方文件首次提出生态补偿制度
1993 年	颁布《中华人民共和国农业法》	专章规定农业资源与环境保护，要求各项农业资金应用于加强农业生态环境保护建设等方面
1996 年	国务院印发《关于环境保护若干问题的决定》	要求建立并完善有偿使用自然资源和恢复生态环境的经济补偿机制
	颁布《中华人民共和国野生植物保护条例》	规定在野生植物资源保护、科学研究、培育利用和宣传教育方面成绩显著的单位和个人，由人民政府给予奖励

（三）快速发展阶段（1998—2015 年）

1998 年，长江、松花江、嫩江流域发生历史罕见的特大洪涝灾害，受灾面积 21.2 万 km²，受灾人口 2.33 亿人，因灾死亡 3004 人，各地直接经济损失 2551 亿元，使当年国民经济增速降低 2%（国家林业和草原局，2020）。另据不完全统计，2000—2006 年，全国每年发生农业环境污染事故 9460 起，每年污染农田约 1300 万亩[①]，直接经济损失逾 25 亿元（咸道孟、王伟，2008）。这些自然环境事件，进一步引发了人们对生态环境保护、农业生产乃至经济社会发展方式的深度思考。为加强水土流失治理与生态环境保护，1999 年，我国在四川、陕西、甘肃 3 省实施退耕还林还草试点；2002 年，在全国范围内全面启动退耕还林还草工程；2014 年，开启新一轮退耕还林还草工程。可以说，1998 年以来，我国将农业生态环境保护、绿色发展摆上更加突出的位置，不断加大政策扶持和投入力度，加快转变农业发展方式。在农业资源保护与节约利用方面，2001 年开始部署建设农业野生植物原生境保护点（区），2006 年启动实施土壤有机质提升试点补贴项目，2008 年开始投资建设北方地区旱作农业示范基地，2014 年起将土壤有机质提升项目改为耕地保护与质量提升项目；在农业环境污染治理方面，2005 年启动实施测土配方施肥试点，2009 年开展秸秆还田奖补试点，2012 年启动实施全国农产品产地土壤重金属污染防治工作，2014 年在湖南省长株潭地区开展农产品产地土壤重金属污染修复示范试点；在农业生态养护与建设方面，2000 年启动第二批 50 个生态农业示范县建设，2003 年启动退牧还草工程，2007 年开展循环农业示范市建设，2011 年启动实施草原生态保护补助奖励政策，2014 年开展现代生态循环农业发展试点省建设。这段时期，有几个重要时间节点值得关注。一是 2004—2005 年，中央层面官方文件正式提出农业生态补偿。2004 年，国家环境保护总局发布《湖库富营养化防治技术政策》，提出"鼓励针对退耕还湖（林、草）、休耕（养、捕）等开展农业生态保护补偿政策研究"。从可查的资料

---

① 亩为非法定计量单位，1 亩 = 1/15hm²。

来看，这是国家层面官方文件第一次明确提出农业生态保护补偿政策。随后，在概念提法上，又将农业生态补偿拓展至生态补偿。2005 年，党的十六届五中全会通过《中共中央关于制定国民经济和社会发展第十一个五年规划的建议》，提出"按照谁开发谁保护、谁受益谁补偿的原则，加快建立生态补偿机制"；国务院印发《关于落实科学发展观加强环境保护的决定》，强调"要完善生态补偿政策，尽快建立生态补偿机制。中央和地方财政转移支付应考虑生态补偿因素，国家和地方可分别开展生态补偿试点"。二是 2008 年，中央层面官方文件正式确立农业生态补偿政策。2008 年，党的十七届三中全会通过《中共中央关于推进农村改革发展若干重大问题的决定》，强调"要健全农业生态环境补偿制度，形成有利于保护耕地、水域、森林、草原、湿地等自然资源和物种资源的激励机制"；指出健全农业生态环境补偿制度是发达国家的普遍做法，符合世界贸易组织农业协议"绿箱"政策，要从我国国情出发，建立稳定的补偿资金来源渠道，明确补偿环节、补偿主体、补偿标准和补偿办法，形成有效的激励机制。三是 2015 年，将生态补偿制度作为生态文明制度的重要组成部分。2015 年，中共中央、国务院陆续印发《关于加快推进生态文明建设的意见》《生态文明体制改革总体方案》等文件，全面系统部署生态文明建设，明确将生态补偿制度作为生态文明制度的重要组成部分，强调完善生态补偿机制。

这段时期，我国农业生态补偿快速发展。主要表现为以下几个特点：一是项目实践密集实施。从 1998 年以来，我国陆续启动实施退耕还林还草、第二批生态农业示范县、农业野生植物原生境保护点（区）建设、退牧还草工程、测土配方施肥、秸秆还田奖补、农产品产地重金属污染防治、草原生态保护补助奖励政策等一系列项目或工程，几乎每年都有相关农业生态补偿项目，甚至同一年度安排多个项目，扎实推进农业生态补偿扩面提质。二是政策措施密集出台（见表 4－3）。2002 年，财政部印发《退耕还林工程现金补助资金管理办法》，加强退耕还林工程现金补助资金管理；2004 年，国家环境保护总局印发《湖库富营养化防治技术政策》，首次提出农业生态保护补偿；2005 年，财政部、农业部印发《测土配方施肥试点补贴资金管理暂行办法》，开展测土配方施肥补贴试点；财政部、水利部印发《节水灌溉贷款中央财政贴息资金管理暂行办法》，规定中央财政对节水灌溉贷款项目给予贴息；2008 年，国务院办公厅印发《关于加快推进农作物秸秆综合利用的意见》，对秸秆利用等给予适当补助；2011 年，财政部、农业部印发《中央财政草原生态保护补助奖励资金管理暂行办法》，启动实施草原生态保护补助奖励政策；2012 年，农业部、财政部印发《农产品产地重金属污染防治实施方案》，启动实施农产品产地重金属污染调查与防治；2014 年，国家发展改革委等部门印发《新一轮退耕还林还草总体方案》《关于加强盐碱地治理的指导意见》等文件，启动新一轮退耕还林还草工程建设、建立盐碱地"谁投资、谁收益"利益分配机制。三是资金规模迅速增长。退耕还林还草、农业面源污染综合防治等诸多农业生态环境保护建设项目的开工实施，促使建设补助资金落实落地，资金规模迅速增加。仅从单项工程建设看，退耕还林还草工程，1999—2019 年中央财政投入补助资金达 4424.8 亿元（国家林业和草原局，2020）。四是补偿主体逐渐多元。政府补偿发挥关键作用，在大多数农业生态环境保护建设项目中占据主导地位，同时引导着其他社会主体实施补偿；农村集体经济组织、农户等生产经营和服务主体及金融机构、社会团体等其他社会主体发挥重要作用，积极参与相关项目或工程建设。五是补偿范围全面拓宽。从退耕还林还草、草原保护建设、湿地保护，到农业面源污染防治、农业废弃物资源化利用，覆盖农业资源保护与节约利用、农业环境污染治理、农业生态养护与建设等多个领域，涉及种植业、畜禽养殖业、水产养殖业（渔业）等多个行业。六是补偿方式日益多样。政府补偿逐渐由直接投资，向直接投资、投资补助、先建后补、以奖代补等多种方式并存转变；社会（市场）补偿由投资投劳，逐渐向投资投劳、PPP 等多种方式并存转变，一些新的补偿模式开始涌现。

表 4 – 3 主要政策或标志性事件（1998—2015 年）

时间	主要政策或标志性事件	意义或涉及内容
1999 年	四川、陕西、甘肃 3 省开展退耕还林还草试点	拉开退耕还林还草工程建设序幕
2002 年	修订《中华人民共和国农业法》	对退耕农民、从事捕捞业转产转业的农民或渔民实施补助
	修订《中华人民共和国草原法》	继续为草原生态保护补偿提供保障
	修订《中华人民共和国水法》	继续强调工程建设对灌溉用水有不利影响的，建设单位应当采取相应的补救措施；造成损失的，依法给予补偿
	国务院颁布《退耕还林条例》	明确退耕还林补助标准、方式等
	国务院西部开发办、国家林业局召开全国退耕还林电视电话会议	全面启动退耕还林还草工程
	财政部印发《退耕还林工程现金补助资金管理办法》	加强退耕还林工程现金补助资金管理
2003 年	国务院西部开发办等 5 部门联合印发《关于下达 2003 年退牧还草任务的通知》	启动退牧还草工程
2004 年	国家环境保护总局印发《湖库富营养化防治技术政策》	国家层面官方文件首次提出农业生态保护补偿
	设立中央环境保护专项资金	对筹集环境保护资金、加大中央环境保护投入具有重要意义
2005 年	党的十六届五中全会通过《中共中央关于制定国民经济和社会发展第十一个五年规划的建议》	提出按照谁开发谁保护、谁受益谁补偿的原则，加快建立生态补偿机制
	国务院印发《关于落实科学发展观加强环境保护的决定》	强调要完善生态补偿政策，尽快建立生态补偿机制
	国家发展改革委印发《中央预算内投资补助和贴息项目管理暂行办法》	重点用于市场不能有效配置资源、需要政府支持的经济和社会领域，主要包括保护和改善生态环境的投资项目等
	财政部、农业部印发《测土配方施肥试点补贴资金管理暂行办法》	开展测土配方施肥补贴试点
	财政部、水利部印发《节水灌溉贷款中央财政贴息资金管理暂行办法》	规定中央财政对节水灌溉贷款项目给予贴息

续表

时间	主要政策或标志性事件	意义或涉及内容
2006 年	中共中央、国务院印发《关于推进社会主义新农村建设的若干意见》	提出建立和完善生态补偿机制
2007 年	党的十七大报告	提出建立健全生态补偿机制
	中共中央、国务院印发《关于积极发展现代农业扎实推进社会主义新农村建设的若干意见》	提出探索建立草原生态补偿机制等
	国务院印发《关于促进畜牧业持续健康发展的意见》	探索建立草原生态补偿机制
	国家环境保护总局印发《关于开展生态补偿试点工作的指导意见》	指导部署生态补偿试点工作
	财政部印发《完善退耕还林政策补助资金管理办法》	完善退耕还林政策补助资金管理
	财政部印发《2007 年政府收支分类科目》	在支出类级科目中，增设"211 环境保护"，使环保在预算支出科目中单立户头，包括农村环境保护、退耕还林等项目
2008 年	党的十七届三中全会通过《中共中央关于推进农村改革发展若干重大问题的决定》	强调要健全农业生态环境补偿制度
	国务院办公厅印发《关于加快推进农作物秸秆综合利用的意见》	对秸秆发电、秸秆气化、秸秆收集贮运等关键技术和设备研发给予适当补助；对秸秆综合利用企业和农机服务组织购置秸秆处理机械给予信贷支持；鼓励和引导社会资本投入
2010 年	国家发展改革委等部门启动《生态补偿条例》起草工作	推进生态补偿法治化迈进重要一步
2011 年	财政部、农业部印发《中央财政草原生态保护补助奖励资金管理暂行办法》	中央财政设立专项资金，启动实施草原生态保护补助奖励政策
2012 年	党的十八大报告	提出建立生态补偿制度
	修正《中华人民共和国农业法》	对退耕农民、从事捕捞业转产转业的农民（或渔民）实施补助
	农业部、财政部印发《农产品产地重金属污染防治实施方案》	启动实施农产品产地重金属污染调查与防治

时间	主要政策或标志性事件	意义或涉及内容
2013 年	党的十八届三中全会通过《中共中央关于全面深化改革若干重大问题的决定》	强调实行生态补偿制度
	国务院发布《畜禽规模养殖污染防治条例》	国家鼓励和支持畜禽养殖污染防治以及畜禽养殖废弃物综合利用和无害化处理的科学技术研究和装备研发
2014 年	修订《中华人民共和国环境保护法》	规定国家建立健全生态保护补偿制度
	国务院办公厅印发《关于建立病死畜禽无害化处理机制的意见》	提出建立与养殖量、无害化处理率相挂钩的财政补助机制
	国家发展改革委、财政部等部门联合印发《新一轮退耕还林还草总体方案》	启动新一轮退耕还林还草工程建设
	国家发展改革委、科技部等 10 个部门印发《关于加强盐碱地治理的指导意见》	提出加大投入力度，建立"谁投资、谁受益"利益分配机制
	财政部、农业部印发《中央财政农业资源及生态保护补助资金管理办法》	支持草原生态保护与治理、渔业资源保护与利用、畜禽粪污综合处理以及国家政策确定的其他方向
2015 年	中共中央、国务院印发《关于加快推进生态文明建设的意见》	提出健全生态保护补偿机制，启动湿地生态效益补偿
	中共中央、国务院印发《生态文明体制改革总体方案》	提出健全生态补偿制度
	国务院办公厅印发《关于加快转变农业发展方式的意见》	提出完善耕地保护补偿机制
	农业部印发《关于打好农业面源污染防治攻坚战的实施意见》	提出探索建立农业生态补偿机制

（四）强化管理阶段（2016 年至今）

实施生态补偿是生态文明建设的重要内容。为进一步健全生态补偿机制，加快推进生态文明建设，2016 年，国务院办公厅印发《关于健全生态保护补偿机制的意见》，提出按照权责统一、合理补偿，政府主导、社会参与，统筹兼顾、转型发展，试点先行、稳步实施的原则，着力落实草原、湿地、耕地等 7 个重点领域生态保护补偿任务，推进建立稳定投入机制、推进横向生态保护补偿、健全配套制度体系、创新政策协同机制、加快推进法治建设等 7 个方面的体制机制创新，初步建立多元化补偿机制，基本建立符合我国国情的生态保护补偿制度体系。同年，财政部、农业部联合印发《建立以绿色生态为导向的农业补贴制度改革方案》，提出以现有补贴政策的改革完善为切入点，在确保国家粮食安全和农民收入稳定增长的前提下，突出绿色生态导向，将政策目标由数量增长为主，转到数量质量效益并重上来，到 2020 年，基本建成以绿色生态为导向、促进农业资源合理利用与生态环境保护的农业补贴政策体系和激励约束机制。之后，相关部门又印发实施《关于全面推开农业"三项补贴"改革工作的通知》《第三轮草原生态保护补助奖励政策实施指导意见》《耕地建设与利用资金管理办法》《土壤污染防治资金管理办法》《农业绿色发展中央预算内投资专项管理办法》《农业生态资源保护资金管理办法》等一系列政策文件，进一步规范农业生态补偿项目与资金管理。2018 年，中共中央印发《关于深化党和国家机构改革的决定》《深化党和国家机构改革方案》，系统部署推进党和国家机构改革，组建农业农村部，承担原中央农村工作领导小组办公室的职责、原农业部的职责，以及国家发展改革委的农业投资项目、财政部的农业综合开发项目、原国土资源部的农田整治项目、水利部的农田水利建设项目等管理职责。2020 年，国家发展改革委起草《生态保护补偿条例（公开征求意见稿）》，并向社会公开征求意见，标志着我国推进实施生态补偿规范化、法治化迈出重要一步。2021 年，中共中央办公厅、国务院办公厅印发《关于深化生态保护补偿制度改革的意见》，要求加快健全有效市场和有为政府更好结合、分类补偿与综合补偿统筹兼顾、纵向补偿与横向补偿协调推进、强化激励与硬化约束协同发力的生态保护补偿制度，特别是完善以绿色生态为导向的农业生态治理补贴制度、耕地保护补偿机制，落实好草原生态保护补奖政策等。

这段时期，我国农业生态补偿管理不断强化。主要表现为以下几个特点：一是管理体制不断顺畅。将原先相对分散的农业投资管理职责、机构部门等进行一定程度整合，不断理顺农业投资体制机制，有利于强化农业投资管理，形成工作合力，提高资金使用效益，从而也进一步保障、推动相关农业生态补偿项目与资金落实落地。二是管理要求不断细化。从2016年国务院办公厅印发《关于健全生态保护补偿机制的意见》，财政部、农业部联合印发《建立以绿色生态为导向的农业补贴制度改革方案》，到2020年国家发展改革委征求《生态保护补偿条例（公开征求意见稿）》意见，2021年中共中央办公厅、国务院办公厅印发《关于深化生态保护补偿制度改革的意见》，以及其间印发实施的多个细分项目资金管理办法等（见表4-4），对农业生态补偿的要求与保障更加稳定、具体，基本形成一类项目配套一个资金管理办法的模式。三是补偿主体更加多元。2016年以来，中央更加强调充分发挥政府开展生态补偿、落实生态保护责任的主导作用，积极引导社会各方参与，推进生态补偿的市场化、多元化，逐步完善政府有力主导、社会有序参与、市场有效调节的生态补偿体制机制。这也推动农业生态补偿主体更加多元，由政府补偿向政府补偿、其他社会主体补偿并存迈进。四是补偿方式更加多样。由资金补偿、实物补偿等，逐渐向技术补偿、项目补偿等探索拓展。如2021年的《关于深化生态保护补偿制度改革的意见》，提出探索支持生态功能重要地区开展生态环保教育培训、加快发展生态农业和循环农业、推进生态环境导向的开发模式项目试点等多样化生态补偿方式。五是补偿标准相对稳定。在一个政策任务实施周期内，补偿的标准保持相对稳定。如，2021年启动实施的第三轮草原生态保护补助奖励政策，中央财政按照每年每亩7.5元的测算标准给予禁牧补助，对履行草畜平衡义务的牧民继续按照每年每亩2.5元的测算标准给予草畜平衡奖励。

表 4 – 4 主要政策或标志性事件（2016 年至今）

时间	主要政策或标志性事件	意义或涉及内容
2016 年	国务院办公厅印发《关于健全生态保护补偿机制的意见》	到 2020 年，实现草原、湿地、耕地等重点领域生态保护补偿全覆盖，基本建立符合我国国情的生态保护补偿制度体系
	财政部、农业部联合印发《建立以绿色生态为导向的农业补贴制度改革方案》	到 2020 年，基本建成以绿色生态为导向、促进农业资源合理利用与生态环境保护的农业补贴政策体系和激励约束机制
	国家发展改革委、农业部印发《农业环境突出问题治理中央预算内投资专项管理办法（试行）》	中央预算内投资支持建设内容包括典型流域农业面源污染综合治理、农牧交错带已垦草原治理和东北黑土地保护等
	国家发展改革委、农业部印发《农村沼气工程中央预算内投资专项管理办法》	中央预算内投资补助资金支持建设规模化大型沼气工程、规模化生物天然气工程
	国家发展改革委、国家林业局、农业部印发《生态保护支撑体系中央预算内投资专项管理办法（试行）》	中央预算内投资支持湿地保护、野生动植物保护及自然保护区建设等项目
	国家发展改革委、国家林业局、农业部印发《新一轮退耕还林还草工程和重点退耕还林地区基本建设工程中央预算内投资专项管理办法（试行）》	中央预算内投资支持建设退耕还林还草工程、重点退耕还林地区基本粮田建设工程等项目
2017 年	党的十九大报告	建立市场化、多元化补偿机制
	中共中央办公厅、国务院办公厅印发《关于创新体制机制推进农业绿色发展的意见》	当前和今后一段时期推进农业绿色发展的纲领性文件，强调完善耕地、草原、森林、湿地、水生生物等生态补偿政策
	环境保护部印发《关于推进环境污染第三方治理的实施意见》	鼓励第三方治理单位提供环境综合服务。鼓励地方设立绿色发展基金，积极引入社会资本，为第三方治理项目提供融资支持
2018 年	国家发展改革委、财政部、水利部等 9 部门联合印发《建立市场化、多元化生态保护补偿机制行动计划》	建立市场化、多元化生态保护补偿机制，进一步完善生态保护补偿市场体系
	农业部印发《耕地质量保护专项资金管理办法》	中央财政用于开展轮作休耕等试点区域耕地质量调查监测与评价、耕地质量保护监督等方面的项目支出

时间	主要政策或标志性事件	意义或涉及内容
2018 年	农业部印发《物种品种资源保护费项目资金管理办法》	中央财政用于农业野生植物物种保护等项目支出
2019 年	国务院颁布《政府投资条例》	政府投资管理的第一部行政法规，投资建设领域的基本法规制度
	国家发展改革委等6部门印发《农业可持续发展中央预算内投资专项管理暂行办法》	包括畜禽粪污资源化利用整县推进项目、长江经济带农业面源污染治理项目。安排地方的中央预算内投资属于补助性质，鼓励各地创新财政资金使用方式，推广农业领域政府和社会资本合作（PPP），撬动社会资本更多投入
	国家发展改革委等6部门印发《森林草原资源培育工程中央预算内投资专项管理办法》	中央预算内投资对退耕还林还草、退牧还草等工程实行定额补助；地方统筹采取加大地方财政投入、合理安排地方专项债券、规范和畅通项目融资渠道、鼓励和吸引社会资本特别是民间资本参与等措施，保障工程建设资金需求
	国家发展改革委等6部门印发《生态保护支撑体系项目中央预算内投资专项管理办法》	中央预算内投资重点支持野生动植物保护及自然保护区建设、湿地保护和恢复等项目建设；安排地方的中央预算内投资属于补助性质，地方统筹采取加大地方财政投入、合理安排地方专项债券、规范和畅通项目融资渠道、鼓励和吸引社会资本特别是民间资本参与等措施，保障工程建设资金需求
	国家发展改革委等6部门印发《重大水利工程中央预算内投资专项管理办法》	中央预算内投资重点支持大中型灌区续建配套节水改造工程等工程建设；安排地方的中央预算内投资属于补助性质，由地方按规定采取适当方式安排相关重大水利工程
	国家发展改革委等6部门印发《重点区域生态保护和修复工程中央预算内投资专项管理办法》	中央预算内投资对京津风沙源治理、石漠化综合治理、三江源生态保护和建设等工程实行定额补助；地方统筹采取加大地方财政投入、合理安排地方专项债券、规范和畅通项目融资渠道、鼓励和吸引社会资本特别是民间资本参与等措施，保障工程建设资金需求
	财政部、国家税务总局等5部门印发《中华人民共和国耕地占用税法实施办法》	耕地占用纳税实施办法
	农业农村部、财政部等3部门印发《长江流域重点水域禁捕和建立补偿制度实施方案》	中央财政采取一次性补助与过渡期补助相结合的方式对禁捕工作给予适当支持

时间	主要政策或标志性事件	意义或涉及内容
2020 年	国家发展改革委就《生态保护补偿条例（公开征求意见稿）》向社会公开征求意见建议	推进生态补偿向法治化迈进重要一步
	国务院办公厅印发《生态环境领域中央与地方财政事权和支出责任划分改革方案》	将土壤污染防治、农业农村污染防治确认为地方财政事权，由地方承担支出责任，中央财政通过转移支付给予支持
	财政部、国家林业和草原局联合印发《林业草原生态保护恢复资金管理办法》	资金主要用于完善退耕还林政策、新一轮退耕还林还草、草原生态修复治理等方面
	国家发展改革委印发《关于规范中央预算内投资资金安排方式及项目管理的通知》	统一规范政府投资资金各种安排方式的概念和适用范围，充分发挥不同投资方式的作用
	农业农村部印发《农业农村部中央预算内直接投资农业建设项目管理办法》	加强中央预算内直接投资农业建设项目管理，规范项目建设程序和行为，推进简政放权和全面绩效管理，提高项目建设质量和投资效益
	农业农村部印发《农业农村部中央预算内投资补助农业建设项目管理办法》	加强中央预算内投资补助农业建设项目管理，规范项目建设程序和行为，推进简政放权和全面绩效管理，提高项目建设质量和投资效益
	农业农村部、工业和信息化部等 4 部门印发《农用薄膜管理办法》	农用薄膜回收实行政府扶持、多方参与的原则，各地要采取措施，鼓励、支持单位和个人回收农用薄膜。支持废旧农用薄膜再利用，企业按照规定享受用地、用电、用水、信贷、税收等优惠政策，扶持从事废旧农用薄膜再利用的社会化服务组织和企业
	农业农村部、生态环境部印发《农药包装废弃物回收处理管理办法》	农药包装废弃物处理费用由相应的农药生产者和经营者承担；农药生产者、经营者不明确的，处理费用由所在地的县级人民政府财政列支。 鼓励地方有关部门加大资金投入，给予补贴、优惠措施等，支持农药包装废弃物回收、贮存、运输、处置和资源化利用活动

时间	主要政策或标志性事件	意义或涉及内容
2021 年	中共中央办公厅、国务院办公厅印发《关于深化生态保护补偿制度改革的意见》	对湿地、农业生态治理、耕地保护、草原生态保护等分别建立健全补偿制度，形成市场化、多元化补偿格局
	国家发展改革委、农业农村部等 4 部门印发《农业绿色发展中央预算内投资专项管理办法》	中央预算内投资采取直接投资、投资补助等方式，支持建设畜禽粪污资源化利用整县推进、长江经济带和黄河流域农业面源污染治理、长江生物多样性保护工程等项目
	国家发展改革委、农业农村部等 4 部门印发《藏粮于地、藏粮于技中央预算内投资专项管理办法》	中央预算内投资采取直接投资、投资补助等方式，支持东北黑土地保护等项目
	国家发展改革委印发《生态保护和修复支撑体系中央预算内投资专项管理办法》	中央预算内投资采取直接投资、投资补助方式，支持重点生态资源保护项目、野生动植物保护及自然保护区建设等
	国家发展改革委印发《重点区域生态保护和修复中央预算内投资专项管理办法》	中央预算内投资采取直接投资、资本金注入、投资补助、贷款贴息方式，支持退化草原修复、湿地保护修复等
	国家发展改革委印发《污染治理和节能减碳中央预算内投资专项管理办法》	支持秸秆综合利用及收储运体系建设项目，以及农林剩余物为主的农业循环经济项目
	财政部印发《土壤污染防治资金管理办法》	重点支持包括土壤污染源头防控、土壤污染风险管控、土壤污染修复治理、应对突发事件所需的土壤污染防治等支出，以及其他与土壤环境质量改善密切相关的支出
	财政部印发《重点生态保护修复治理资金管理办法》	支持开展山水林田湖草沙冰一体化保护和修复工程
	财政部、农业农村部、国家林业和草原局印发《第三轮草原生态保护补助奖励政策实施指导意见》	明确第三轮草原生态保护补助奖励政策范围、内容与标准等
	财政部、国家林业和草原局修订印发《林业草原生态保护恢复资金管理办法》	主要用于完善退耕还林政策、新一轮退耕还林还草、草原生态修复治理等

续表

时间	主要政策或标志性事件	意义或涉及内容
2022 年	财政部、农业农村部印发《农田建设补助资金管理办法》	用于包括土壤改良、农田防护与生态环境保持等在内的建设支出
	财政部修订印发《土壤污染防治资金管理办法》	重点支持包括土壤污染源头防控、土壤污染风险管控、土壤污染修复治理、应对突发事件所需的土壤污染防治等支出，以及其他与土壤环境质量改善密切相关的支出
	财政部、水利部印发《水利发展资金管理办法》	用于水资源集约节约利用支出、地下水超采综合治理等
	财政部、国家林业和草原局修订印发《林业草原生态保护恢复资金管理办法》	主要用于国家重要湿地生态保护、重点野生植物保护等补偿支出
2023 年	财政部、农业农村部印发《农业生态资源保护资金管理办法》	用于支持地膜科学使用回收、农作物秸秆综合利用、草原禁牧补助与草畜平衡奖励、渔业资源保护等支出
	财政部、农业农村部印发《农业产业发展资金管理办法》	用于支持渔业绿色循环发展、渔业资源调查养护等
	财政部、农业农村部印发《耕地建设与利用资金管理办法》	用于耕地地力保护、土壤改良、农田防护及其生态环境保持、盐碱地综合利用、黑土地保护、耕地轮作休耕、耕地质量提升等支出

二、机制政策

（一）政策体系

经过多年的探索发展，我国农业生态补偿已逐步建立以法律法规为基础，党中央、国务院政策文件为引领，部门规章与规范性文件为骨干的法规政策体系。这些法规政策，是实施农业补偿的依据，保障、规范和引领着农业生态补偿发展。

1. 法律

现行的农业生态补偿相关法律，主要包括《中华人民共和国宪法》《中华人民共和国农业法》《中华人民共和国环境保护法》《中华人民共和国乡村振兴促进法》《中华人民共和国草原法》《中华人民共和国渔业法》《中华人民共和国湿地保护法》《中华人民共和国海洋环境保护法》等。其中，《中华人民共和国宪法》是国家的根本大法，是其他相关法律法规的制定依据，虽然未直接提及规定农业生态补偿内容，但涉及的生态环境保护、资源节约利用等相关内容，为实施农业生态补偿提供了遵循；其他法律直接规定或间接涉及了农业生态补偿相关内容，为实施农业生态补偿提供了法律依据与保障。

2. 法规

现行的农业生态补偿相关法规，主要包括《基本农田保护条例》《退耕还林条例》《中华人民共和国土地管理法实施条例》《中华人民共和国野生植物保护条例》《取水许可和水资源费征收管理条例》《地下水管理条例》《畜禽规模养殖污染防治条例》等。这些法规都直接或间接规定了农业生态补偿的相关内容，也为实施农业生态补偿提供了法治保障。

3. 党中央、国务院政策文件

党中央和国务院发布的相关中央一号文件、其他政策文件等，是推进农业生态补偿发展的重要遵循与引领，主要包括相关年份的中央一号文件、党的全国代表大会报告，以及《中共中央关于制定国民经济和社会发展第十一个五年规划的建议》《中共中央关于推进农村改革发展若干重大问题的决定》《关于加快推进生态文明建设的意见》《生态文明体制改革总体方案》《关于健全生态保护补偿机制的意见》《关于深化生态保护补偿制度改革的意见》《关于创新体制机制推进农业绿色发展的意见》等相关政策文件。

4. 部门规章与规范性文件

农业生态补偿部门规章与规范性文件，在中央层面主要是国务院相关组成部门制定出台的有关农业生态补偿的政策文件，是实施与管理农业生态补偿的直接依据。主要包括相关指导意见、规划、方案与资金管理办法等，如《关于调整完善农业三项补贴政策的指导意见》《第三轮草原生态保护补助奖励政策实施指导意见》《关于全面加强水资源节约高效利用工作的意见》《"十四五"全国农业绿色发展规划》《探索实行耕地轮作休耕制度试点方案》《农业生态资源保护资金管理办法》《耕地建设与利用资金管理办法》《节水灌溉贷款中央财政贴息资金管理暂行办法》《退耕还林工程现金补助资金管理办法》《农业绿色发展中央预算内投资专项管理办法》等。

（二）管理体制和运行机制

1. 管理体制

当前，我国农业生态补偿主要实行的是财政、投资综合主管部门与农业农村、生态环境等相关行业主管部门分工负责、相互配合的管理体制，形成中央—省（自治区、直辖市）—市（盟、州）—县（区）—乡（镇）五个层级的主体框架。

在中央政府层面，农业生态补偿主体包括财政部、国家发展改革委、农业农村部、生态环境部、自然资源部、水利部、国家林业和草原局等部门。其中，财政部属于财政预算的综合主管部门，负责农业生态环境保护相关转移支付资金财政规划和年度预算编制，会同农业农村部制定资金分配方案，下达资金预算；国家发展改革委属于投资的综合主管部门，负责中央预算内农业生态环境保护投资规划和年度计划编制，会同农业农村部制定投资计划方案，下达中央预算内投资；农业农村部属于农业农村行业管理部门，负责相关农业生态环境保护规划、实施方案等编制和审核，研究提出年度具体任务和资金测算分配建议，会同财政部、国家发展改革委下达年度工作任务，指导、推动地方做好任务实施工作；其他如生态环境部、自然资源部、水利部、国家林业和草原局等属于行业管理部门，在各自职责分工内开展农业生态环境保护相关工作。这些部门中设立了一些具体的主管司局，承担着相关具体的农业生态环境保护及投入补偿职能（如表4-5、表4-6和图4-1所示）。

在地方层面，农业生态补偿主体与中央对应，包括地方性的财政、发

展改革委、农业农村、生态环境、自然资源、水利、林草等相关部门。其
中，地方财政部门主要负责农业生态环境保护相关资金的预算分解下达、
资金审核拨付及使用监督等工作；地方农业农村部门主要负责农业生态环
境保护相关规划、实施方案等编制、项目审核筛选、项目组织实施和监督
等，研究提出任务和资金分解安排建议方案，做好本地区预算执行等；其
他相关部门根据职责定位分别开展相关工作。

表 4 – 5　中央层面农业生态补偿管理机构（按行业或领域分）

行业或领域	主要内容	主要相关部门
种植业	耕地地力保护、土壤改良、黑土地保护、耕地轮作休耕、退化耕地和生产障碍耕地治理与修复、外来入侵物种防控	农业农村部、财政部、国家发展改革委
	农田面源污染防治、农田废弃物资源化利用、化学投入品减量	农业农村部、生态环境部、财政部、国家发展改革委
	耕地质量提升、农田生态建设、田园生态系统构建	农业农村部、自然资源部、财政部、国家发展改革委
	农业灌溉水源保护、农业节水、地下水超采治理	农业农村部、财政部、国家发展改革委、水利部
	农业野生植物保护	农业农村部、国家林业和草原局、财政部、国家发展改革委
畜禽养殖业	畜禽养殖污染治理、畜禽粪污资源化利用、病死畜禽无害化处理	农业农村部、生态环境部、财政部、国家发展改革委
水产养殖业（渔业）	水产养殖污染监测与治理	农业农村部、生态环境部、自然资源部、财政部、国家发展改革委
	水生生物监测与保护	农业农村部、自然资源部、国家发展改革委、财政部
农业湿地	农业湿地保护与修复	国家林业和草原局、农业农村部、财政部、国家发展改革委
草原	草原禁牧、草畜平衡维持、已垦草原治理、退耕还林还草、退牧还草、草原生态保护与建设	国家林业和草原局、农业农村部、财政部、国家发展改革委

表4-6　中央层面农业生态补偿管理机构（按部门分）

主要部门	主要司局	主要职责
农业农村部	计划财务司、发展规划司、科技教育司、种植业管理司、农田建设管理司、畜牧兽医局、渔业渔政局	负责种植业、畜禽养殖业、水产养殖业（渔业）、农业湿地、草原等农业生态环境保护，编制和审批相关农业生态环境保护行业或专项规划，审核相关农业生态环境保护项目，组织开展项目实施、监督管理等
财政部	经济建设司、农业农村司、自然资源和生态环境司	安排中央财政资金，负责生态保护修复、污染防治、资源节约等财政拨款
国家发展改革委	固定资产投资司、农村经济司、资源节约和环境保护司、基础设施发展司	安排中央基建投资，编制和审批发展规划、建设规划等，审核重大投资项目，组织农业节能环保、农业基础设施建设等
生态环境部	土壤生态环境司	开展农业面源污染治理、农用地土壤污染防治等
自然资源部	国土空间生态修复司	开展土地、海洋生态修复
水利部	农村水利水电司	开展农业节水、灌区和节水灌溉工程设施建设等
国家林业和草原局	生态保护修复司、草原管理司、湿地管理司、规划财务司	开展草原生态修复治理与保护、湿地生态修复和保护等

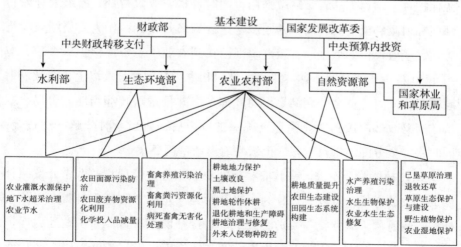

图4-1　中央层面农业农村环境保护投资管理体制框架

123

2. 运行机制

（1）财政资金拨付。现行政府实施的农业生态补偿项目，财政资金分配、下达等主要依据和遵循《农业生态资源保护资金管理办法》《耕地建设与利用资金管理办法》《农业绿色发展中央预算内投资专项管理办法》《中央对地方专项转移支付管理办法》《中央预算内直接投资项目管理办法》《中央预算内投资补助和贴息项目管理办法》等规定。本研究以中央农业生态资源保护资金为例，阐述农业生态补偿资金预算下达机制。第一，预算编制。财政部于每年6月15日前部署编制下一年度农业生态资源保护资金预算草案的具体事项，规定具体要求和报送期限等。在每年10月31日前将下一年度农业生态资源保护资金预计数提前下达省级政府财政部门，同时抄送农业农村部、省级农业农村部门和财政部当地监管局。省级政府财政部门应当在接到预计数后30日内下达本行政区域县级以上各级政府财政部门，同时将下达文件报财政部备案，并抄送财政部当地监管局。县级以上地方各级政府财政部门应当将上级政府财政部门提前下达的农业生态资源保护资金预计数编入本级政府预算。第二，资金下达拨付。财政部应当在每年全国人民代表大会审查批准中央预算后30日内将农业生态资源保护资金预算下达省级财政部门，同时抄送农业农村部、省级农业农村部门和财政部当地监管局，并同步下达区域绩效目标，作为开展绩效运行监控、绩效评价的依据。省级财政部门接到农业生态资源保护资金后，应当在30日内正式分解下达本级有关部门和本行政区域县级以上各级政府财政部门，同时将资金分配结果报财政部备案并抄送财政部当地监管局。基层政府财政部门接到农业生态资源保护资金后，应当及时分解下达资金，同时将资金分配结果及时报送上级政府财政部门备案。

（2）补偿资金发放。在政府实施的农业生态补偿项目实践中，按照补偿资金发放方式，可以大致分为直接补偿类、先建（购）后补类、以奖代补类、政府购买服务类等类别。其中，直接补偿类项目，如耕地地力保护补贴等，补偿基本流程为农业生产经营主体积极申报，经村（居委会）或乡镇（街道）核实、公示无异议、汇总，由乡镇（街道）、县级农业农村部门逐级核准确认后报县级财政部门，县级财政部门按照一定标准，直接将补助资金汇入农户等相关主体账户；先建（购）后补类项目，如地膜科学使用回收、农作物秸秆综合利用等项目，补偿基本流程是农业生产经营主体先行开展项目申报、组织实施部门负责审批、确定实施主体并与其签订协议、实施建设并完成任务，经政策任务实施主体（或第三方机构）验收合格，公示无异议后，由县级农业农村、财政等部门按照标准进行补偿发放。

第二节 分项政策

根据第一章研究界定的农业生态补偿客体内涵，从领域角度，分别分析中央层面农业资源保护与节约利用、农业环境污染治理、农业生态养护与建设等方面的补偿政策。

一、农业资源保护与节约利用

（一）耕地保护与节约利用

耕地是农业生产发展最基础的生产资料，是粮食安全的重要保障，是经济社会发展的重要物质基础。同时，耕地作为一种重要的生态系统，在水土保持、水源涵养、保护生物多样性等方面发挥着重要服务功能，对建设生态文明与促进可持续发展具有重要意义。耕地保护是"国之大者"。多年来，我国坚持"十分珍惜、合理利用土地和切实保护耕地"基本国策，坚持最严格的耕地保护制度，制定出台了《中华人民共和国土地管理法》、《中华人民共和国黑土地保护法》、制定"耕地建设与利用资金"等一系列政策措施，实施建设了耕地地力保护补贴、耕地轮作休耕、黑土地保护等一大批耕地质量保护与提升项目工程，不断加大投入、开展补偿惩罚，推动耕地数量、质量、生态"三位一体"保护与节约利用取得明显成效。截至 2023 年底，全国耕地面积达到 19.14 亿亩，累计建成 10 亿亩高标准农田，耕地质量平均等级达到 4.76，较 2014 年提升了 0.35 个等级，耕地质量总体进入持续改善、稳中有升的阶段，为粮食产量连续保持在 1.3 万亿斤以上提供了重要保障。

1. 政策文件

目前，我国关于耕地保护与节约利用的补偿主要体现在耕地地力保护补贴、耕地轮作休耕补助等方面，但尚未形成专项法律法规，已有耕地保护与节约利用补偿的相关要求散见于《中华人民共和国农业法》《基本农田保护条例》《耕地建设与利用资金管理办法》等法律或规范性文件。总体来看，已初步形成以《中华人民共和国宪法》为统领，以《中华人民共和国农业法》《中华人民共和国土地管理法》《中华人民共和国黑土地保护法》《基本农田保护条例》等法律法规为基础，以《关于加强耕地保护和改进占补平衡的意见》《关于调整完善农业三项补贴政策的指导意见》《耕地建设与利用资金管理办法》等规范性文件为主体的耕地保护与节约利用补偿政策体系（见表 4-7），为开展耕地保护与节约利用补偿提供了重要保障。

宪法。宪法是国家的根本法，是其他法律的立法依据。虽然未直接提及耕地保护与节约利用补偿，但对生态环境保护、自然资源权属、土地征收或征用补偿等予以明确规定，为实施耕地保护与节约利用补偿提供了依据。

法律、法规。《中华人民共和国农业法》是农业领域的基本法，明确规定了耕地保护、质量建设与征地补偿等内容。《中华人民共和国环境保护法》是环境保护领域的基本法，明确提出"国家建立、健全生态保护补偿制度"，既包括政府财政转移支付实施补偿，又包括协商或按照市场规则实施补偿。这两部基本法，为实施耕地保护与节约利用补偿奠定了法律基础。其他法律法规，如《中华人民共和国土地管理法》《中华人民共和国水土保持法》《中华人民共和国黑土地保护法》《中华人民共和国耕地占用税法》《基本农田保护条例》《中华人民共和国土地管理法实施条例》等都对耕地保护与节约利用补偿进行了直接或间接规定，进一步夯实了补偿实施的法律基础与保障。

表 4 - 7　耕地保护与节约利用补偿相关政策

类型	名称	时间	部门	涉及内容或章节
法律	中华人民共和国耕地占用税法	2018 年	全国人大常委会	全部
	中华人民共和国土壤污染防治法	2018 年	全国人大常委会	第七十一条
	中华人民共和国农村土地承包法	2018 年(修正)	全国人大常委会	第四十三条
	中华人民共和国土地管理法	2019 年(修订)	全国人大常委会	第三十条
	中华人民共和国水土保持法	2010 年(修订)	全国人大常委会	第三十一条、第三十二条
	中华人民共和国乡村振兴促进法	2021 年	全国人大常委会	第七条、第二十一条至第二十五条
	中华人民共和国黑土地保护法	2022 年	全国人大常委会	第七条
法规	基本农田保护条例	2011 年(修订)	国务院	第四章
	退耕还林条例	2016 年(修订)	国务院	第十九条
	土地复耕条例	2011 年(修订)	国务院	第八条、第十二条
	中华人民共和国土地管理法实施条例	2021 年(修订)	国务院	提出出台生态保护补偿条例,健全耕地轮作休耕制度等
党中央、国务院政策文件	关于做好 2023 年全面推进乡村振兴重点工作的意见	2023 年	中共中央、国务院	提出加大耕地轮作补贴力度
	关于做好 2022 年全面推进乡村振兴重点工作的意见	2022 年	中共中央、国务院	提出加强和改进建设占用耕地占补平衡管理
	关于全面推进乡村振兴加快农业农村现代化的意见	2021 年	中共中央、国务院	强调坚守耕地保护红线
	关于抓好"三农"领域重点工作确保全面建成小康实现全面建成小康的意见	2020 年	中共中央、国务院	

续表

类型	名称	时间	部门	涉及内容或章节
党中央、国务院政策文件	关于坚持农业农村优先发展做好"三农"工作的若干意见	2019 年	中共中央、国务院	提出推进重金属污染耕地治理修复和种植结构调整试点
	关于实施乡村振兴战略的意见	2018 年	中共中央、国务院	提出扩大耕地轮作休耕制度试点等
	关于加快转变农业发展方式的意见	2015 年	国务院办公厅	提出完善耕地保护补偿机制
	关于加强耕地保护和改进占补平衡的意见	2017 年	中共中央、国务院	第十六条
	关于深入打好污染防治攻坚战的意见	2021 年	中共中央、国务院	提出建立健全耕地等生态保护补偿制度
	"十四五"推进农业农村现代化规划	2021 年	国务院	第二章第二节、第六章第三节
	关于创新体制机制推进农业绿色发展的意见	2017 年	中共中央办公厅、国务院办公厅	第二十一条
	关于切实加强高标准农田建设 提升国家粮食安全保障能力的意见	2019 年	国务院办公厅	第十条
部门规章与规范性文件	中华人民共和国耕地占用税法实施办法	2019 年	财政部、国家税务总局等 5 部门	全部
	耕地建设与利用资金管理办法	2023 年	财政部、农业农村部	第七条
	农田建设补助资金管理办法	2022 年	财政部、农业农村部	全部
	土壤污染防治资金管理办法	2022 年	财政部	全部
	藏粮于地、藏粮于技中央预算内投资专项管理办法	2021 年	国家发展改革委、农业农村部等 4 部门	支持东北黑土地保护

128

续表

类型	名称	时间	部门	涉及内容或章节
部门规章与规范性文件	退耕还林工程现金补助资金管理办法	2002年	财政部	全部
	完善退耕还林政策补助资金管理办法	2007年	财政部	全部
	巩固退耕还林成果专项资金使用和管理办法	2007年	财政部	全部
	关于调整完善农业三项补贴政策的指导意见	2015年	财政部、农业部	实施耕地地力保护补贴试点
	关于全面推开农业"三项补贴"改革工作的通知	2016年	财政部、农业部	全面实施耕地地力保护补贴
	关于加强和改进永久基本农田保护工作的通知	2019年	自然资源部、农业农村部	第十七条
	关于打好农业面源污染治污攻坚战的实施意见	2015年	农业部	提出大力开展耕地质量保护与提升行动,加大资金投入力度
	关于深入推进生态环境保护工作的意见	2018年	农业农村部	提出加强耕地质量保护与提升,推行耕地轮作休耕制度
	促进西北旱区农牧业可持续发展的指导意见	2015年	农业部、国家发展改革委等8个部门	提出加强耕地质量保护和提升
	耕地质量保护与提升行动方案	2015年	农业部	强化政策扶持,创新投入机制
	探索实行耕地轮作休耕制度试点方案	2016年	农业部、中央办等10部门	建立利益补偿机制,明确补助标准和方式

续表

类型	名称	时间	部门	涉及内容章或节
	节约集约利用土地规定	2014年	国土资源部	第六条
部门规章与规范性文件	"十四五"全国农业绿色发展规划	2021年	农业农村部、国家发展改革委等6部门	第三章第一节、第八章第二节
	"十四五"全国种植业发展规划	2021年	农业农村部	第四章第一节、第五节
	全国农业可持续发展规划(2015—2030年)	2015年	农业部、国家发展改革委等8部门	提出保护耕地资源,促进农田永续利用,规划耕地质量保护与提升项目,建立健全农业资源有偿使用和生态补偿机制等
	耕地草原河湖休养生息规划(2016—2030年)	2016年	国家发展改革委、财政部等8部门	提出完善耕地保护补偿和生态保护补偿机制
	东北黑土地保护规划纲要(2017—2030年)	2017年	农业部、国家发展改革委等6部门	鼓励探索东北黑土地保护奖补措施
	国家黑土地保护工程实施方案(2021—2025年)	2021年	农业农村部、国家发展改革委等7部门	探索将黑土耕地保护措施、轮作休耕制度落实情况与耕地地力补贴、轮作休耕补贴等发放挂钩机制
	东北黑土地保护性耕作行动计划(2020—2025年)	2020年	农业农村部、财政部	提出中央财政通过现有渠道支持东北地区保护性耕作发展
	东北黑土地保护性耕作行动计划实施指导意见	2020年	农业农村部办公厅、财政部办公厅	实施保护性耕作补助

规范性文件。除上述法律法规外，我国还制定出台了一系列有关耕地保护与节约利用补偿的政策和规范性文件，主要包括党中央、国务院出台的政策文件，国务院相关部门出台的部门规章与规范性文件等，为补偿制度建立与实施发挥了重要作用。例如，2015 年，国务院办公厅印发《关于加快转变农业发展方式的意见》，提出完善耕地保护补偿机制；财政部、农业部印发《关于调整完善农业三项补贴政策的指导意见》，提出从 2015 年起调整完善农作物良种补贴、种粮农民直接补贴和农资综合补贴等三项补贴，合并为"农业支持保护补贴"，用于支持耕地地力保护和粮食适度规模经营。2017 年，中共中央、国务院印发《关于加强耕地保护和改进占补平衡的意见》，明确提出"健全耕地保护补偿机制"，强调加强对耕地保护责任主体的补偿激励，要综合考虑耕地保护面积、耕地质量状况、粮食播种面积、粮食产量和粮食商品率，以及耕地保护任务量等因素，统筹安排资金，按照谁保护、谁受益的原则，加大耕地保护补偿力度。2019 年，财政部、国家税务总局、自然资源部等 5 部门联合制定《耕地占用税法实施办法》，进一步细化了耕地占用税的收费范围和标准。2023 年，财政部、农业农村部印发《耕地建设与利用资金管理办法》，强调耕地建设与利用资金用于补助各省耕地建设与利用，主要包括耕地地力保护补贴、高标准农田建设、盐碱地综合利用试点、黑土地保护、耕地轮作休耕、耕地质量提升等。

2. 项目工程

多年来，我国为加强耕地保护与节约利用，实施了耕地地力保护补贴、耕地轮作休耕补助、黑土地保护工程等一系列项目工程，并辅以资金投入与补偿，不断推动耕地保护与节约利用补偿落实落地、发挥效益。

（1）耕地地力保护补贴

早在 2006 年，农业部就启动实施了土壤有机质提升试点补贴项目，支持农民还田秸秆、种植绿肥、增施有机肥，以推进耕地质量保护与建设。从 2014 年起，又将土壤有机质提升项目改为耕地保护与质量提升项目。2015 年，财政部、农业部印发《关于调整完善农业三项补贴政策的指导意见》，决定调整完善农作物良种补贴、种粮农民直接补贴和农资综合补贴等三项补贴政策为"农业支持保护补贴"，以支持耕地地力保护和粮食适度规模经营，并选择安徽、山东、湖南、四川和浙江等 5 个省的部分县市开展试点。其中，耕地地力保护补贴，要求补贴对象为所有拥有耕地承包权的种地农民，补贴资金要与耕地面积或播种面积挂钩并直补到户，要增强农民农业生态资源保护意识，主动保护地力，鼓励秸秆还田，不露天焚烧；但对已作为畜牧养殖场使用的耕地、林地、成片粮田转为设施农业用地、非农业征（占）用耕地等已改变用途的耕地，以及长年抛荒地、占补平衡中"补"的面积和质量达不到耕种条件的耕地等不再给予补贴。2016年，财政部、农业部发布《关于全面推开农业"三项补贴"改革工作的通知》，决定在全国全面推开农业"三项补贴"改革，即将农业"三项补贴"合并为农业支持保护补贴、支持耕地地力保护和粮食适度规模经营。自此，我国开始全面实施耕地地力保护补贴，鼓励各地创新方式方法，以绿色生态为导向，探索补贴发放与耕地保护行为挂钩的机制，引导农民综合采取秸秆还田、深松整地、科学施肥用药、病虫害绿色防控等措施保护耕地、提升地力。

几年来，耕地地力保护补贴资金总体规模比较稳定，年均安排补贴资金 1200 亿元左右，覆盖 2.2 亿农户，补贴机制逐步完善。在补贴主体上，由政府组织实施。具体是由农业农村部、财政部等部门制定印发工作通知或实施方案，安排部署任务实施，并通过中央财政农业转移支付方式，将补贴资金下达省级人民政府，由其组织具体实施。在补贴客体上，对耕地进行补贴。具体补贴依据由省级人民政府结合本地实际制定，可以是二轮承包耕地面积、计税耕地面积、确权耕地面积或粮食种植面积等；但已经作为畜牧水产养殖场使用的耕地，已经转为林地、园地的耕地，成片粮田转为设施农业用地的耕地，非农业征（占）用等已经改变用途的耕地，占补平衡中"补"的面积和质量达不到耕种条件的耕地，长年抛荒的耕地，以及违反耕地保护的其他情形等不给予补贴。在补贴对象上，其原则上为拥有耕地承包权的种地农民。村组未发包耕地和国有农场耕地补贴对象原则上为村组集体、国有农场。涉及耕地承包权流转的，已签订流转协议报经乡镇人民政府或其指定机构备案，并约定补贴资金受益人的，按照协议执行。在补贴标准上，由各地根据补贴资金额度和补贴面积等综合测算确定。在补贴方式上，实施现金发放，补贴资金通过"一卡（折）通"等形式直补到户。在补贴流程上，基本执行"面积申报—面积核实—面积公示—面积确认—资金分解—资金公示—资金发放"程序。

（2）耕地轮作休耕补助

2016 年，农业部、中央农办、国家发展改革委等 10 部门联合印发《探索实行耕地轮作休耕制度试点方案》，在内蒙古、辽宁、吉林、黑龙江、河北、湖南、贵州、云南、甘肃等 9 个省份启动实行耕地轮作休耕制度试点，中央财政安排 14.36 亿元，试点面积 616 万亩，探索建立耕地轮作休耕组织方式和政策体系，逐步形成可复制、可推广的轮作休耕制度，提升耕地质量。在补助标准上，按照每年每亩补助 150 元开展轮作试点，按照每年每亩补助 500 元在河北省黑龙港地下水漏斗区开展季节性休耕试点，按照每年每亩补助 1300 元（含治理费用）在湖南省长株潭重金属污染区开展全年休耕试点，按照每年每亩补助 1000 元在贵州省和云南省两季作物区开展全年休耕试点，按照每年每亩补助 800 元在甘肃省一季作物区开展全年休耕试点。在补助方式上，中央财政将补助资金分配到省，由省里按照试点任务统筹安排，因地制宜采取直接发放现金或折粮实物补助的方式，落实到县乡，兑现到农户。此后，试点规模不断扩大，区域不断拓宽。2017 年，中央财政安排补助资金 25.6 亿元，试点面积 1200 万亩；2018 年，中央财政安排补助资金 58.4 亿元，试点面积达到 2900 万亩；2019 年，中央财政安排补助资金 142 亿元，试点面积达到 3000 万亩。2021 年，在东北、黄淮海等地区实施粮豆轮作，在西北、黄淮海、西南和长江中下游等适宜地区推广玉米大豆带状复合种植，在长江流域实施一季稻＋油菜、一季稻＋再生稻＋油菜轮作，在双季稻区实施稻稻油轮作，在北方农牧交错区和新疆次宜棉区推广棉花、玉米等与花生轮作或间套作；继续在河北地下水漏斗区、新疆塔里木河流域地下水超采区实施休耕试点，休耕期间重点采取土壤改良、地力培肥等措施。2022 年，中央财政按照每亩补助 150 元标准，主要在东北地区、黄淮海地区、长江流域、北方农牧交错区和西北地区开展粮、棉、油等轮作模式，以及开发冬闲田扩种冬油菜；支持在西北、黄淮海、西南和长江中下游等适宜地区开展大豆玉米带状复合种植；休耕每亩补助 500 元，主要在河北、新疆地下水超采区实施。

经过几年的探索实践，耕地轮作休耕成效逐步显现，并初步探索形成了有效的组织方式、技术模式和政策框架。在补偿主体上，由政府组织实施。具体是由农业农村部、财政部等部门制定印发工作通知或实施方案，安排部署任务实施，并通过中央财政农业转移支付方式，将补偿资金下达省级人民政府，由其组织具体实施。在补偿客体上，对实行轮作休耕的耕地进行补偿。在补偿对象上，对承担轮作休耕任务的农户等农业生产经营主体，按照承担任务面积进行补偿。在补偿标准上，由各地根据实际制定，轮作一般按照每年每亩不高于 150 元进行补偿，但一般要求同一地块不得同时享受耕地轮作和大豆玉米带状复合种植补偿。在补偿方式上，实施现金发放，补偿资金通过"一卡（折）通"等形式直补到户；同时推行资金后补偿，在项目实施过程中加强监督检查和技术指导，对承担任务的实施主体、种植作物、上年作物、面积、四至信息等逐户逐地块核查落实，确保信息真实准确，验收合格后发放补偿资金，以更好发挥资金使用效益。在补偿流程上，基本执行"确定轮作休耕区域—签订轮作休耕协议—登记造册公示—实施轮作休耕任务—落实发放补偿"程序。

（3）东北黑土地保护利用

2015 年，财政部、农业部在东北 4 省（区）17 个县（市、区、旗）启动实施东北黑土地保护利用试点项目，旨在探索总结一批适合不同区域、不同土壤类型的"可推广、可复制、能落地、接地气"黑土地保护综合技术模式和保护运行机制，着力改善黑土地农田基础设施条件，全面提升黑土地质量。2017 年，农业部、国家发展改革委等 6 部门印发《东北黑土地保护规划纲要（2017—2030 年）》，对黑土地保护思路、目标、重点任务、技术模式等进行安排部署，并提出鼓励探索东北黑土地保护奖补措施，加大资金投入。2015—2017 年，中央财政每年安排 5 亿元资金，支持开展黑土地保护利用试点成效初步显现，呈现良好态势。2018 年起，扩大试点规模，中央财政每年安排 8 亿元资金在东北 4 省（区）的 32 个县（市、区、旗）开展黑土地保护利用试点。其中，8 个县开展整建制推进试点，24 个县开展保护利用试点。集成推广示范秸秆还田、有机肥施用、肥沃耕层构建、土壤侵蚀治理、深松深耕等技术模式，推动黑土地用养结合的保护性利用。此外，国家发展改革委也安排中央预算内投资项目，支持黑龙江省开展黑土地保护工作。2020 年农业农村部、财政部印发《东北黑土地保护性耕作行动计划（2020—2025 年）》，2021 年农业农村部、国家发展改革委、财政部等 7 部门联合印发《国家黑土地保护工程实施方案（2021—2025 年）》，将黑土地保护工作推向新台阶。

几年来，随着东北黑土地保护的逐渐深入，探索形成了以免耕少耕秸秆覆盖还田为关键技术的防风固土"梨树模式"等一批有效治理模式，土壤改良培肥面积不断扩大，黑土地保护制度逐步完善。在补偿主体上，由政府组织实施。具体是由农业农村部、财政部、国家发展改革委等部门制定印发工作通知或实施方案，安排部署任务，并通过中央财政农业转移支付、中央预算内投资等方式，将资金分配下达省级人民政府，由其组织具体实施。在补偿客体上，对黑土地保护进行支持。在补偿对象上，对承担黑土地保护任务的农业生产经营主体或企事业单位进行补偿。在补偿标准上，各地可综合考虑本辖区工作基础、技术模式、成本费用等因素，实行差异化补偿。在补偿方式上，可采取直接投资、投资补助、政府购买服务、"先作业后补助、先公示后兑现"等方式实施。在补偿流程上，基本执行"项目申报—任务实施—任务验收—补偿发放"程序。

（二）农业水源保护与节约利用

水是生命之源，也是农业生产的命脉。农业水源安全不仅影响农业生产发展、粮食安全，更影响社会稳定与可持续发展。加强农业水源保护与节约利用，意义重大。我国历来高度重视农业水源保护与节约利用，把开展农田水利建设、加强农业水源保护与节约利用作为治国安邦的重要方略，大力发展节水灌溉，加快推进农业节水，不断提高农业用水效率和效益。截至 2023 年底，全国农田有效灌溉面积达 10.44 亿亩，高效节水灌溉面积达 4.1 亿亩，农业用水量下降至 3600 多亿立方米，耕地灌溉亩均用水量不足 350 立方米，农田灌溉水有效利用系数达到 0.576。

1. 政策文件

目前，我国尚未制定国家层面的专项农业水源保护与节约利用补偿法律法规，已有农业水源保护与节约利用补偿的法律或政策要求散见于《中华人民共和国农业法》《中华人民共和国水法》《农田水利条例》等相关法律或规范性文件。总体来看，已初步形成以《中华人民共和国宪法》为统领，以《中华人民共和国农业法》《中华人民共和国水法》《农田水利条例》《取水许可和水资源费征收管理条例》等法律法规为基础，以《关于推进农业水价综合改革的意见》《占用农业灌溉水源、灌排工程设施补偿办法》《关于推进节水农业发展的意见》《关于进一步加强水资源节约集约利用的意见》等部门规章或规范性文件为主体的农业水源保护与节约利用补偿政策体系（见表 4-8），为开展农业水源保护与节约利用补偿提供了重要保障。

宪法。虽然未直接提及农业水源保护与节约利用补偿，但对节约、生态环境保护等予以明确规定，为实施农业水源保护与节约利用补偿提供了遵循。

法律、法规。《中华人民共和国农业法》明确规定了农田水利设施建设、节水农业等内容。《中华人民共和国水法》是水资源保护领域的基本法，明确提出发展节水农业、节水灌溉，并规定"从事工程建设，占用农业灌溉水源、灌排工程设施，或者对原有灌溉用水、供水水源有不利影响的，建设单位应当采取相应的补救措施；造成损失的，依法给予补偿"。这两部基本法，为实施农业水源保护与节约利用补偿奠定了法律基础。其他法律法规，如《中华人民共和国水污染防治法》《农田水利条例》《取水许可和水资源费征收管理条例》《地下水管理条例》等都对农业水源保护与节约利用补偿进行了直接或间接规定，进一步夯实了补偿实施的法律保障。

表 4 - 8　农业水源保护与节约利用补偿相关政策

类型	名称	时间	部门	涉及内容或章节
法律	中华人民共和国乡村振兴促进法	2021 年	全国人大常委会	第八条、第三十五条、第五十条
	中华人民共和国水法	2016 年(修正)	全国人大常委会	第八条
	中华人民共和国水污染防治法	2017 年(修正)	全国人大常委会	
法规	农田水利条例	2016 年	国务院	第三十三条、第三十六条
	取水许可和水资源征收管理条例	2017 年(修订)	国务院	第九条、第三十条、第三十三条
	地下水管理条例	2021 年	国务院	第八条、第三十七条
	中华人民共和国抗旱条例	2009 年	国务院	第十七条
党中央、国务院政策文件	关于做好 2023 年全面推进乡村振兴重点工作的意见	2023 年	中共中央、国务院	提出推进高效节水灌溉,发展高效节水旱作农业
	关于做好 2022 年全面推进乡村振兴重点工作的意见	2022 年	中共中央、国务院	提出推进高效节水灌溉,发展高效节水旱作农业
	关于全面推进乡村振兴加快农业农村现代化的意见	2021 年	中共中央、国务院	提出发展节水农业和旱作农业
	关于抓好"三农"领域重点工作确保如期实现全面小康的意见	2020 年	中共中央、国务院	提出完成大中型灌区续建配套与节水改造,加大农业节水力度
	关于坚持农业农村优先发展做好"三农"工作的若干意见	2019 年	中共中央、国务院	提出发展高效节水灌溉,推进大中型灌区建设、区续建配套节水改造与现代化建设,健全水激励机制等
	关于实施乡村振兴战略的意见	2018 年	中共中央、国务院	提出实施国家农业节水行动,加快灌区续建配套与现代化改造,建设一批重大高效节水灌溉工程

续表

类型	名称	时间	部门	涉及内容或章节
党中央、国务院政策文件	关于深入打好污染防治攻坚战的意见	2021 年	中共中央、国务院	提出强化农业节水增效
	关于做好 2023 年全面推进乡村振兴重点工作的意见	2023 年	中共中央、国务院	提出推进高效节水灌溉,发展高效节水旱作农业
	关于做好 2022 年全面推进乡村振兴重点工作的意见	2022 年	中共中央、国务院	提出推进高效节水灌溉,发展高效节水旱作农业
	关于全面推进乡村振兴加快农业农村现代化的意见	2021 年	中共中央、国务院	提出发展节水农业和旱作农业
	关于抓好"三农"领域重点工作确保如期实现全面小康的意见	2020 年	中共中央、国务院	提出完成大中型灌区续建配套与节水改造,加大农业节水力度
	关于坚持农业农村优先发展做好"三农"工作的若干意见	2019 年	中共中央、国务院	提出发展高效节水灌溉,推进大中型灌区续建配套节水改造与现代化建设,健全节水激励机制等
	关于实施乡村振兴战略的意见	2018 年	中共中央、国务院	提出实施国家农业节水行动,加快灌区续建配套与现代化改造,建设一批重大高效节水灌溉工程
	关于深入打好污染防治攻坚战的意见	2021 年	中共中央、国务院	提出强化农业节水增效
	关于加快转变农业发展方式的意见	2015 年	国务院办公厅	提出大力发展节水农业,积极推进农业水价综合改革,合理调整农业水价,建立精准补贴机制
	关于创新体制机制推进农业绿色发展的意见	2017 年	中共中央办公厅、国务院办公厅	提出加快建立合理农业水价形成机制和节水激励机制

续表

类型	名称	时间	部门	涉及内容或章节
部门规章与规范性文件	关于推进农业水价综合改革的意见	2016 年	国务院办公厅	提出建立农业用水价精准补贴机制和节水奖励机制
	水污染防治行动计划	2015 年	国务院	提出发展农业节水
	"十四五"推进农业农村现代化规划	2021 年	国务院	提出发展节水灌溉,发展节水农业,健全节水激励机制等
	水利发展资金管理办法	2022 年	财政部、水利部	提出用于水资源集约节约利用支出、地下水超采综合治理等
	节水灌溉贷款中央财政贴息资金管理暂行办法	2005 年	财政部、水利部	全部
	关于加强农业末级渠系水价管理的通知	2005 年	国家发展改革委、水利部	全部
	占用农业灌溉水源、灌排工程设施补偿办法	2014 年(修正)	水利部、财政部等 3 部门	全部
	国家水网骨干工程中央预算内投资专项管理办法	2021 年	国家发展改革委、水利部	支持重大水生态治理修复工程建设
	水安全保障工程中央预算内投资专项管理办法	2021 年	国家发展改革委、水利部	支持重点水生态治理工程
	农田建设补助资金管理办法	2022 年	财政部、农业农村部	全部
	地下水保护利用管理办法	2023 年	水利部、自然资源部	第二十四条、第二十七条
	关于打好农业面源污染防治攻坚战的实施意见	2015 年	农业部	提出大力发展节水农业,推进农业水价改革,精准补贴和节水奖励试点,加大旱作农业技术补助资金支持等

续表

类型	名称	时间	部门	涉及内容或章节
部门规章与规范性文件	关于深入推进生态环境保护工作的意见	2018年	农业农村部	提出加快发展节水农业
	促进西北旱区农牧业可持续发展的指导意见	2015年	农业部、国家发展改革委等8部门	提出发展高效节水农业、雨养农业，建立农业用水精准补贴和节水奖励机制等
	关于推进节水农业发展的意见	2012年	农业部	提出加大投入力度
	关于推进农田节水工作的意见	2007年	农业部	提出争取政策性补贴，引导企业、农民和社会参与农田节水技术推广和工程建设
	关于进一步加强水资源节约集约利用的意见	2023年	国家发展改革委、水利部等7部门	提出落实农业用水精准补贴、节水奖励和维修养护资金
	关于全面加强水资源节约高效利用工作的意见	2023年	水利部	提出健全精准补贴和节水奖励机制，农业水价原则上应达到或逐步提高到工程运行维护成本水平
	关于开展大中型灌区农业节水综合示范工作的指导意见	2017年	国家发展改革委、水利部	提出强化灌溉利益调节，探索进一步深化农业水价综合改革；拓宽资金来源，探索进一步完善农业节水投入机制
	关于推进用水权改革的指导意见	2022年	水利部、国家发展改革委、财政部	全部
	关于金融支持水利基础设施建设的指导意见	2023年	水利部、中国建设银行	支持灌区建设与改造，强化信贷支持政策
	关于金融支持水利高质量发展的指导意见	2022年	水利部、中国工商银行	支持灌区建设与改造，实施信贷优惠政策
	关于加强水利基础设施建设投融资服务工作的意见	2022年	水利部、中国人民银行	积极开展灌区建设与改造，强化投融资支持

续表

类型	名称	时间	部门	涉及内容或章节
	关于金融支持水利基础设施建设的指导意见	2022年	水利部、中国农业银行	支持灌区建设与改造，完善金融支持优惠政策
	关于加大开发性金融支持力度提升水安全保障能力的指导意见	2022年	水利部、国家开发银行	支持农业节水增效、灌区现代化建设与改造，用好用足融资支持水利优惠政策
	关于推进水利基础设施政府和社会资本合作(PPP)模式发展的指导意见	2022年	水利部	第五条、第九条、第十一条，第二十条、第二十一条
	关于进一步推动水土保持工程建设以奖代补的指导意见	2021年	水利部	全部
部门规章与规范性文件	"十四五"水安全保障规划	2021年	国家发展改革委、水利部	规划建立健全农业水价形成机制、精准补贴和节水奖励机制
	"十四五"节水型社会建设规划	2021年	国家发展改革委、水利部等5部门	规划建立健全农业水价形成机制、精准补贴和节水奖励机制
	"十四五"全国农业绿色发展规划	2021年	农业农村部、国家发展改革委等6部门	规划深入推进农业水价综合改革，健全农业水价形成机制，配套建立精准补贴和节水奖励机制
	"十四五"全国种植业发展规划	2021年	农业农村部	第四章第五节
	"十四五"土壤、地下水和农村生态环境保护规划	2021年	生态环境部、国家发展改革委等7部门	规划大力推进农业高效节水
	全国农业可持续发展规划(2015—2030年)	2015年	农业部、国家发展改革委等8部门	规划节约高效用水，保障农业用水安全，规划高效节水项目，地表水过度开发和地下水超采等措施，精准补贴等措施，推进农业水价综合改革，建立健全农业资源有偿使用和生态补偿机制等

类型	名称	时间	部门	涉及内容或章节
部门规章与规范性文件	全国地下水利用与保护规划（2016—2030年）	2016年	水利部、国土资源部	严格农业用水管理，以水定植
	耕地草原河湖休养生息规划（2016—2030年）	2016年	国家发展改革委、财政部等8部门	提出建立农业用水精准补贴
	国家节水行动方案	2019年	国家发展改革委、水利部	规划农业节水工程建设，中央预算内投资将予以积极支持，同时要求地方统筹加大财政支持力度，多渠道筹集资金
	"十四五"重大农业节水供水工程实施方案	2021年	国家发展改革委、水利部	推进农业节水灌溉工程建设，农业水价综合改革
	全国中型灌区续建配套与现代化改造实施方案（2023—2025年）	2023年	水利部办公厅、财政部办公厅	
	华北地区地下水超采综合治理行动方案	2019年	水利部、财政部等4部门	提出建立健全农业用水精准补贴和节水奖励机制

142

规范性文件。除上述法律法规外，我国还制定出台了一系列有关农业水源保护与节约利用补偿的政策和规范性文件，主要包括党中央、国务院出台的政策文件，国务院相关部门出台的部门规章与规范性文件等，为补偿制度建立与实施发挥了重要作用。例如，早在2005年，财政部、水利部就联合制定《节水灌溉贷款中央财政贴息资金管理暂行办法》，对节水灌溉贷款给予财政贴息；2016年，国务院办公厅印发《关于推进农业水价综合改革的意见》，明确提出建立农业用水精准补贴机制和节水奖励机制；2022年，财政部、水利部修订《水利发展资金管理办法》，进一步规范资金使用范围、分配下达、管理监督等；2023年，国家发展改革委、水利部等7部门出台《关于进一步加强水资源节约集约利用的意见》，再次强调加强农业农村节水，落实农业用水精准补贴、节水奖励和维修养护资金等；同年，水利部制定《关于全面加强水资源节约高效利用工作的意见》，进一步明确要积极稳妥推进农业水价综合改革，健全精准补贴和节水奖励机制，农业水价原则上应达到或逐步提高到工程运行维护成本水平，为农业水源保护与节约利用补偿落实落地提供了依据。

2. 项目工程

（1）农业节水

我国农业灌溉历史悠久。自20世纪70年代起，华北地区水资源紧缺的矛盾表露之后，节水农业在我国就开始得到研究与应用（李肇齐，1993）。为加快节水型农业建设步伐，缓解水资源紧缺矛盾，促进节水灌溉新技术推广，经国务院批准，在原国家计委、财政部、中国人民银行、中国农业银行和中国工商银行等大力支持下，从1985年开始，中国农业银行分两期安排了节水灌溉贴息贷款，用于发展节水型农业，推广喷、微灌和管道输水灌溉等节水灌溉新技术（陈雷，1994）。为合理利用水资源，大力发展节水灌溉，促进灌区良性循环机制的建立，进一步改善农业生产条件，自1996年起，国家组织实施了以节水为中心的大型灌区续建配套项目建设，项目建设的主要内容是渠首工程、干支渠（流量在1立方米每秒以上）及其建筑物的续建配套和节水改造，支渠以下渠道及建筑物由地方安排投资建设（国家发展改革委，2006）。2004 年以来，多个中央一号文件都强调大力推进农业节水。2008 年开始，国家发展改革委每年安排中央投资支持北方地区建设旱作农业示范基地，兴建集雨窖等旱作节水农业基础设施，提高农田基础地力和抗旱节水能力（国家发展改革委，2013）。2012 年，农业部印发《关于推进节水农业发展的意见》，进一步明确了农业节水的目标任务。2016 年，国务院出台《关于推进农业水价综合改革的意见》，明确提出建立农业用水精准补贴机制和节水奖励机制。2021 年，国家发展改革委、水利部联合制定《"十四五"重大农业节水供水工程实施方案》，规划"十四五"时期农业节水工程建设，中央预算内投资将予以积极支持，同时要求地方统筹加大财政支持力度，创新投融资体制机制，多渠道筹集资金。在前期工作基础上，2023 年，水利部、财政部又制定《全国中型灌区续建配套与现代化改造实施方案（2023—2025 年）》，进一步部署推进农业节水灌溉工程建设、农业水价综合改革。

经过持续建设，我国农业灌溉与节水成效显著，为促进农业生产发展、保障粮食安全等发挥了重要作用。农业水源保护与节约利用补偿工作也逐步推进，机制不断探索。近年来，中央层面每年安排 15 亿元水利发展资金用于水价精准补贴和节水奖励，各地也不同程度出资共建；加快推进大中型灌区供水成本核算，开展成本监审、核定工程水价，建立水价形成机制；大中型灌区渠首和干支渠口门全面实现取水计量，因地制宜选用适宜的计量方式提高灌区斗口计量率；全面推进灌区取水许可管理，严格总量控制和定额管理。同时，积极协调中国建设银行、中国工商银行、中国农业银行、国家开发银行、中国农业发展银行等金融机构，利用绿色金融工具加大对农业节水灌溉等资金扶持力度。在补偿主体上，由政府组织实施。具体是由农业农村部、水利部、财政部、国家发展改革委等部门制定印发工作通知或实施方案，安排部署任务，地方人民政府具体实施。在补偿客体上，对农业节水进行支持。在补偿对象上，对承担农业节水任务的农业生产经营主体或企事业单位等进行补偿。在补偿标准上，各地可综合考虑本辖区工作基础、技术模式、成本费用等因素，实行差异化补助。在补偿方式上，可以资金、实物、政策或技术等形式，通过直接投资、投资补助、贷款贴息、税收优惠、以奖代补、政府购买服务等方式进行补偿。在补偿流程上，基本执行"主体申报—任务实施—任务验收—补偿发放"程序。

（2）地下水超采治理

2014—2016 年，财政部、水利部、农业部等有关部门在河北省启动开展地下水超采综合治理试点。中央财政累计投入 203 亿元，重点通过地表水置换地下水灌溉、发展高效节水灌溉、压减冬小麦种植、实施非农作物替代等措施压减农村地区地下水超采。2016 年，水利部、国土资源部印发《全国地下水利用与保护规划（2016—2030 年）》，明确各省（区、市）地下水开采总量指标和压采指标；同年，财政部、国家税务总局、水利部在河北、北京、天津等 10 省（区、市）开展水资源税改革试点，建立差别化税额标准，地下水水资源税高于地表水，超采区高于非超采区，促进用水结构转变和水资源节约保护，同时积极推进农业水价综合改革，明晰水权，探索"超用加价""一提一补"等改革模式，促进农业节水。2017年，中央财政安排 63 亿元，在继续支持河北相关治理工作的同时，将山东省部分地下水超采区纳入治理范围。2018 年，治理范围进一步扩大到山西、河南两省。2019 年，水利部、财政部、国家发展改革委和农业农村部联合印发《华北地区地下水超采综合治理行动方案》，以京津冀地区为治理重点，统筹提出华北地区地下水超采综合治理的总体思路、治理目标、重点举措和保障措施。2021 年，国务院印发实施《地下水管理条例》，全面规范我国地下水调查与规划、节约与保护、超采治理、污染防治、监督管理等活动。

经过几年扎实工作，我国地下水超采治理成效显著，特别是华北地区地下水超采综合治理成效明显。截至 2021 年底，与 2018 年同期相比，华北地区地下水超采治理区浅层地下水回升 1.89 米，深层承压水回升 4.65米；永定河实现 26 年来首次全线通水，白洋淀生态水位保证率达到

100%，潮白河、滹沱河等多条河流全线贯通①。地下水超采治理补偿的机制框架虽不健全不完善，但也初现端倪。在补偿主体上，由政府组织实施。具体是由农业农村部、水利部、财政部、国家发展改革委等部门制定印发工作通知或实施方案，安排部署任务，地方人民政府具体实施。在补偿客体上，对地下水超采综合治理进行支持。在补偿对象上，对承担地下水超采综合治理任务的农业生产经营主体或企事业单位等进行补偿。在补偿标准上，各地综合考虑工作基础、技术模式、成本费用等因素，实行差异化补偿。在补偿方式上，以资金、实物、政策或技术等形式，通过直接投资、投资补助、以奖代补、政府购买服务等开展补偿。在补偿流程上，基本执行"主体申报—任务实施—任务验收—补偿发放"程序。

（三）农业生物资源保护与合理利用

农业生物资源是指与农业生产相关的生物群体的总称，包括农业植物、动物、微生物等，是农业生产发展的物质基础。加强农业生物资源保护与合理利用，对维护与保障农业生物安全、粮食安全，乃至生态安全与国家安全具有重要意义。多年来，我国高度重视农业生物资源保护与合理利用工作，制定出台了《中华人民共和国生物安全法》《中华人民共和国野生植物保护条例》《外来入侵物种管理办法》《物种品种资源保护费项目资金管理办法》《生态保护和修复支撑体系中央预算内投资专项管理办法》等一系列政策措施，实施农业野生植物保护、外来入侵物种防控等一大批项目工程，不断加大投入，推动农业生物资源保护与合理利用取得明显成效。2020 年，推动将 480 余种农业野生植物纳入《国家重点保护野生植物名录》，将国家重点保护水生野生动物物种数量由 48 种（类）大幅提高至302 种（类）（中国农业绿色发展研究会，2022）。目前，已在全国建成了国家作物种质资源长期库（北京）及复份库（西宁）各 1 座、中期库 10座、种质资源圃 43 个、农业野生植物原生境保护点（区）214 个，长期保

---

① 吉蕾蕾. 江河湖泊变了样［N］. 经济日报,2022 - 09 - 28.

存农作物种质资源 52 万份，其中传统作物和农家品种占 60% 以上①；确定国家畜禽遗传资源基因库 10 个、保护区 24 个、保种场 183 个，基本形成较为完善的国家级畜禽遗传资源保护体系②。

1. 政策文件

目前，我国尚未制定国家层面的专项农业生物资源保护与合理利用补偿法律法规，已有农业生物资源保护与合理利用补偿的法律或政策要求散见于《中华人民共和国农业法》《中华人民共和国生物安全法》《中华人民共和国野生植物保护条例》等相关法律或规范性文件。总体来看，已初步形成以《中华人民共和国宪法》为统领，以《中华人民共和国农业法》《中华人民共和国生物安全法》《中华人民共和国野生植物保护条例》等法律法规为基础，以《农业野生植物保护办法》《外来入侵物种管理办法》《生态保护和修复支撑体系中央预算内投资专项管理办法》等规范性文件为主体的农业生物资源保护与合理利用补偿政策体系（见表 4－9），对开展农业生物资源保护与合理利用补偿提供了重要保障。

宪法。虽然未直接提及农业生物资源保护与合理利用补偿，但强调国家保障自然资源的合理利用，保护珍贵的动物和植物，禁止任何组织或者个人用任何手段侵占或者破坏自然资源，为实施农业生物资源保护与合理利用补偿提供了遵循。

法律、法规。《中华人民共和国农业法》虽未规定农业生物资源保护与合理利用补偿，但明确要求加强农业生物资源保护。例如，第五十七条规定，发展农业和农村经济必须合理利用和保护土地、水、森林、草原、野生动植物等自然资源。第六十四条要求，国家建立与农业生产有关的生物物种资源保护制度，保护生物多样性，对稀有、濒危、珍贵生物资源及其原生地实行重点保护；从境外引进生物物种资源应当依法进行登记或者审

---

① 对十三届全国人大五次会议第 4886 号建议的答复［EB/OL］. http://www. moa. gov. cn/gov-public/nybzzj1/202207/t20220713_6404625. htm.

② 中华人民共和国农业农村部公告第 453 号［EB/OL］. http://www. moa. gov. cn/nybgb/2021/202112/202112/t20211231_6386155. htm.

表4-9 农业生物资源保护与合理利用补偿相关政策

类型	名称	时间	部门	涉及内容或章节
法律	中华人民共和国乡村振兴促进法	2021年	全国人大常委会	
	中华人民共和国种子法	2018年(修正)	全国人大常委会	第二十五条
	中华人民共和国畜牧法	2022年(修订)	全国人大常委会	第七十一条
	中华人民共和国渔业法	2013年(修正)	全国人大常委会	第三十七条
	中华人民共和国森林法	2019年(修订)	全国人大常委会	第三十一条
	中华人民共和国草原法	2021年(修正)	全国人大常委会	第四十三条、第四十四条
	中华人民共和国进出境动植物检疫法	2009年(修正)	全国人大常委会	第五章、第二章、第四章
	中华人民共和国海洋环境保护法	2023年(修订)	全国人大常委会	第三章
	中华人民共和国湿地保护法	2021年	全国人大常委会	第三章
	中华人民共和国野生动物保护法	2022年(修订)	全国人大常委会	第二章
	中华人民共和国生物安全法	2020年	全国人大常委会	第二条、第十八条、第三十二条、第六十条、第六十八条
法规	中华人民共和国野生植物保护条例	2017年(修订)	国务院	第五条、第八条
	中华人民共和国陆生野生动物保护实施条例	2016年(修订)	国务院	第十条、第三十一条
	中华人民共和国自然保护区条例	2017年(修订)	国务院	第二十三条
党中央、国务院政策文件	关于做好2023年全面推进乡村振兴重点工作的意见	2023年	中共中央、国务院	提出严厉打击非法引入外来物种行为，实施重大危害入侵物种防控攻坚行动
	关于做好2022年全面推进乡村振兴重点工作的意见	2022年	中共中央、国务院	提出加强外来入侵物种防控管理

续表

类型	名称	时间	部门	涉及内容或章节
党中央、国务院政策文件	关于全面推进乡村振兴加快农业农村现代化的意见	2021年	中共中央、国务院	提出加强口岸检疫和外来入侵物种防控
	关于实施乡村振兴战略的意见	2018年	中共中央、国务院	提出实施生物多样性保护重大工程，有效防范外来生物入侵
	关于深入打好污染防治攻坚战的意见	2021年	中共中央、国务院	提出实施生物多样性保护重大工程
	关于创新体制机制推进农业绿色发展的意见	2017年	中共中央办公厅、国务院办公厅	第十一条、第二十一条等
	关于进一步加强生物多样性保护的意见	2021年	中共中央办公厅、国务院办公厅	提出加强野生动植物保护、提升外来入侵物种防控管理水平
	"十四五"推进农业农村现代化规划	2021年	国务院	规划生物安全领域工程建设、外来入侵物种防控等
	中国水生生物资源养护行动纲要	2006年	国务院	提出建立健全水生生物资源有偿使用制度、完善资源与生态补偿机制
部门规章与规范性文件	农业野生植物保护办法	2022年（修订）	农业农村部	全部
	国家现代种业提升工程项目运行管理办法（试行）	2020年	农业农村部	明确农业野生植物保护体系管理机构
	农业产业发展资金管理办法	2023年	财政部、农业农村部	支持农作物、畜禽、农业微生物种质资源保护等
	林业草原生态保护修复资金管理办法	2022年	财政部、国家林业和草原局	全部
	藏粮于地、藏粮于技中央预算内投资专项管理办法	2021年	国家发展改革委、农业农村部等4部门	支持动植物保护能力提升

续表

类型	名称	时间	部门	涉及内容或章节
部门规章与规范性文件	农业绿色发展中央预算内投资专项管理办法	2021年	国家发展改革委、农业农村部等4部门	支持长江生物多样性保护工程
	生态保护和修复支撑体系中央预算内投资专项管理办法	2021年	国家发展改革委	支持野生动植物保护及自然保护区建设
	物种品种资源保护费项目资金管理办法	2018年	农业部	全部
	外来入侵物种管理办法	2022年	农业农村部、自然资源部等4部门	全部
	中华人民共和国水生动植物自然保护区管理办法	2014年(修订)	农业部	全部
	关于深入推进生态环境保护工作的意见	2018年	农业农村部	提出加强水生野生动植物栖息地建设，防范外来生物入侵
	促进西北旱区农牧业可持续发展的指导意见	2015年	农业部、国家发展改革委等8部门	提出保护水生农业生物多样性
	关于实施农业绿色发展五大行动的通知	2017年	农业部	启动实施以长江为重点的水生生物保护行动
	进一步加强外来物种入侵防控工作方案	2021年	农业农村部、自然资源部等5部门	全部
	"十四五"现代种业提升工程建设规划	2021年	国家发展改革委、农业农村部	
	"十四五"全国农业绿色发展规划	2021年	农业农村部、国家发展改革委等6部门	第三章第三节
	全国农作物种质资源保护与利用中长期发展规划(2015—2030年)	2015年	农业农村部、国家发展改革委、科技部	提出建设一批野生植物原生境保护点，建立多元化投入机制等

续表

类型	名称	时间	部门	涉及内容或章节
部门规章与规范性文件	全国农业可持续发展规划（2015—2030年）	2015年	农业部、国家发展改革委等8部门	规划生物多样性保护、农业生物资源保护项目
	耕地草原河湖修养生息规划（2016—2030年）	2016年	国家发展改革委、财政部等8部门	规划水生生物资源保护与合理利用
	生态保护和修复支撑体系重大工程建设规划（2021—2035年）	2021年	国家发展改革委、科技部等9部门	规划水生生物监测，保护与外来入侵物种防控
	国家公园等自然保护地建设及野生动植物保护重大工程建设规划（2021—2035年）	2022年	国家林业和草原局、国家发展改革委等5部门	规划野生植物保护
	中国生物多样性保护战略与行动计划（2011—2030年）	2010年	环境保护部	规划农业野生植物保护点监测预警系统建设
	国家重点保护野生植物名录	2021年	国家林业和草原局、农业农村部	全部
	重点管理外来入侵物种名录	2022年	农业农村部、自然资源部等6部门	全部
	中华人民共和国进境植物检疫性有害生物名录	2021年	农业农村部、海关总署	全部

151

批，并采取相应安全控制措施。《中华人民共和国环境保护法》明确提出国家建立、健全生态保护补偿制度，加强生物资源保护等内容。例如，第三十条要求，开发利用自然资源，应当合理开发，保护生物多样性，保障生态安全，依法制定有关生态保护和恢复治理方案并予以实施；引进外来物种以及研究、开发和利用生物技术，应当采取措施，防止对生物多样性的破坏。《中华人民共和国生物安全法》是生物资源保护领域的基本法，明确规定了生物资源保护与合理利用的相关内容。例如，第九条规定，对在生物安全工作中做出突出贡献的单位和个人，县级以上人民政府及其有关部门按照国家规定予以表彰和奖励；第五十四条规定，国务院科学技术、自然资源、生态环境、卫生健康、农业农村、林业草原、中医药主管部门根据职责分工，组织开展生物资源调查；第六十条规定，国家加强对外来物种入侵的防范和应对，保护生物多样性，国务院农业农村主管部门会同国务院其他有关部门制定外来入侵物种名录和管理办法；第六十六条规定，县级以上人民政府应当支持生物安全事业发展，按照事权划分，将支持生物安全事业发展的相关支出列入政府预算。这三部基本法，为实施农业生物资源保护与合理利用补偿奠定了法律基础。其他法律法规，如《中华人民共和国种子法》《中华人民共和国畜牧法》《中华人民共和国渔业法》《中华人民共和国进出境动植物检疫法》《中华人民共和国野生动物保护法》《中华人民共和国野生植物保护条例》等都对农业生物资源保护与合理利用进行了规定，进一步夯实了补偿实施的法律基础与保障。

规范性文件。除上述法律法规外，我国还制定出台了一系列有关农业生物资源保护与合理利用补偿的政策和规范性文件，主要包括党中央、国务院出台的政策文件，国务院相关部门出台的部门规章与规范性文件等，为补偿制度建立与实施发挥了重要作用。例如，2017年，中共中央办公厅、国务院办公厅印发《关于创新体制机制推进农业绿色发展的意见》，提出健全农业生物资源保护与利用体系，完善耕地、草原、森林、湿地、水生生物等生态补偿政策；2022年，农业农村部修订《农业野生植物保护办法》，第二十五条规定，在野生植物资源保护、科学研究、培育利用、宣传教育及其管理工作中成绩显著的单位和个人，县级以上人民政府农业农村主管部门予以表彰和奖励；2022年，农业农村部、自然资源部、生态环境部、海关总署等4部门联合印发《外来入侵物种管理办法》，对外来入侵物种防控、监测与预警、治理与修复等予以明确规定；2018年，农业部印发《物种品种资源保护费项目资金管理办法》，进一步加强和规范农业野生植物物种保护等相关物种品种资源保护费项目管理；2021年，国家发展改革委印发《生态保护和修复支撑体系中央预算内投资专项管理办法》，进一步明确了包括野生动植物保护及自然保护区建设在内项目的中央预算内投资支持标准、投资计划申报、监督管理等内容。

2. 项目工程

（1）农业野生植物保护

农业野生植物是指所有与农业生产和人类生活密切相关的野生植物，如野生稻、野生大豆、野生苹果等。农业野生植物生长于未经人工驯化的自然环境，在长期的自然选择中形成了独特习性，具有栽培作物没有的优质、抗逆、抗病虫等优良基因，如将这些优良基因转育到栽培作物，可能提高栽培作物产量和品质。因此，农业野生植物是农业生物资源的重要组成部分，对农业生产发展乃至人类生存发展具有重要意义，是支撑可持续发展的重要战略资源。自20世纪50年代起，我国就重视农业野生植物保护，组织开展了农业野生植物资源的收集、保存等工作。1996年，国务院制定《中华人民共和国野生植物保护条例》，规定"在野生植物资源保护、科学研究、培育利用和宣传教育方面成绩显著的单位和个人，由人民政府给予奖励"，从法律法规层面进一步规范野生植物保护、管理等工作。2001年以来，农业部开始部署安排农业野生植物原生境保护点（区）建设，开展对农业野生植物原生境保护。2002年，农业部印发《农业野生植物保护办法》，进一步规范农业野生植物保护、管理工作，并强调对在野生植物资源保护、科学研究、培育利用、宣传教育及其管理工作中成绩显著的单位和个人，县级以上人民政府农业行政主管部门予以表彰和奖励。近年来，农业农村部依托中央财政资金，组织开展野生稻资源调查和原生境保护，在广西、云南、海南、江西等地建设野生稻原生境保护区（点）20 余处，保护了大量野生稻居群及其生境。

经过多年扎实工作，我国农业野生植物保护成效明显，农业野生植物保护补偿机制逐步建立，但仍需完善。目前，主要是在中央资金支持下开展相关工作。在补偿主体上，由政府组织实施。具体是由农业农村部、财政部、国家发展改革委等相关部门制定印发工作通知或实施方案，安排部署任务，地方政府相关部门具体实施。在补偿客体上，对农业野生植物保护进行支持，如原生境保护点建设、资源调查与搜集等。在补偿对象上，对承担农业野生植物保护的农业企事业单位、生产经营主体等进行补偿。在补偿标准上，中央资金根据区域差异采取不同投资标准，如农业野生植物原生境保护区（点）项目中央投资东、中、西部地区占比分别不超过项目总投资的 70%、80%、90%。在补偿方式上，以资金支持为主。在补偿流程上，基本执行"主体申报—任务实施—任务验收—补偿发放"程序。

（2）外来入侵物种防控

开展外来入侵物种防控，是保护农业生物资源、维护生态安全的重要举措。早在 2004 年，农业部就成立了外来物种管理办公室，牵头开展外来物种管理；同时，会同国家环境保护总局、国家林业局等相关部门成立全国外来生物防治协作组，外来物种管理办公室作为其日常办事机构。2013年起，农业部对贵州、云南等南方 11 省（自治区、直辖市）20 处重点水域水葫芦、水花生、大藻实施遥感监测；发布《国家重点管理外来入侵物种名录（第一批）》，收录了 52 种对生态环境和农林业生产具有重大危害的入侵物种。近年来，中央财政通过中央部门预算资金，积极支持开展全国外来入侵物种普查，以及福寿螺、紫茎泽兰、水葫芦等外来入侵物种防控灭除；安排专项资金，支持启动"重大病虫害防控综合技术研发与示范"等重点研发项目，将外来入侵物种防控作为重要内容，开展扩散蔓延机制和高效防控技术研究。2021 年，农业农村部、生态环境部、海关总署、国家林业和草原局等部门联合启动外来入侵物种普查，力争用 3 年左右的时间，着力摸清我国外来入侵物种的种类数量、分布范围、发生面积、危害程度等情况，构建外来入侵物种信息数据库。2022 年，我国制定《中华人民共和国生物安全法》，农业农村部联合生态环境部、自然资源部、海关总署等部门发布《外来入侵物种管理办法》，农业农村部联合生态环境部、自然资源部、住房和城乡建设部、海关总署、国家林业和草原局等部门制定《重点管理外来入侵物种名录》，成立外来入侵物种防控部际协调机制，国家林业和草原局在重要生态区、边境地区、经济贸易发达地区等外来物种入侵高风险区域遴选建设 100 个外来入侵物种监测站开展日常监测，系统推进外来入侵物种防控工作。

多年来，我国外来入侵物种防控取得积极进展，外来入侵物种防控补偿机制逐步建立，但仍不健全，亟须完善。目前，主要是在中央资金支持下开展相关工作。在补偿主体上，由政府组织实施。具体是由农业农村部、财政部等相关部门制定印发工作通知或实施方案，安排部署任务，地方政府相关部门具体实施。在补偿客体上，对外来入侵物种防控进行支持，如外来入侵物种监测预警、治理等。在补偿对象上，对承担外来入侵物种防控的农业企事业单位、生产经营主体等进行补偿。在补偿标准上，中央资金根据区域差异采取不同投资标准，如边境动物疫情监测站建设项目中央对东部、中部、西部地区投资比例分别不超过 60%、80%、90%。在补偿方式上，以资金支持为主。在补偿流程上，基本执行"主体申报—任务实施—任务验收—补偿发放"程序。

二、农业环境污染治理

（一）化学投入品减量

农业投入品是指在农产品生产过程中使用或添加的物质，包括种子、种苗、肥料、农药、兽药、饲料及饲料添加剂等农用生产资料产品和农膜、农机、农业工程设施设备等农用工程物资产品，也包括不按规定用途非法用于农产品生产的物质，如孔雀石绿和瘦肉精[①]。农业投入品是农业

[①] https://www.gov.cn/govweb/node_11140/2006-04-26/content_266458.htm.

生产与发展的重要物质支撑。科学合理使用农业投入品，能够提升农产品生产产量和质量，促进农业生产发展、提高质量效益；而不科学合理使用农业投入品，如违规使用、过量使用等，则可能降低甚至损害农产品产量和质量，制约农业生产发展。化肥、农药、兽药、添加剂、农膜等化学投入品是农业投入品的重要组成，对农产品生产与农业发展同样具有正面、负面影响，特别是不合理使用导致的负面生态环境影响较大。因此，科学合理使用化学投入品，力争使其减量增效，对保护生态环境、保障人体健康、促进可持续发展具有重要意义。多年来，我国制定出台了《中华人民共和国农产品质量安全法》《农药管理条例》《兽药管理条例》《饲料和饲料添加剂管理条例》等一系列政策措施，实施了化肥农药零增长行动、化肥农药减量行动、兽用抗菌药使用减量化行动等一批项目工程，不断加大投入、强化监管处罚，推动化学投入品减量增效。截至 2023 年底，全国主要农作物病虫害绿色防控面积覆盖率达 54.1%，水稻、小麦、玉米三大粮食作物统防统治面积覆盖率达 45.2%，化肥、农药利用率均超过 41%，产地水产品兽药残留监测合格率达到 99.5%。

1. 政策文件

目前，我国尚未制定国家层面的专项农用化学投入品减量补偿法律法规，已有农用化学投入品减量补偿的法律或政策要求散见于《中华人民共和国农业法》《农药管理条例》等相关法律或规范性文件。总体来看，已初步形成以《中华人民共和国农业法》《中华人民共和国环境保护法》《中华人民共和国农产品质量安全法》《农药管理条例》《兽药管理条例》《饲料和饲料添加剂管理条例》等法律法规为基础，以《农业部关于打好农业面源污染防治攻坚战的实施意见》《到 2025 年化肥减量化行动方案》《到 2025 年化学农药减量化行动方案》《全国兽用抗菌药使用减量化行动方案（2021—2025 年）》《耕地建设与利用资金管理办法》等规范性文件为主体的化学投入品利用减量补偿政策体系（见表 4 - 10），为开展化学品利用减量补偿提供了重要保障。

表 4－10　化学投入品减量补偿相关政策

类型	名称	时间	部门	涉及内容或章节
法律	中华人民共和国乡村振兴促进法	2021 年	全国人大常委会	第三十五条、第三十九条
	中华人民共和国农产品质量安全法	2022 年(修订)	全国人大常委会	第二十三条、第三十九条、第六十七条
	中华人民共和国食品安全法	2021 年(修正)	全国人大常委会	第四十九条
	中华人民共和国土壤污染防治法	2018 年	全国人大常委会	第二十六条、第二十七条、第二十九条、第三十条
	中华人民共和国水污染防治法	2017 年(修正)	全国人大常委会	第五十五条、第七十三条
	中华人民共和国大气污染防治法	2018 年(修正)	全国人大常委会	第七十四条
	中华人民共和国渔业法	2013 年(修正)	全国人大常委会	第十三条
	中华人民共和国黑土地保护法	2022 年	全国人大常委会	第十条
	中华人民共和国海洋环境保护法	2023 年(修订)	全国人大常委会	第五十五条
法规	基本农田保护条例	2011 年(修订)	国务院	第十九条
	农药管理条例	2022 年(修订)	国务院	第五章
	农作物病虫害防治条例	2020 年	国务院	第二十四条、第三十六条
	兽药管理条例	2020 年(修订)	国务院	第六章
	饲料和饲料添加剂管理条例	2017 年(修订)	国务院	第二十五条、第二十六条
党中央、国务院政策文件	关于做好 2023 年全面推进乡村振兴重点工作的意见	2023 年	中共中央、国务院	强调出台生态保护补偿条例,加快农业投入品减量增效技术推广应用等
	关于做好 2022 年全面推进乡村振兴重点工作的意见	2022 年	中共中央、国务院	强调深入推进农业投入品减量化

续表

类型	名称	时间	部门	涉及内容或章节
党中央、国务院政策文件	关于全面推进乡村振兴加快农业农村现代化的意见	2021年	中共中央、国务院	强调持续推进化肥农药减量增效
	关于抓好"三农"领域重点工作确保如期实现全面小康的意见	2020年	中共中央、国务院	强调深入开展农药化肥减量行动
	关于坚持农业农村优先发展做好"三农"工作的若干意见	2019年	中共中央、国务院	强调开展农业"节肥"节药行动，实现化肥农药使用量负增长
	关于实施乡村振兴战略的意见	2018年	中共中央、国务院	强调开展农业绿色发展行动，实现投入品减量化等
	关于深入打好污染防治攻坚战的意见	2021年	中共中央、国务院	提出实施化肥农药减量增效行动
	关于加快转变农业发展方式的意见	2015年	国务院办公厅	提出实施化肥和农药零增长行动
	关于创新体制机制推进农业绿色发展的意见	2017年	中共中央办公厅、国务院办公厅	第十二条
	土壤污染防治行动计划	2016年	国务院	提出合理使用化肥农药
	水污染防治行动计划	2015年	国务院	提出推广"低毒、低残留"农药使用补助试点经验，实行测土配方施肥
	"十四五"推进农业农村现代化规划	2021年	国务院	第六章第二节
部门规章与规范性文件	耕地建设与利用资金管理办法	2023年	财政部、农业农村部	支持开展化肥减量增效示范
	测土配方施肥试点补贴资金管理办法	2005年	财政部、农业部	支持补助开展测土配方施肥
	农产品产地安全管理办法	2006年	农业部	第二十三条
	农用地土壤环境管理办法（试行）	2017年	环境保护部、农业部	第十一条
	水产养殖质量安全管理规定	2003年	农业部	第十七条

续表

类型	名称	时间	部门	涉及内容或章节
部门规章性与规范性文件	关于实施农业绿色发展五大行动的通知	2017年	农业部	启动实施果菜茶有机肥替代化肥行动
	关于加强水产养殖用投入品监管的通知	2021年	农业农村部	全部
	关于打好农业面源污染防治攻坚战的实施意见	2015年	农业部	提出实施化肥农药零增长行动,加大测土配方施肥、低毒生物农药补贴,病虫害统防统治补助等
	关于深入推进生态环境保护工作的意见	2018年	农业农村部	提出推进化肥、农药减量增效
	"十四五"全国农业绿色发展规划	2021年	农业农村部、国家发展改革委等6部门	规划引导农业投入品减量增效
	"十四五"全国种植业发展规划	2021年	农业农村部	规划推进化肥绿色增效、化学农药减量化
	"十四五"全国农药产业发展规划	2022年	农业农村部、国家发展改革委等8部门	规划持续推进化学农药使用减量化
	"十四五"土壤、地下水和农村生态环境保护规划	2021年	生态环境部、国家发展改革委等7部门	规划持续推进化肥农药减量增效
	全国农业可持续发展规划(2015—2030年)	2015年	农业部、国家发展改革委等8部门	规划科学合理使用农业投入品
	耕地草原河湖休养生息规划(2016—2030年)	2016年	国家发展改革委、财政部等8部门	规划合理施用化肥农药
	到2025年化肥减量化行动方案	2022年	农业农村部	全部
	到2025年化学农药减量化行动方案	2022年	农业农村部	全部
	全国兽用抗菌药使用减量化行动方案(2021—2025年)	2021年	农业农村部	全部

续表

类型	名称	时间	部门	涉及内容或章节
部门规章与规范性文件	耕地质量保护与提升行动方案	2015 年	农业部	提出化肥农药减量控污
	农业农村污染治理攻坚战行动方案	2022 年	生态环境部、农业农村部等 5 部门	提出实施化肥农药减量增效行动
	农业农村减排固碳实施方案	2022 年	农业农村部、国家发展改革委	提出实施化肥减量增效行动
	培育发展农业面源污染治理、农村污水垃圾处理市场主体方案	2016 年	环境保护部、农业部、住建部	通过政府购买服务方式提升农药减量化和测土配方施肥比例

　　法律、法规。《中华人民共和国农业法》虽未规定化学投入品减量补偿，但明确要求合理使用化肥、农药、农用薄膜等化学投入品。例如，第五十八条规定，农民和农业生产经营组织应当保养耕地，合理使用化肥、农药、农用薄膜，增加使用有机肥料，采用先进技术，保护和提高地力，防止农用地的污染、破坏和地力衰退；第六十五条要求，各级农业行政主管部门应当引导农民和农业生产经营组织采取生物措施或者使用高效低毒低残留农药、兽药，防治动植物病、虫、杂草、鼠害。《中华人民共和国环境保护法》明确提出国家建立、健全生态保护补偿制度，要求科学合理使用农业投入品。例如，第四十九条第一款规定，各级人民政府及其农业等有关部门和机构应当指导农业生产经营者科学种植和养殖，科学合理施用农药、化肥等农业投入品，科学处置农用薄膜、农作物秸秆等农业废弃物，防止农业面源污染。这两部基本法为实施化学投入品减量补偿奠定了法律基础。其他法律法规，如《中华人民共和国农产品质量安全法》《中华人民共和国食品安全法》《中华人民共和国土壤污染防治法》《中华人民共和国水污染防治法》《农药管理条例》《兽药管理条例》《饲料和饲料添加剂管理条例》等都对化学投入品减量进行了明确规定，为实施补偿奠定了一定的法律基础。

　　规范性文件。除上述法律法规外，我国还制定出台了一系列有关化学投入品减量补偿的政策和规范性文件，主要包括党中央、国务院出台的政策文件，国务院相关部门出台的部门规章与规范性文件等，为补偿制度建立与实施发挥了重要作用。例如，多年来的中央一号文件，均强调节肥节药、大力推进化肥农药减量增效；2015 年，农业部印发《关于打好农业面源污染防治攻坚战的实施意见》，提出实施化肥农药零增长行动，加大测土配方施肥、低毒生物农药补贴、病虫害统防统治补助等；2021 年农业农村部制定实施《全国兽用抗菌药使用减量化行动方案（2021—2025 年）》，2022 年制定实施《到 2025 年化肥减量化行动方案》和《到 2025 年化学农药减量化行动方案》，系统部署推进新一轮化肥、农药、兽药使用减量行动，提出建立健全减量化稳定投入保障机制；2023 年，财政部、农业农村

161

部制定印发《耕地建设与利用资金管理办法》，强调耕地建设与利用资金用于补助各省耕地建设与利用，包括支持开展化肥减量增效示范等工作。

2. 项目工程

（1）化肥减量

2005 年，农业部、财政部印发《测土配方施肥试点补贴资金管理暂行办法》《2005 年测土配方施肥试点补贴资金项目实施方案》《关于切实做好 2005 年测土配方施肥试点工作的通知》等系列文件，在全国选取 200 个产粮大县启动实施测土配方施肥试点。按照每个县 100 万元的标准，重点对测土、配方、配肥等环节给予补贴。其中，测土补贴主要用于划分取样单元、采集土壤样品、分析化验和调查农户施肥情况等费用；配方补贴主要用于田间肥效试验、建立测土配方施肥指标体系、制定肥料配方和农民施肥指导方案、发放测土配方施肥建议卡等费用；测土、配方和土壤采样环节的补贴按照实际需要给予适当补助；仪器设备补贴主要用于补充土壤采样和分析化验仪器设备、试剂药品，以及配肥设备的更新改造费用；仪器设备在充分整合利用现有资源的基础上适当添置，用于仪器设备的补贴原则上不超过财政补贴资金的 30%[1]。2015 年，农业部制定《到 2020 年化肥使用量零增长行动方案》，组织实施到 2020 年化肥使用量零增长行动，大力推进化肥减量提效，对新型经营主体、适度规模经营提供科学施肥服务和施用有机肥、配方肥、高效缓释肥料予以补助。2017 年，农业部制定实施《开展果菜茶有机肥替代化肥行动方案》，以果菜茶生产为重点，在全国选择 100 个果菜茶重点县（市、区）开展有机肥替代化肥示范，深入推进化肥施用减量，提升产品品质和土壤质量，平均每个县补助 1000 万元。2017 年，财政部、农业部制定《农业资源及生态保护补助资金管理办法》《农业生产发展资金管理办法》，进一步支持补助施用有机肥、测土配方施肥等，在支持对象上主要是农民、牧民、渔民，新型农业经营主体以及承担项目任务的单位和个人，在支持方式上可以采取直接补助、政府购

---

[1] https://www.moa.gov.cn/nybgb/2005/djiuq/201806/t20180618_6152510.htm.

买服务、贴息、先建后补、以奖代补、资产折股量化、设立基金等方式。2022年，农业农村部制定实施《到2025年化肥减量化行动方案》，提出到2025年实现"一减三提"目标，即持续推进化肥减量，提高有机肥资源还田量、测土配方施肥覆盖率以及化肥利用率。2023年，财政部、农业农村部修订《农业资源及生态保护补助资金管理办法》《农业生产发展资金管理办法》，设立"耕地建设与利用资金"，支持包括化肥减量增效示范相关工作。

经过多年扎实工作，我国化肥减量增效取得显著成效。2021年，全国农用化肥施用量5191万吨（折纯），比2015年减少13.8%，连续6年保持下降；测土配方施肥技术覆盖率保持在90%以上，配方肥占三大粮食作物施肥总量60%以上，盲目施肥和过量施肥现象得到基本遏制①。2023年，化肥利用率明显上升，水稻、小麦、玉米三大粮食作物化肥利用率均超过41%。化肥减量补偿机制逐步建立。在补偿主体上，由政府组织实施。具体是由农业农村部、财政部等相关部门制定印发工作通知或实施方案，安排部署任务，并通过中央财政农业转移支付方式，将补偿资金下达省级人民政府，由其组织具体实施。在补偿客体上，对化肥减量进行补偿，如测土配方施肥、施用有机肥等。在补偿对象上，对承担化肥减量任务的农民、牧民、渔民，新型农业经营主体以及企事业单位等进行补偿。在补偿标准上，中央资金根据区域差异采取不同标准，各地根据实际制定补偿标准。在补偿方式上，以资金、实物、技术等形式，采取直接补助、政府购买服务、贴息、先建后补、以奖代补、培训等方式进行补偿。在补偿流程上，基本执行"主体申报—任务实施—任务验收—补偿发放"程序。

（2）农药减量

2006年，农业部制定《农产品产地安全管理办法》，强调农产品生产者应当合理使用包括农药在内的农业投入品，禁止使用国家明令禁止、淘

---

① http://www.moa.gov.cn/govpublic/ZZYGLS/202212/t20221201_6416398.htm.

汰的或者未经许可的农业投入品。2013 年，中央一号文件《关于加快发展现代农业进一步增强农村发展活力的若干意见》提出，支持开展农作物病虫害专业化统防统治，启动低毒低残留农药和高效缓释肥料使用补助试点。2015 年，农业部印发《到 2020 年农药使用量零增长行动方案》，组织实施到 2020 年农药使用量零增长行动，大力推进农药减量控害，强调加大重大病虫害统防统治、低毒生物农药使用、防治组织植保机械和操作人员保险费用的补贴力度。2016 年，环境保护部、农业部、住建部联合印发《培育发展农业面源污染治理、农村污水垃圾处理市场主体方案》，提出通过政府购买服务方式提升农药减量化。2022 年，农业农村部制定实施《到 2025 年化学农药减量化行动方案》，启动实施新一轮农药减量行动，提出到 2025 年实现"一降三提"目标，即降低化学农药使用强度，提高病虫害绿色防控覆盖率、病虫害统防统治覆盖率和农药利用率。

多年来，我国农药减量行动取得了显著成效。"十三五"期间，年均农药使用量（折百量，下同）27 万吨，比"十二五"期间减少 9.4%，2021 年农药使用量 24.8 万吨，比 2015 年减少 16.8%；主要农作物病虫害绿色防控覆盖率达到 46%，比 2015 年提高 23 个百分点；主要农作物病虫害统防统治覆盖率达到 42.4%，比 2015 年提高 9.4 个百分点[①]。2022 年，绿色防控覆盖率达到 52%，同比提高 6 个百分点，统防统治覆盖率 43.6%，同比提高 1.2 个百分点。农药减量补偿机制初步建立，但仍需完善。在补偿主体上，由政府组织实施。具体是由农业农村部、财政部等相关部门制定印发工作通知或实施方案，安排部署任务，并通过中央财政农业转移支付、中央预算内投资等方式，将中央资金下达省级人民政府，由其组织具体实施。在补偿客体上，对农药减量行为进行补偿，如用生物农药替代化学农药、开展统防统治等。在补偿对象上，对承担化学农药减量任务的农民、牧民，新型农业经营主体以及企事业单位等进行补偿。在补偿标准上，中央资金根据区域差异采取不同标准，各地根据实际制定补偿

---

① http://www.moa.gov.cn/govpublic/ZZYGLS/202212/t20221201_6416398.htm.

标准。在补偿方式上，以资金、实物、技术等形式，采取直接补助、政府购买服务、贴息、先建后补、以奖代补、培训等方式进行补偿。在补偿流程上，基本执行"主体申报—任务实施—任务验收—补偿发放"程序。

（二）农业废弃物资源化利用

农业废弃物是农业生产的"另一半"，是放错了地方的资源，用则利、弃则害。我国高度重视农业废弃物资源化利用，制定出台了《中华人民共和国固体废物污染环境防治法》《关于加快推进农作物秸秆综合利用的意见》《关于加快推进畜禽养殖废弃物资源化利用的意见》《农药包装废弃物回收处理管理办法》《农用薄膜管理办法》《农业生态资源保护资金管理办法》等一系列政策措施，实施了农作物秸秆综合利用、畜禽粪污资源化利用、病死畜禽无害化处理、农膜科学使用回收等一系列项目工程，不断加大投入、开展补偿惩罚，推动农业废弃物资源化利用取得明显成效。截至2023年，我国畜禽粪污综合利用率达78.3%，秸秆综合利用率达88%以上，农膜回收处置率稳定在80%以上。

1. 政策文件

目前，我国尚未制定国家层面的专项农业废弃物资源化利用补偿法律法规，已有农业废弃物资源化利用补偿的法律或政策要求散见于中央一号文件、《关于加快推进农作物秸秆综合利用的意见》、《农业生态资源保护资金管理办法》等相关文件。总体来看，已初步形成以《中华人民共和国农业法》《中华人民共和国环境保护法》《中华人民共和国固体废物污染环境防治法》《畜禽规模养殖污染防治条例》等法律法规为基础，以《关于加快推进农作物秸秆综合利用的意见》《关于加快推进畜禽养殖废弃物资源化利用的意见》《农药包装废弃物回收处理管理办法》《农用薄膜管理办法》《农业生态资源保护资金管理办法》等部门规章或规范性文件为主体的农业废弃物资源化利用补偿政策体系（见表4-11），为开展农业废弃物资源化利用补偿提供了重要保障。

表4-11 农业废弃物资源化利用补偿相关政策

类型	名称	时间	部门	涉及内容或章节
法律	中华人民共和国乡村振兴促进法	2021年	全国人大常委会	第三十四条、第三十五条、第四十条
	中华人民共和国固体废物污染环境防治法	2020年(修订)	全国人大常委会	第六十四条、第六十五条、第一百零七条
	中华人民共和国土壤污染防治法	2018年	全国人大常委会	第二十七条、第二十九条、第三十条、第三十条、第八十八条
	中华人民共和国水污染防治法	2017年(修正)	全国人大常委会	第五十六条
	中华人民共和国大气污染防治法	2018年(修正)	全国人大常委会	第七十三条、第七十五条、第七十六条
	中华人民共和国畜牧法	2022年(修订)	全国人大常委会	第四十六条、第七十条
	中华人民共和国农产品质量安全法	2022年(修订)	全国人大常委会	第二十三条、第六十七条
	中华人民共和国循环经济促进法	2018年(修订)	全国人大常委会	第三十四条
法规	农药管理条例	2022年(修订)	国务院	第三十七条、四十六条
	畜禽规模养殖污染防治条例	2013年	国务院	第三章、第四章
党中央、国务院政策文件	关于做好2023年全面推进乡村振兴重点工作的意见	2023年	中共中央、国务院	强调建立健全秸秆、农膜、农药包装废弃物及畜禽粪污等农业废弃物收集利用处理体系
	关于做好2022年全面推进乡村振兴重点工作的意见	2022年	中共中央、国务院	强调加强畜禽粪污资源化利用、农膜科学使用回收、秸秆综合利用
	关于全面推进乡村振兴加快农业农村现代化的意见	2021年	中共中央、国务院	强调加强畜禽粪污资源化利用、全面实施秸秆综合利用和农膜、农药包装物回收行动
	关于抓好"三农"领域重点工作确保如期实现全面小康的意见	2020年	中共中央、国务院	强调大力推进畜禽粪污资源化利用，推进秸秆资源化利用

166

续表

类型	名称	时间	部门	涉及内容或章节
党中央、国务院政策文件	关于坚持农业农村优先发展做好"三农"工作的若干意见	2019年	中共中央、国务院	强调推进畜禽粪污、秸秆、农膜等农业废弃物资源化利用
	关于实施乡村振兴战略的意见	2018年	中共中央、国务院	强调推进畜禽粪污处理、农作物秸秆综合利用、废弃农膜回收
	关于深入推进农业供给侧结构性改革加快培育农业农村发展新动能的若干意见	2016年	中共中央、国务院	强调加快畜禽粪便集中处理、推进农业废弃物资源化利用试点、健全多元化利用补贴机制
	关于深入打好污染防治攻坚战的意见	2021年	中共中央、国务院	强调完善市场化多元化生态补偿机制，推进秸秆综合利用、畜禽粪污资源化利用
	关于全面加强生态环境保护坚决打好污染防治攻坚战的意见	2018年	中共中央、国务院	强调全面推进秸秆综合利用、就地就近消纳利用畜禽养殖废弃物
	关于创新体制机制推进农业绿色发展的意见	2017年	中共中央办公厅、国务院办公厅	强调完善畜禽养殖生态补贴制度、秸秆和畜禽粪污等资源化利用制度
	关于加快转变农业发展方式的意见	2015年	国务院办公厅	提出推进农业废弃物资源化利用
	关于加快推进农作物秸秆综合利用的意见	2008年	国务院办公厅	提出加大政策扶持力度
	关于促进畜牧业高质量发展的意见	2020年	国务院办公厅	提出大力推进畜禽养殖废弃物资源化利用
	关于加快推进畜禽养殖废弃物资源化利用的意见	2017年	国务院办公厅	提出启动中央财政畜禽粪污资源化利用试点
	关于建立病死畜禽无害化处理机制的意见	2014年	国务院办公厅	提出建立与养殖量、无害化处理率相挂钩的财政补助机制

续表

类型	名称	时间	部门	涉及内容或章节
党中央、国务院政策文件	土壤污染防治行动计划	2016 年	国务院	提出研究制定扶持废弃农膜综合利用、农药包装废弃物回收处理企业的激励政策
部门规章与规范性文件	农业生态资源保护资金管理办法	2023 年	财政部、农业农村部	支持农作物秸秆综合利用、地膜科学使用、秸秆回收支出
	耕地建设与利用资金管理办法	2023 年	财政部、农业农村部	补贴支持开展秸秆还田保护与提升地力,秸秆覆盖免耕少耕等行为
	农业绿色发展中央预算内投资专项管理办法	2021 年	国家发展改革委、农业农村部等 4 部门	支持开展畜禽粪污资源化利用整县推进项目
	污染治理和节能减碳中央预算内投资专项管理办法	2021 年	国家发展改革委	支持秸秆综合利用及收储运体系建设项目,以及农林剩余物为主的农业循环经济项目
	农用薄膜管理办法	2020 年	农业农村部、工业和信息化部等 4 部门	第三章
	农药包装废弃物回收处理管理办法	2020 年	农业农村部、生态环境部	全部,特别是第十七条
	病死畜禽和病害畜禽产品无害化处理管理办法	2022 年	农业农村部	全部,特别是第十条、第二十条
	农用地土壤环境管理办法(试行)	2017 年	环境保护部、农业部	第十条
	关于打好农业面源污染防治攻坚战的实施意见	2015 年	农业部	提出探索建立农业生态补偿机制,加大畜禽粪污资源化利用等项目资金投入力度

续表

类型	名称	时间	部门	涉及内容或章节
	关于深入推进生态环境保护工作的意见	2018 年	农业农村部	提出推进畜禽粪污资源化利用、秸秆综合利用、地膜回收
	促进西北旱区农牧业可持续发展的指导意见	2015 年	农业部、国家发展改革委等 8 部门	提出加快农膜回收利用、秸秆综合利用、养殖废弃物资源化利用等
	关于进一步加强农村沼气建设管理的意见	2007 年	农业部、国家发展改革委	提出加强畜禽粪便等废弃物综合利用
	关于开展秸秆气化清洁能源利用工程建设的指导意见	2017 年	国家发展改革委办公厅、农业部办公厅	提出建立健全政府引导、市场主体、多方参与的产业化发展机制,吸引社会资本投入,健全以市场化为导向的长效支持机制政策扶持体系
部门规章与规范性文件	关于促进畜禽粪污还田利用依法加强养殖污染治理的指导意见	2020 年	农业农村部办公厅、生态环境部办公厅	提出各地农业农村部门要支持畜禽粪肥运输、贮存、利用设施设备建设,推动出台畜禽粪肥就近就地利用补助政策
	关于加快推进农用地膜污染治理的意见	2019 年	农业农村部、国家发展改革委等 6 部门	提出中央财政继续支持地方开展废弃地膜回收利用。地膜使用量大、污染严重的地区,省级政府可根据实际安排地膜回收利用专项资金,对从事废弃地膜回收的网点、资源化利用主体等给予支持,对机械化检拾作业等给予适当补贴
	关于进一步加强塑料污染治理的意见	2020 年	国家发展改革委、生态环境部	提出建立健全废旧农膜回收利用体系,开展废旧农膜回收利用试点示范
	关于肥料包装废弃物回收处理的指导意见	2020 年	农业农村部办公厅	全部

续表

类型	名称	时间	部门	涉及内容或章节
部门规章与规范性文件	关于"十四五"大宗固体废弃物综合利用的指导意见	2021年	国家发展改革委、科技部等10部门	提出大力推进秸秆综合利用;在粮棉主产区,以农业废弃物为重点,建设50个工农复合型循环经济示范园区,不断提升农林废弃物综合利用水平
	关于实施农业绿色发展五大行动的通知	2017年	农业部	启动实施畜禽粪污资源化利用行动、东北地区秸秆处理行动、农膜回收行动
	关于做好农作物秸秆资源台账建设工作的通知	2019年	农业农村部办公厅	启动建立全国秸秆资源台账
	关于全面做好秸秆综合利用工作的通知	2019年	农业农村部办公厅	提出探索建立区域性补偿制度
	关于开展农作物秸秆综合利用试点促进耕地质量提升工作的通知	2016年	农业部办公厅、财政部办公厅	提出农作物秸秆综合利用试点采取"以奖代补"方式,中央财政根据试点省秸秆综合利用试点情况予以适当补助,补助资金由试点省根据试点秸秆综合利用任务自主安排,用于支持秸秆综合利用的重点领域和关键环节
	关于进一步加快推进农作物秸秆综合利用和禁烧工作的通知	2015年	国家发展改革委、财政部等4部门	强调完善落实有利于秸秆利用的经济政策
	关于加强农作物秸秆综合利用和禁烧工作的通知	2013年	国家发展改革委、农业部,环境保护部	强调加大政策支持力度
	关于促进畜禽粪污还田利用依法加强养殖污染治理的通知	2020年	农业农村部办公厅、生态环境部办公厅	全部
	关于加强畜禽粪污资源化利用计划和台账管理的通知	2021年	农业农村部办公厅、生态环境部办公厅	强调加强畜禽粪污资源化利用计划和台账管理

续表

类型	名称	时间	部门	涉及内容或章节
	关于进一步加强农用薄膜监管执法工作的通知	2023 年	农业农村部办公厅、市场监管总局办公厅等 4 部门	强化使用回收监管
	进一步加强病死畜禽无害化处理工作的通知	2020 年	农业农村部、财政部	提出完善畜禽无害化处理补助政策
	"十四五"推进农业农村现代化规划	2021 年	国务院	提出循环利用农业废弃物
	"十四五"全国农业绿色发展规划	2021 年	农业农村部、国家发展改革委等 6 部门	提出推进废弃物资源化利用
	"十四五"全国畜禽粪肥利用种养结合建设规划	2021 年	农业农村部、国家发展改革委	
部门规章与规范性文件	"十四五"全国种植业发展规划	2021 年	农业农村部	提出推广秸秆还田,推进农药包装废弃物回收处置,开展以畜禽粪污为原料的有机肥就地就近还田应用
	"十四五"土壤、地下水和农村生态环境保护规划	2021 年	生态环境部、国家发展改革委等 7 部门	规划提升秸秆农膜回收利用水平,加强畜禽粪污资源化利用
	全国农业可持续发展规划(2015—2030 年)	2015 年	农业农村部、国家发展改革委等 8 部门	提出继续实施并健全完善病死畜禽无害化处理补助,支持秸秆还田,开展农膜和农药包装废弃物回收再利用
	耕地草原河湖休养生息规划(2016—2030 年)	2016 年	国家发展改革委、财政部等 8 部门	提出建立全农业废弃物无害化处理和资源化利用体系
	农业农村污染治理攻坚战行动方案	2022 年	生态环境部、农业农村部等 5 部门	提出推进秸秆还田,深入实施资源化利用行动,畜禽粪污资源化利用

续表

类型	名称	时间	部门	涉及内容或章节
部门规章与规范性文件	农业农村减排固碳实施方案	2022 年	农业农村部、国家发展改革委	提出提高畜禽粪污处理水平,秸秆综合利用行动,强化正向激励和负面约束
	关于推进农业废弃物资源化利用试点的方案	2016 年	农业部,国家发展改革委等 6 部门	提出针对不同建设内容分别采取相应投资方式予以支持
	到 2025 年化学农药减量化行动方案	2022 年	农业农村部	提出推进农药包装废弃物回收体系建设,稳步提高农药包装废弃物回收率
	东北地区秸秆处理行动方案	2017 年	农业部	提出研究出台秸秆运输绿色通道、秸秆还田离田农业用电价格,还田废弃物补贴等政策措施
	农膜回收行动方案	2017 年	农业部	提出建设 100 个地膜回收补贴示范县
	培育发展农业面源污染治理、农村污水垃圾处理市场主体方案	2016 年	环境保护部、农业部,住建部	通过实施实物补贴、设备补贴,以奖代补、专项扶持等方式,推进农作物秸秆和废弃农膜综合利用、畜禽养殖废弃物资源化利用

　　法律。《中华人民共和国农业法》明确要求对农业废弃物进行无害化处理或综合利用。例如，第六十五条第二款规定，农产品采收后的秸秆及其他剩余物质应当综合利用，妥善处理，防止造成环境污染和生态破坏；第三款规定，从事畜禽等动物规模养殖的单位和个人应当对粪便、废水及其他废弃物进行无害化处理或者综合利用。第六十六条规定，县级以上人民政府应当采取措施，督促有关单位进行治理，防治废水、废气和固体废弃物对农业生态环境的污染。排放废水、废气和固体废弃物造成农业生态环境污染事故的，由环境保护行政主管部门或者农业行政主管部门依法调查处理；给农民和农业生产经营组织造成损失的，有关责任者应当依法赔偿。《中华人民共和国环境保护法》第四十九条规定，各级人民政府及其农业等有关部门和机构应当指导农业生产经营者科学种植和养殖，科学合理施用农药、化肥等农业投入品，科学处置农用薄膜、农作物秸秆等农业废弃物，防止农业面源污染。从事畜禽养殖和屠宰的单位和个人应当采取措施，对畜禽粪便、尸体和污水等废弃物进行科学处置，防止污染环境。《中华人民共和国固体废物污染环境防治法》第六十五条规定，产生秸秆、废弃农用薄膜、农药包装废弃物等农业固体废物的单位和其他生产经营者，应当采取回收利用和其他防止污染环境的措施；从事畜禽规模养殖应当及时收集、贮存、利用或者处置养殖过程中产生的畜禽粪污等固体废物，避免造成环境污染。其他法律如《中华人民共和国乡村振兴促进法》《中华人民共和国畜牧法》等，也都提及了农业废弃物资源化利用的相关内容。这些法律，尽管未明确规定农业废弃物资源化利用补偿的具体内容，但为实施农业废弃物资源化利用补偿奠定了法律基础。

　　法规。《畜禽规模养殖污染防治条例》第二十九条规定，进行畜禽养殖污染防治，从事利用畜禽养殖废弃物进行有机肥产品生产经营等畜禽养殖废弃物综合利用活动的，享受国家规定的相关税收优惠政策。第三十条规定，利用畜禽养殖废弃物生产有机肥产品的，享受国家关于化肥运力安排等支持政策；购买使用有机肥产品的，享受不低于国家关于化肥的使用补贴等优惠政策。第三十一条规定，国家鼓励和支持利用畜禽养殖废弃物进行沼气发电，自发自用、多余电量接入电网。电网企业应当依照法律和国家有关规定为沼气发电提供无歧视的电网接入服务，并全额收购其电网覆盖范围内符合并网技术标准的多余电量。利用畜禽养殖废弃物进行沼气发电的，依法享受国家规定的上网电价优惠政策。利用畜禽养殖废弃物制取沼气或进而制取天然气的，依法享受新能源优惠政策。《农药管理条例》第三十七条规定，国家鼓励农药使用者妥善收集农药包装物等废弃物；农药生产企业、农药经营者应当回收农药废弃物，防止农药污染环境和农药中毒事故的发生。第四十六条规定，假农药、劣质农药和回收的农药废弃物等应当交由具有危险废物经营资质的单位集中处置，处置费用由相应的农药生产企业、农药经营者承担；农药生产企业、农药经营者不明确的，处置费用由所在地县级人民政府财政列支。这些法规，对畜禽养殖废弃物、农药包装废弃物的综合利用及补贴优惠等提出明确要求，为实施农业废弃物资源化利用补偿提供了依据。

规范性文件。除上述法律法规外，我国还制定出台了一系列有关农业废弃物资源化利用补偿的政策和规范性文件，主要包括党中央、国务院出台的政策文件，国务院相关部门出台的部门规章与规范性文件等，是当前建立与实施农业废弃物资源化利用补偿的重要依据。例如，2008年，国务院办公厅印发《关于加快推进农作物秸秆综合利用的意见》，提出对秸秆发电、秸秆气化、秸秆燃料乙醇制备技术以及秸秆收集贮运等关键技术和设备研发给予适当补助，将秸秆还田、青贮等相关机具纳入农机购置补贴范围，对秸秆还田、秸秆气化技术应用和生产秸秆固化成型燃料等给予适当资金支持，对秸秆综合利用企业和农机服务组织购置秸秆处理机械给予信贷支持，为实施农作物秸秆综合利用补偿提供了依据。2013年，国务院制定《畜禽规模养殖污染防治条例》，在第三章、第四章分别专门规定畜禽废弃物综合利用与治理以及相关激励措施。例如，第二十九条规定，进行畜禽养殖污染防治，从事利用畜禽养殖废弃物进行有机肥产品生产经营等畜禽养殖废弃物综合利用活动的，享受国家规定的相关税收优惠政策。2017年，国务院办公厅印发《关于加快推进畜禽养殖废弃物资源化利用的意见》，进一步部署推进畜禽养殖废弃物资源化利用，提出启动中央财政畜禽粪污资源化利用试点；同年，农业部印发《农膜回收行动方案》，启动实施农膜回收行动，以西北为重点区域，将农膜补贴由"补使用"转向"补回收"。2019年，农业农村部办公厅印发《关于全面做好秸秆综合利用工作的通知》，提出探索建立区域性补偿制度。2020年，农业农村部、工业和信息化部等4部门制定实施《农用薄膜管理办法》，进一步规范农膜的回收和再利用，同时在甘肃、新疆、内蒙古3个省（区）选择6个县开展农膜回收区域补偿政策试点。2021年，国家发展改革委、农业农村部等4部门制定实施《农业绿色发展中央预算内投资专项管理办法》，通过中央预算内投资方式，支持包括畜禽粪污资源化利用整县推进项目在内的项目建设。2023年，财政部、农业农村部印发《农业生态资源保护资金管理办法》《耕地建设与利用资金管理办法》，支持农作物秸秆综合利用、地膜科学使用回收，以及秸秆还田保护与提升地力、秸秆覆盖免耕少耕等。

2. 项目工程

（1）农作物秸秆综合利用

我国对农作物秸秆利用的历史悠久。自古以来，人们就利用农作物秸秆烧菜做饭、喂养牲畜甚至修建房屋、庭院围栏等，开启了农作物秸秆的燃料化、饲料化、材料化实践探索。新中国成立以来，特别是改革开放以来，在政策引领、科技支撑和资金保障下，我国对农作物秸秆的利用不断综合化、科学化、效益化与规范化。1965年，中共中央、国务院发布《关于解决农村烧柴问题的指示》，对农村烧柴、秸秆还田等秸秆利用进行统筹安排；1979年，党的十一届四中全会通过《中共中央关于加快农业发展若干问题的决定》，要求扩大推广秸秆制作有机肥等还田技术（周腰华、王亚静，2023）。1999年，国家环保总局、农业部等6部门联合制定印发《秸秆禁烧和综合利用管理办法》，要求各地应大力推广机械化秸秆还田、秸秆饲料开发、秸秆气化、秸秆微生物高温快速沤肥和秸秆工业原料开发等多种形式的综合利用成果，并将秸秆禁烧与综合利用工作纳入地方各级环保、农业目标责任制，严格检查、考核。该办法虽然在2015年被废止，但却是目前我国唯一的以秸秆禁烧和综合利用为主题的国家行政规章，对我国此前的秸秆禁烧和综合利用执法管理发挥了十分重要的作用（毕于运等，2019）。这些政策的制定出台，为推进农作物秸秆综合利用奠定了良好基础，但尚未提出或明确农作物秸秆综合利用的相关补偿内容。进入 21 世纪，我国又制定出台了一系列相关政策措施，进一步推进农作物秸秆综合利用。2008 年，国务院办公厅印发《关于加快推进农作物秸秆综合利用的意见》，从加大资金投入、实施税收和价格优惠政策两个方面，明确提出加大农作物秸秆综合利用的政策扶持力度，是目前我国国家层面指导秸秆综合利用的纲领性文件；同年，财政部印发《秸秆能源化利用补助资金管理暂行办法》，明确了秸秆能源化利用补助资金的支持对象和方式、支持条件、补助标准、监督管理等，对秸秆能源化利用补助资金规范化管理。2009 年，中央一号文件明确提出，开展秸秆还田奖补试点。2016 年，农业部办公厅、财政部办公厅印发《关于开展农作物秸秆综合利用试点 促进耕地质量提升工作的通知》，在河北、山西、内蒙古等 10 个省（区）开展农作物秸秆综合利用试点，采取"以奖代补"方式，中央财政根据试点省秸秆综合利用情况予以适当补助，补助资金由试点省根据试点任务自主安排，用于支持秸秆综合利用的重点领域和关键环节；中央财政投入资金 10 亿元，建设试点县 90 个。2017 年，中央财政继续投入资金 13 亿元，建设试点县 143 个。2019 年在黑龙江开展秸秆利用生态补偿制度创设试点，2020 年试点范围扩大到黑龙江省全省、吉林省梨树县等"1 省 6 县（区）"，2021 年在山西、内蒙古等 8 省（区）开展 10 个秸秆利用生态补偿制度创设样板县建设，主要是明确补偿对象、补偿环节和补偿标准，推动建立耕地地力保护补贴与秸秆焚烧挂钩机制，建立秸秆利用补偿考核体系等，制定出台企业信贷和税收优惠支持政策，培育农作物秸秆综合利用市场主体。2021 年，中国银保监会会同有关部门联合印发《关于金融支持巩固拓展脱贫攻坚成果 全面推进乡村振兴的意见》，要求加大对秸秆综合利用领域的金融资源投入。中国人民银行围绕秸秆综合利用等领域，引导金融机构丰富"三农"绿色金融产品和服务体系，创新投融资方式，持续增加信贷投入。鼓励符合条件的金融机构发行绿色金融债券，募集资金用来支持秸秆综合利用等农业农村绿色发展项目建设。利用农作物秸秆发展肉牛产业，相关产业主体符合条件的可按规定享受税收优惠政策，对纳税人销售利用农作物秸秆自产符合条件的秸秆浆等综合利用产品，实行增值税即征即退50%政策；对农产品初加工项目免征企业所得税，其中包括对农作物秸秆进行收割、打捆、粉碎、压块、成粒、分选、青贮、氨化、微化等。

多年来，我国农作物秸秆综合利用取得显著成效，构建了政策措施、工作措施、技术措施互相配套的支撑体系，初步形成了秸秆农用为主、多元利用的发展格局。截至2022年底，中央财政累计投入140.5亿元，在1736县次整县推进秸秆综合利用，以点带面提升了全国秸秆综合利用能力，农作物秸秆综合利用率达88%以上。2023年，中央财政投入27.7亿元，在全国建设400个左右秸秆综合利用重点县、1600个秸秆综合利用展示基地。同时，加快突破市场化利用。2021年，全国秸秆利用市场主体达3.4万家，其中年利用量万吨以上的有1718家；从利用途径来看，饲料化利用主体占比最高，达到76.9%，肥料化、燃料化、基料化、原料化利用主体分别占比7.8%、8.9%、3.8%、2.6%[①]。同时，农作物秸秆综合利用的补偿政策体系、机制框架也逐步建立。在补偿政策体系方面，覆盖了收储运、利用、发电、供热、产气、产品等多个环节，形成了财政补贴、税收返还等多项政策手段（见表4-12）。在补偿机制框架方面，初步明确了补偿主体、补偿客体、补偿对象、补偿标准、补偿方式、补偿程序等。在补偿主体上，由政府组织实施。具体是由农业农村部、财政部、国家发展改革委等相关部门制定印发工作通知或实施方案，安排部署任务，并通过中央财政农业转移支付、中央预算内投资等方式，将资金下达地方人民政府，由其组织具体实施。在补偿客体上，对农作物秸秆综合利用行为进行补偿，如实施秸秆收储运、"五化"利用、产品生产加工等。在补偿对象上，对实施秸秆收储运和综合利用行为的农户、合作社、家庭农场和企

---

① http://www.moa.gov.cn/xw/zwdt/202210/t20221010_6412962.htm.

事业单位等进行补偿。在补偿标准上，中央资金根据区域差异采取不同标准，各地根据实际制定补偿标准。例如，在开展的秸秆生态补偿政策创设试点中，补偿标准为玉米秸秆全量翻埋还田60元/亩、水稻秸秆粉碎腐熟还田40元/亩、水稻秸秆粉碎翻埋还田40元/亩、玉米秸秆打捆离田收储20元/亩、水稻秸秆打捆离田收储15元/亩、秸秆堆沤还田120元/亩、成型燃料生产加工50元/亩（周腰华、王亚静，2022）。在补偿方式上，以资金、实物、技术等形式，采取先建后补、贴息、税收优惠、以奖代补、直接投资、投资补助、培训等方式进行补偿。在补偿流程上，基本执行"主体申报—任务实施—任务验收—补偿发放"程序。

表4-12　分环节秸秆综合利用财税补贴政策

产业环节	财政补贴	税收返还	终端产品补贴	试点示范	土地政策	电价政策
收储运	√			√	√	√
肥料化利用	√			√		
饲料化利用	√			√		
发电		√	√	√		
供热		√		√		
生物天然气		√		√		
生物质气化	√			√		
食用菌基料				√		
造纸、伐木产品		√				

注："√"表示有支持政策。
资料来源：田宜水（2020）。

（2）畜禽粪污资源化利用

我国对畜禽粪污资源化利用的历史也比较悠久。自古以来，人们就利用畜禽粪污还田种地甚至烧菜做饭等，开启了畜禽粪污的肥料化、燃料化利用实践。新中国成立，特别是改革开放、党的十八大以来，在政策引领、科技支撑和资金保障下，我国对畜禽粪污的资源化利用日趋科学化、效益化、规范化。2013年，国务院制定《畜禽规模养殖污染防治条例》，专章规定畜禽废弃物综合利用与治理以及相关激励措施，为实施畜禽粪污资源化利用补偿提供了依据。2014 年，中央财政安排 1.8 亿元资金启动畜禽粪污等农业农村废弃物综合利用试点，支持采用"废物处理 + 清洁能源 + 有机肥料"三位一体的技术模式对畜禽粪污等农业农村废弃物进行资源化利用，积极探索促进有机肥和生物燃料生产与应用。2017 年，国务院办公厅印发《关于加快推进畜禽养殖废弃物资源化利用的意见》，进一步部署推进畜禽养殖废弃物资源化利用，提出启动中央财政畜禽粪污资源化利用试点；农业部印发《畜禽粪污资源化利用行动方案（2017—2020年）》，进一步细化落实畜禽粪污资源化利用，提出开展畜牧业绿色发展示范县创建活动，以畜禽养殖废弃物减量化产生、无害化处理、资源化利用为重点，整县推进畜禽养殖废弃物综合利用。2017 年以来，通过中央财政和中央预算内投资两个渠道协同支持畜牧大县整县推进畜禽粪污资源化利用。2017—2023 年，累计安排中央资金 336 亿元，支持全国 885 个县实施畜禽粪污资源化利用整县推进项目，重点开展粪污处理和还田利用设施建设，探索市场化运营机制，推广 9 大类粪污处理技术模式，促进畜禽粪肥就地就近还田利用。2019 年，农业农村部、生态环境部联合印发《关于促进畜禽粪污还田利用依法加强养殖污染治理的指导意见》，鼓励粪肥经纪公司、经纪人等社会化服务主体开展粪肥收运施用服务，建立受益者付费机制，同时要求各地农业农村部门协调地方财政加大支持力度，支持畜禽粪肥运输、贮存、利用设施装备建设，推动出台畜禽粪肥就地就近利用补助政策。2021 年，农业农村部、财政部印发《关于开展绿色种养循环农业试点工作的通知》，在畜牧大省、粮食和蔬菜主产区、生态保护重点区域，整县开展粪肥就地消纳、就近还田补奖试点，力争通过 5 年试点形成发展绿色种养循环农业的技术模式、组织方式和补贴方式，为大面积推广应用提供经验。2022 年，在全国 251 个县（农场）开展试点工作，集成一批可复制、可推广的绿色种养循环农业技术模式，有力带动县域内畜禽粪污基本还田。

多年来的扎实工作，推动我国畜禽粪污资源化利用成效显著。目前，全国畜禽粪污综合利用率达到 78.3%，畜禽规模养殖场设施装备配套率达到 97%，有力促进了畜牧业绿色发展。畜禽粪污资源化利用的补偿政策机制框架也逐步建立，但仍需完善。在补偿主体上，由政府组织实施。具体是由农业农村部、财政部、国家发展改革委等相关部门制定印发工作通知或实施方案，安排部署任务，并通过中央财政农业转移支付、中央预算内投资等方式，将资金下达地方人民政府，由其组织具体实施。在补偿客体上，对畜禽粪污资源化利用行为进行补偿，如畜禽粪污收集处理、运输施用服务、利用等行为，以及贮存点、相关设施设备等工程建设。在补偿对象上，对实施畜禽粪污资源化利用的农户、合作社、家庭农场、专业化组织和企事业单位等进行补偿。在补偿标准上，中央资金根据区域差异采取不同标准，各地根据实际制定补偿标准。例如，畜禽粪污资源化利用整县推进项目，限定在生猪存栏量 10 万头以上或猪当量 20 万头以上的符合条件的县（市、区），中央预算内投资重点支持畜禽粪污收集、贮存、处理、利用等环节的基础设施建设；除西藏地区外，中央预算内投资支持地方项目的比例不超过核定总投资的 50%，每个县不超过 3000 万元。绿色种养循环农业试点工作实施过程中，各地可根据粪污类型、运输距离、施用方式、还田数量等合理测算各环节补贴标准，依据专业化服务主体在不同环节的服务量予以补奖，补贴比例不超过本地区粪肥收集处理施用总成本的30%；对提供全环节服务的专业化服务主体，可依据还田面积按亩均标准打包补奖；补奖资金对商品有机肥使用补贴不超过补贴总额的 10%；粪肥还田利用机械不列入补奖范围，可通过农机购置补贴应补尽补①。在补偿方式上，以资金、实物、技术等形式，采取直接投资、投资补助、先建后补、贴息、税收优惠、以奖代补、培训等方式进行补偿。在补偿流程上，基本执行"主体申报—任务实施—任务验收—补偿发放"程序。

（3）农膜科学使用回收

2010 年起，中央财政安排专项资金，支持西北、华北地区旱作农业技术试验示范推广，补助地膜等相关物料，通过"以旧换新"方式支持地膜

---

① https://www.moa.gov.cn/xw/bmdt/202105/t20210526_6368443.htm.

等农业废弃物回收利用。2011 年，农业部印发《关于进一步加强农业和农村节能减排工作的意见》，提出采取政府引导、企业带动、市场运作的方式，对农民回收利用废旧地膜进行补贴，逐步建立地膜使用、回收、再利用等环节相互衔接的废旧地膜回收利用机制。2012—2015 年，国家发展改革委、财政部、农业部组织开展农业清洁生产示范项目，累计投资 9.01 亿元，在甘肃、新疆等 10 个省份和新疆生产建设兵团的 229 个县（区、团场）开展地膜科学使用示范建设，推进地膜生产过程清洁化，减少农产品产地地膜残留。在具体实施上，通过以奖代补、先建后补、贴息等方式，扶持地膜回收加工企业；通过实物补贴、资金补助等方式，扶持乡镇和村级地膜回收站点建设。2017 年，农业部印发《农膜回收行动方案》，启动实施农膜回收行动，以西北为重点区域，以棉花、玉米、马铃薯为重点作物，以加厚地膜应用、机械化捡拾、专业化回收、资源化利用为主攻方向，将农膜补贴由"补使用"转向"补回收"，在甘肃、新疆、内蒙古 3 个省（区）建立了 100 个农膜回收示范县；在甘肃、新疆选择 4 个县区探索建立地膜生产者责任延伸制度试点，由地膜生产企业，统一供膜、统一铺膜、统一回收，将地膜回收责任由使用者转到生产者，农民由买产品转为买服务。2019 年，农业农村部、国家发展改革委等 6 部门联合印发《关于加快推进农用地膜污染防治的意见》，明确中央财政继续支持地方开展废弃地膜回收利用工作，继续推动农膜回收示范县建设；地膜使用量大、污染严重的地区，省级政府可根据当地实际安排地膜回收利用资金，对从事废弃地膜回收的网点、资源化利用主体等给予支持，对机械化捡拾作业等给予适当补贴。2020 年，农业农村部、工业和信息化部等 4 部门制定实施《农用薄膜管理办法》，进一步规范农膜的回收和再利用，同时在甘肃、新疆、内蒙古 3 个省（区）选择 6 个县开展农膜回收区域补偿政策试点，着力探索耕地地力保护补贴与农膜回收的挂钩机制，充分调动农民捡拾回收农用薄膜的主动性和积极性。2022 年，农业农村部、财政部联合印发《关于开展地膜科学使用回收试点工作的通知》，启动实施地膜科学使用回收试点工作，聚焦重点用膜地区，重点支持推广加厚高强度地膜和全生物降解地膜，系统解决传统地膜回收难、替代成本高的问题。此外，自2015年起连续多年组织全生物降解地膜替代技术评价，对不同产品的适用性、降解性、安全性等进行验证，在马铃薯、花生、大蒜等适宜作物上，有序推广符合国家标准的全生物降解地膜；制定实施了增值税返还、所得税优惠等促进全生物降解地膜产业发展优惠政策，例如在现行增值税政策中已经明确对农膜产品免征增值税，全生物降解地膜企业可充分享受该优惠政策，降低企业生产成本；出台小微企业普惠性优惠、高新技术企业15%低税率优惠、研发费用加计扣除等一批企业所得税普适性优惠政策，符合条件的全生物降解地膜企业可根据实际用好用足现有所得税优惠政策。

经过多年扎实工作，我国农膜科学使用回收取得明显进展。目前，我国农膜回收处置率稳定在80%以上。农膜科学使用回收的补偿政策机制框架虽逐步建立，但仍需完善。在补偿主体上，由政府组织实施。具体是由农业农村部、财政部、国家发展改革委等相关部门制定印发工作通知或实施方案，安排部署任务，并通过中央财政农业转移支付、中央预算内投资等方式，将资金下达地方人民政府，由其组织具体实施。在补偿客体上，对农膜科学使用回收行为进行补偿，如实施农膜科学使用、回收作业、回收运输、回收站点建设、残膜加工再利用、回收机具购置等。在补偿对象上，对实施农膜科学使用回收的农户、合作社、家庭农场、专业化组织和企事业单位等进行补偿。在补偿标准上，中央资金根据区域差异采取不同标准，各地根据实际制定补偿标准。在补偿方式上，以资金、实物、技术等形式，采取直接补助、先建后补、贴息、税收优惠、以奖代补、培训等方式进行补偿。在补偿流程上，基本执行"主体申报—任务实施—任务验收—补偿发放"程序。

（三）农业环境污染治理与修复

良好的农业环境是农业生产发展、农产品质量安全的重要基础和保障。我国高度重视农业环境治理与保护，制定出台了《中华人民共和国土壤污染防治法》《中华人民共和国水污染防治法》《畜禽规模养殖污染防治条例》《关于打好农业面源污染防治攻坚战的实施意见》等一系列政策措施，实施了退化耕地和生产障碍耕地治理、盐碱地综合利用、农业面源污染防治等一大批项目工程，不断加大投入、开展补偿惩罚，推动农业环境质量不断改善提升。2014 年，环境保护部、国土资源部联合发布《全国土壤污染状况调查公报》，对 2005—2013 年开展的全国土壤污染状况调查结果进行总结，显示耕地土壤点位超标率为 19.4%，其中轻微、轻度、中度和重度污染点位比例分别为 13.7%、2.8%、1.8% 和 1.1%，主要污染物为镉、镍、铜、砷、汞、铅、滴滴涕和多环芳烃。2018 年，农业农村部会同生态环境部依托农产品产地土壤环境监测点（国控监测点），继续开展农产品产地土壤环境监测，结果显示我国农产品产地土壤铬含量基本为绿色点位（≤标准值），但西南地区存在部分较为集中的高值监测点；所有监测点铅、砷、汞含量基本为绿色点位（≤标准值），但西南和华南地区存在部分较为集中的高值监测点；所有监测点铜含量基本为绿色点位（≤标准值），但西南地区和东部地区存在部分较为集中的高值监测点；所有监测点锌、镍含量基本为绿色点位（≤标准值），但西南地区存在部分较为集中的高值监测点（农业农村部农业生态与资源保护总站，2019）。

1. 政策文件

目前，我国尚未制定国家层面的专项农业环境污染治理与修复补偿法律法规，已有农业环境污染治理与修复补偿的法律或政策要求散见于中央一号文件、《土壤污染防治资金管理办法》、《农业绿色发展中央预算内投资专项管理办法》等相关文件。总体来看，已初步形成以《中华人民共和国农业法》《中华人民共和国环境保护法》《中华人民共和国土壤污染防治法》《中华人民共和国水污染防治法》《畜禽规模养殖污染防治条例》等法律法规为基础，以《土壤污染防治资金管理办法》《农业绿色发展中央预算内投资专项管理办法》《农产品产地安全管理办法》《农用地土壤环境管理办法（试行）》《关于打好农业面源污染防治攻坚战的实施意见》等规范性文件为主体的农业环境污染治理与修复补偿政策体系（见表 4 - 13），为开展农业环境污染治理与修复补偿提供了重要保障。

表4-13 农业环境污染治理与修复补偿相关政策

类型	名称	时间	部门	涉及内容或章节
法律	中华人民共和国土壤污染防治法	2018年	全国人大常委会	第七十一条、第七十二条、第七十三条、第七十四条
	中华人民共和国水污染防治法	2017年(修正)	全国人大常委会	第三条、第四章第四节
	中华人民共和国水土保持法	2010年(修订)	全国人大常委会	第三十六条
	中华人民共和国乡村振兴促进法	2021年	全国人大常委会	第三十四条、第三十五条
	中华人民共和国黑土地保护法	2022年	全国人大常委会	第二十二条
	中华人民共和国长江保护法	2020年	全国人大常委会	第四十八条、第五十二条、第七十六条
	中华人民共和国黄河保护法	2022年	全国人大常委会	第四十条、第六章、第一百零二条
法规	畜禽规模养殖污染防治条例	2013年	国务院	第四章
	土地复垦条例	2011年(修订)	国务院	第四十条
党中央、国务院政策文件	关于做好2023年全面推进乡村振兴重点工作的意见	2023年	中共中央、国务院	提出加强农用地土壤镉等重金属污染源头防治,强化受污染耕地安全利用和风险管控,出台生态保护补偿条例
	关于做好2022年全面推进乡村振兴重点工作的意见	2022年	中共中央、国务院	提出加强农业面源污染综合治理
	关于全面推进乡村振兴加快农业农村现代化的意见	2021年	中共中央、国务院	提出推进农业面源污染防治.土壤污染防治
	关于抓好"三农"领域重点工作确保如期实现全面小康的意见	2020年	中共中央、国务院	提出稳步推进农用地土壤污染修复利用
	关于坚持农业农村优先发展做好"三农"工作的若干意见	2019年	中共中央、国务院	提出推进重金属污染耕地治理修复和种植结构调整试点,加大农业面源污染治理力度

续表

类型	名称	时间	部门	涉及内容或章节
党中央、国务院政策文件	关于实施乡村振兴战略的意见	2018年	中共中央、国务院	提出加强农业面源污染防治,推进重金属污染耕地防控和修复,开展土壤污染治理与修复技术应用试点
	关于深入打好污染防治攻坚战的意见	2021年	中共中央、国务院	提出完善市场化多元化生态保护补偿
	关于创新体制机制推进农业绿色发展的意见	2017年	中共中央办公厅、国务院办公厅	提出完善耕地生态补偿政策
	关于全面加强生态环境保护 坚决打好污染防治攻坚战的意见	2018年	中共中央、国务院	提出强化土壤污染管控和修复
	土壤污染防治行动计划	2016年	国务院	中央财政设立土壤污染防治专项资金,用于土壤环境调查与监测评估、监管管理、治理与修复等工作
	水污染防治行动计划	2015年	国务院	提出控制农业面源污染
	"十四五"推进农业农村现代化规划	2021年	国务院	规划加强农业面源污染防治、污染耕地治理
部门规章与规范性文件	耕地建设与利用资金管理办法	2023年	财政部、农业农村部	支持开展退化耕地和生产障碍耕地治理、土壤普查、盐碱地综合利用试点
	土壤污染防治资金管理办法	2022年	财政部	支持土壤污染修复治理
	土壤污染防治基金管理办法	2020年	财政部、生态环境部等6部门	适用于农用地土壤污染治理
	农业绿色发展中央预算内投资专项管理办法	2021年	国家发展改革委、农业农村部等4部门	支持长江经济带和黄河流域农业面源污染治理
	农产品产地安全管理办法	2006年	农业部	第十六条
	农用地土壤环境管理办法(试行)	2017年	环境保护部、农业部	全部

续表

类型	名称	时间	部门	涉及内容或章节
	关于深入推进生态环境保护工作的意见	2018年	农业农村部	提出推进受污染耕地安全利用,继续实施湖南长株潭地区重金属污染耕地治理试点等
	关于打好农业面源污染防治攻坚战的实施意见	2015年	农业部	全部内容,尤其提出探索建立农业生态补偿机制
	关于加强盐碱地治理的指导意见	2014年	国家发展改革委、科技部等10部门	提出加大投入力度,建立"谁投资、谁受益"利益分配机制
	"十四五"全国农业绿色发展规划	2021年	农业农村部、国家发展改革委等6部门	提出健全生态保护补偿机制,支持开展退化耕地治理
	"十四五"土壤、地下水和农村生态环境保护规划	2021年	生态环境部、国家发展改革委等7部门	规划健全土壤污染防治,农业面源污染治理
部门规章与规范性文件	"十四五"重点流域农业面源污染综合治理建设规划	2021年	农业农村部、国家发展改革委	
	全国农业可持续发展规划(2015—2030年)	2015年	农业部、国家发展改革委等8部门	规划农田重金属污染防治,农业面源污染防治
	农业农村污染治理攻坚战行动方案(2021—2025年)	2022年	生态环境部、农业农村部等5部门	提出实施化肥农药减量增效行动,农膜回收行动,加强养殖业污染防治
	农业面源污染治理与监督指导实施方案(试行)	2021年	生态环境部办公厅、农业农村部办公厅	全部
	国家农业绿色发展先行区建制全要素全链条推进农业面源污染综合防治实施方案	2023年	农业农村部办公厅	全部
	培育发展农业面源污染治理,农村污水垃圾处理市场主体方案	2016年	环境保护部、农业部、住建部	提出对畜禽养殖废弃物,秸秆,废弃农膜等农业废弃物资源化利用以及农膜,测土配方施肥等,采取第三方治理,政府购买服务,市场补贴等方式处理

法律、法规。《中华人民共和国农业法》第八章专章规定了农业资源与农业环境保护内容，同时第三十八条要求各级人民政府在财政预算内安排的各项用于农业的资金应当主要用于包括加强农业生态环境保护建设在内的相关事项。《中华人民共和国环境保护法》第三十一条规定，国家建立、健全生态保护补偿制度，有关地方人民政府应当落实生态保护补偿资金确保其用于生态保护补偿，国家指导受益地区和生态保护地区人民政府通过协商或者按照市场规则进行生态保护补偿。《中华人民共和国土壤污染防治法》第七十一条规定，设立中央土壤污染防治专项资金和省级土壤污染防治基金，主要用于农用地土壤污染防治和土壤污染责任人或者土地使用权人无法认定的土壤污染风险管控和修复以及政府规定的其他事项；第七十二条规定，国家鼓励金融机构加大对土壤污染风险管控和修复项目的信贷投放；第七十三条规定，从事土壤污染风险管控和修复的单位依照法律、行政法规的规定，享受税收优惠；第七十四条规定，国家鼓励并提倡社会各界为防治土壤污染捐赠财产，并依照法律、行政法规的规定，给予税收优惠。这些法律，为实施农业环境污染治理与修复补偿奠定了法律基础。其他法律法规，如《中华人民共和国长江保护法》《中华人民共和国黄河保护法》《畜禽规模养殖污染防治条例》《土地复耕条例》等都对农业环境污染治理与修复补偿进行了直接或间接规定，进一步夯实了补偿实施的法律基础与保障。

规范性文件。除上述法律法规外，我国还制定出台了一系列有关农业环境污染治理与修复补偿的政策和规范性文件，主要包括党中央、国务院出台的政策文件，国务院相关部门出台的部门规章与规范性文件等，为补偿制度建立与实施发挥了重要作用。例如，2014年，国家发展改革委、科技部等10个部门联合印发《关于加强盐碱地治理的指导意见》，提出加大投入力度，建立"谁投资、谁受益"利益分配机制。2016年，国务院制定实施《土壤污染防治行动计划》，明确提出中央财政设立土壤污染防治专项资金，用于土壤环境调查与监测评估、监督管理、治理与修复等工作；环境保护部、农业部、住建部联合印发《培育发展农业面源污染治理、农村污水垃圾处理市场主体方案》，提出对畜禽养殖废弃物、秸秆、废弃农膜等农业废弃物资源化利用以及农药减量、测土配方施肥等，采取第三方治理、政府购买服务、市场补贴等方式处理。2021年，国家发展改革委、农业农村部等4部门印发《农业绿色发展中央预算内投资专项管理办法》，支持长江经济带和黄河流域农业面源污染治理。2022年，财政部印发《土壤污染防治资金管理办法》，支持土壤污染修复治理。2023年，财政部、农业农村部印发《耕地建设与利用资金管理办法》，支持开展退化耕地和生产障碍耕地治理、土壤普查、盐碱地综合利用试点。

2. 项目工程

（1）耕地土壤污染治理修复

2006年，农业部颁布实施《农产品产地安全管理办法》，明确要求县级以上人民政府农业行政主管部门应当采取生物、化学、工程等措施，对农产品禁止生产区和有毒有害物质不符合产地安全标准的其他农产品生产区域进行修复和治理。在连续多年调查监测工作的基础上，2012年，农业部、财政部联合制定印发《农产品产地土壤重金属污染防治实施方案》，启动实施全国农产品产地土壤重金属污染防治工作，计划用5年时间，投入8.27亿元，在工矿企业周边农区、污水灌区、大中城市郊区三类重点区和一般农区开展镉、铅、汞、砷、铬5大重金属和pH及阳离子交换量调查监测的基础上，开展农产品产地安全等级划分，对未污染、轻中度污染、重度污染等产地实施分级分类防治。2014年，中央财政投入11.65亿元，在湖南省长株潭地区开展农产品产地土壤重金属污染修复示范试点。2016年，国务院制定实施《土壤污染防治行动计划》，提出中央财政设立土壤污染防治专项资金，用于土壤环境调查与监测评估、监督管理、治理与修复等工作；中央财政当年下达资金91亿元，由地方统筹用于土壤污染状况详查、风险管控、监测评估、监督管理，及治理修复等工作。2018年，我国实施《中华人民共和国土壤污染防治法》，进一步将土壤污染防治工作规范化、制度化，强调国家加大土壤污染防治资金投入力度、建立土壤污染防治基金制度，同时鼓励金融机构加大对土壤污染风险管控和修复项目的信贷投放，从事土壤污染风险管控和修复的单位依照法律、行政法规的规定享受税收优惠。2020年，财政部、生态环境部等6部门联合印发《土壤污染防治基金管理办法》，规范包括农用地土壤污染防治在内的基金管理。2016—2020年，中央财政累计下达资金285亿元，支持各地开展土壤污染源头防控、风险管控、修复、监管能力提升等耕地土壤监测和防治。2022年，财政部印发《土壤污染防治资金管理办法》，支持土壤污染修复治理。2020—2022年，中央财政累计安排土壤污染防治资金128亿元，重点支持农用地、建设用地风险管控或修复，以及涉重金属历史遗留固体废物、重金属减排等土壤重金属污染源头治理工作。

多年来，在中央财政的有力支持与引导下，我国耕地土壤污染治理修复取得积极成效。目前，全国受污染耕地安全利用率稳定在90%以上，为保障农产品质量安全奠定了坚实基础。耕地土壤污染治理修复工作的扎实推进，既有政府政策与资金的引领推动，也有社会主体与资本的有效参与，初步构建了政府补偿、市场补偿等多种补偿方式共存的补偿机制框架。在补偿主体上，包括政府、市场主体等。对政府而言，主要是制定实施相关政策、组织规范项目实施、开展资金投入支持等，具体是由农业农村、生态环境、财政等相关部门制定印发工作通知或实施方案，安排部署任务，并通过财政农业转移支付、资金补助等方式，将资金支付给项目实施单位，由其组织具体实施；对市场主体（如相关企业、组织）而言，主要是受污染的耕地所有者、承包者或经营者，运用自有资金，对受委托开展土壤污染治理修复的主体进行付费。虽然我国土壤污染治理修复市场总体处于起步发展阶段，但发展态势良好，资料显示，仅2015年全国土壤污染治理修复合同签约额就达到21.28亿元，从事土壤污染治理修复业务的企业数量增长至900家以上。在补偿客体上，对开展耕地污染治理修复的行为进行补偿，如采用化学措施、农艺措施、生物措施治理修复等。在补偿对象上，对开展耕地污染治理修复或因此受到损失的相关单位、组织、个人进行补偿。在补偿标准上，中央资金根据区域差异采取不同标准，各地根据实际制定补偿标准。在补偿方式上，以资金、实物、技术等形式，采取直接补助、政府购买服务、培训等方式进行补偿。在补偿流程上，基本执行"主体申报—任务实施—任务验收—补偿发放"程序。

（2）农业面源污染防治

我国关于农业面源污染防治的研究与实践始于20世纪80年代。但真正对农业面源污染严重性的深刻认识是从第一次全国污染源普查开始，也即从此进一步加大对农业面源污染的防治力度。2007年，国务院办公厅印发《第一次全国污染源普查方案》，启动实施第一次全国污染源普查，对包括农业、畜牧业和渔业等农业源在内的各类污染源数量、分布、污染情况等全面调查统计，以期为后续污染治理和产业结构调整提供依据。第一次全国污染源普查结果显示，农业源污染物排放对水环境的影响较大，其化学需氧量排放量占化学需氧量排放总量的43.7%，氮排放量占总氮排放总量的57.2%，磷排放量占总磷排放总量的67.4%。2015年，农业部印发《关于打好农业面源污染防治攻坚战的实施意见》，明确提出"一控两减三基本"的工作目标，即"一控"要控制农业用水总量，"两减"要减少化肥、农药使用，"三基本"要使畜禽粪污、农膜、农作物秸秆基本得到资源化利用；同时强调，要不断拓宽农业面源污染防治经费渠道，加大测土配方施肥、低毒生物农药补贴、病虫害统防统治补助、耕地质量保护与提升、农业清洁生产示范、种养结合循环农业、畜禽粪污资源化利用等项目资金投入力度，逐步形成稳定的资金来源；探索建立农业生态补偿机制，推动落实金融、税收等扶持政策，完善投融资体制，拓宽市场准入，鼓励和吸引社会资本参与，引导各类农业经营主体、社会化服务组织和企业等参与农业面源污染防治工作。2015年以来，实施了化肥使用量零增长行动、农药使用量零增长行动、畜禽粪污资源化利用试点、秸秆综合利用试点、农膜综合利用、农业面源污染综合治理示范等一系列工程项目，扎实推动农业面源污染防治。例如，在农业面源污染综合治理示范方面，2016—2017年，农业部联合国家发展改革委在江苏等9省（市）投入11.9亿元，开展重点流域农业面源污染综合治理，包括农田面源污染防治工程、畜禽养殖污染治理工程、水产养殖污染减排工程、地表径流污水净化利用工程。2016 年，环境保护部、农业部、住建部联合制定实施《培育发展农业面源污染治理、农村污水垃圾处理市场主体方案》，推广市场化运营机制，大力培育第三方市场主体，充分发挥社会资本在农业面源污染治理中的作用。2021 年，国家发展改革委、农业农村部等 4 部门印发《农业绿色发展中央预算内投资专项管理办法》，支持长江经济带和黄河流域农业面源污染治理。

多年来，在中央财政、中央预算内投资的大力支持与引导下，我国农业面源污染防治取得明显成效，农业面源污染防治补偿机制初步建立，但仍需完善。在补偿主体上，包括政府、市场主体等。对政府而言，主要是制定实施相关政策、组织规范项目实施、开展资金投入支持等，具体是由农业农村、生态环境、财政、发展改革等相关部门制定印发工作通知或实施方案，安排部署任务，并通过财政农业转移支付、预算内投资等方式，将资金支付给项目实施单位，由其组织具体实施；对市场主体（如相关企业、组织）而言，主要是受面源污染的农田、湿地、小型流域等产权所有者，或者受污染的畜禽养殖主体等，运用自有资金，对受委托开展农业面源污染防治的主体进行付费。在补偿客体上，对开展农业面源污染防治的行为进行补偿，如采用工程措施、生物措施防治等。在补偿对象上，对开展农业面源污染防治或因此受到损失的相关单位、组织、个人进行补偿。在补偿标准上，中央资金根据区域差异采取不同标准，各地根据实际制定补偿标准。在补偿方式上，以资金、实物、技术等形式，采取直接投资、投资补助、政府购买服务、培训等方式进行补偿。在补偿流程上，基本执行"主体申报—任务实施—任务验收—补偿发放"程序。

三、农业生态养护与建设

（一）田园生态系统构建

种养结合、生态循环、环境优美的田园生态系统是农业可持续发展的重要基础。我国自古以来就注重田园生态保护与系统构建。纵观农业发展

191

史，几千年来，我国传统农业始终秉承协调和谐的三才观、趋时避害的农时观、辨土施肥的地力观、御欲尚俭的节约观、变废为宝的循环观，形成的稻田系统、桑基鱼塘、轮作互补、庭院经济等一系列传统生态循环模式，更是我国历经千载而"地力常壮"的主要原因（韩长赋，2015）。新中国成立，特别是改革开放以来，我国制定出台了《关于发展生态农业加强农业生态环境保护工作的意见》《关于开展绿色种养循环农业试点工作的通知》《关于实施绿色循环优质高效特色农业促进项目的通知》《关于做好 2017 年田园综合体试点工作的意见》等一系列政策措施，实施了生态农业示范县、生态循环农业试点省、区域生态循环农业建设试点项目、田园综合体试点等一系列项目工程，不断加大资金投入、开展补贴扶持，进一步发展与规范生态循环农业、保护与构建田园生态系统，不断夯实现代农业发展的物质基础。

1. 政策文件

目前，我国尚未制定国家层面的专项田园生态系统构建补偿法律法规，已有田园生态系统构建补偿的法律或政策要求散见于中央一号文件、《关于创新体制机制推进农业绿色发展的意见》、《关于做好 2017 年田园综合体试点工作的意见》、《关于开展绿色种养循环农业试点工作的通知》、《关于实施绿色循环优质高效特色农业促进项目的通知》等相关文件。总体来看，关于田园生态系统构建补偿的法律法规比较薄弱，只是初步形成以《中华人民共和国农业法》《中华人民共和国循环经济促进法》《中华人民共和国畜牧法》等法律为基础，以中央一号文件、《关于创新体制机制推进农业绿色发展的意见》、《关于做好 2017 年田园综合体试点工作的意见》、《关于开展绿色种养循环农业试点工作的通知》、《关于实施绿色循环优质高效特色农业促进项目的通知》等部门规章或规范性文件为主体的补偿政策体系（见表 4 - 14），为开展田园生态系统构建补偿提供保障。

表 4-14　田园生态系统构建补偿相关政策

类型	名称	时间	部门	涉及内容或章节
法律	中华人民共和国乡村振兴促进法	2021 年	全国人大常委会	第五章
	中华人民共和国循环经济促进法	2018 年(修正)	全国人大常委会	第二十四条
	中华人民共和国黑土地保护法	2022 年	全国人大常委会	第十二条、第十四条、第十五条、第十七条
党中央、国务院政策文件	关于做好 2022 年全面推进乡村振兴重点工作的意见	2022 年	中共中央、国务院	提出实施重要生态系统保护和修复重大工程
	关于坚持农业农村优先发展做好"三农"工作的若干意见	2019 年	中共中央、国务院	提出发展生态循环农业
	关于实施乡村振兴战略的意见	2018 年	中共中央、国务院	提出实施重要生态系统保护和修复重大工程,生物多样性保护重大工程
	关于深入推进农业供给侧结构性改革加快培育农业农村发展新动能的若干意见	2016 年	中共中央、国务院	提出大力推行高效生态循环的种养模式,支持建设田园综合体,开展农村人居环境整治和美丽宜居乡村示范创建
	关于加快转变农业发展方式的意见	2015 年	国务院办公厅	提出鼓励发展种养结合循环农业,加快建设高标准农田
	关于创新体制机制推进农业绿色发展的意见	2017 年	中共中央办公厅、国务院办公厅	提出构建田园生态系统
	关于切实加强高标准农田建设 提升国家粮食安全保障能力的意见	2019 年	国务院办公厅	提出开展绿色农田建设示范,推动耕地质量保护提升,生态涵养,农业面源污染防治和田园生态改善等有机融合,提升农田生态功能
	关于深入打好污染防治攻坚战的意见	2021 年	中共中央、国务院	提出实施生物多样性保护重大工程
	"十四五"推进农业农村现代化规划	2021 年	国务院	提出建设田园生态系统,完善农田生态网廊道,营造复合型、生态型农田林网

续表

类型	名称	时间	部门	涉及内容或章节
部门规章与规范性文件	农田建设补助资金管理办法	2022年	财政部、农业农村部	支持农田防护及其生态环境保持
	耕地建设与利用资金管理办法	2023年	财政部、农业农村部	支持高标准农田建设整治、土壤改良、灌溉排水与节水设施，田间道路，农田防护及其生态环境保持，农田输配电，自然损毁工程修复及农田建设相关的其他工程内容
	藏粮于地、藏粮于技中央预算内投资专项管理办法	2021年	国家发展改革委、农业农村部等4部门	支持高标准农田新建和改造提升
	关于做好2017年田园综合体试点工作的意见	2017年	财政部办公厅	提出积极发展循环农业，充分利用农业生态环保生产新技术，提高农业资源利用效率和农业生产经济效益，促进生态环境友好型农业可持续发展。综合考虑运用先建后补、贴息、以奖代补、担保补贴、风险补偿金等，撬动金融和社会资本投向田园综合体建设
	关于打好农业面源污染防治攻坚战的实施意见	2015年	农业部	提出加大农业清洁生产示范、种养结合循环农业等项目资金投入力度，探索建立农业生态补偿机制
	促进西北旱区农牧业可持续发展的指导意见	2015年	农业部、国家发展改革委等8部门	提出发展循环农业，提升农田生态系统功能
	关于推进稻渔综合种养产业高质量发展的指导意见	2022年	农业农村部	提出加大支持力度，完善金融服务
	推进生态农场建设的指导意见	2022年	农业农村部办公厅	提出探索一套生态农业扶持政策

续表

类型	名称	时间	部门	涉及内容或章节
	关于深入推进农业领域政府和社会资本合作的实施意见	2017年	财政部、农业部	提出重点引导社会资本参与农业绿色发展，高标准农田建设、田园综合体等六大重点领域
	关于开展田园综合体建设试点工作的通知	2017年	财政部	提出重点开展"绿色发展，构建乡村生态系体屏障"等，采取资金整合、先建后补，以奖代补，政府与社会资本合作、政府引导基金等方式支持开展试点项目建设
	关于进一步做好国家级田园综合体建设试点工作的通知	2021年	财政部办公厅	提出中央财政通过农村综合改革转移支付，按照有关规定定额补助。各试点省份，县级财政部门要统筹运用现有各项涉农财政支持政策，创新财政资金使用方式，采取先建后补，以奖代补，政府与社会资本合作、政府引导基金等方式支持试点建设
部门规章与规范性文件	关于开展绿色种养循环农业试点工作的通知	2021年	农业农村部办公厅、财政部办公厅	提出力争形成发展绿色种养循环农业方式的技术模式、组织方式和补贴方式
	关于实施绿色循环优质高效特色农业促进项目的通知	2018年	农业农村部、财政部	提出中央财政通过以奖代补方式对实施绿色循环优质高效特色农业促进项目予以补助
	关于加强和改进永久基本农田保护工作的通知	2019年	自然资源部、农业农村部	提出统筹生态建设和永久基本农田保护
	全国农业可持续发展规划（2015—2030年）	2015年	农业部、国家发展改革委等8部门	提出加大农业生态建设力度，修复农业生态系统功能，推进生态循环农业发展

续表

类型	名称	时间	部门	涉及内容或章节
部门规章与规范性文件	"十四五"全国农业绿色发展规划	2021年	农业农村部、国家发展改革委等6部门	规划建设田园生态系统,开展绿色种养循环农业试点,发展生态循环农业
	"十四五"全国种植业发展规划	2021年	农业农村部	提出推进绿色种养循环农业试点
	耕地草原河湖休养生息规划(2016—2030年)	2016年	国家发展改革委、财政部等8个部门	规划耕地养护,完善农田防护林网,推行种养循环模式
	中国生物多样性保护战略与行动计划(2023—2030年)	2024年	生态环境部	全面推进绿色低碳循环农业发展,发展生态农业,推进田园生态景观建设
	东北黑土地保护规划纲要(2017—2030年)	2017年	农业农村部、国家发展改革委等6部门	提出改变利用方式,形成复合稳定的农田生态系统;建立合理的农田林网结构,保持良好的田间小气候,保护生物多样性
	国家黑土地保护工程实施方案(2021—2025年)	2021年	农业农村部、国家发展改革委等7部门	提出完善农田基础设施,建设农田防护林体系

196

法律。《中华人民共和国农业法》第五十七条规定，发展农业和农村经济必须合理利用和保护土地、水、森林、草原、野生动植物等自然资源，合理开发和利用水能、沼气、太阳能、风能等可再生能源和清洁能源，发展生态农业，保护和改善生态环境。《中华人民共和国畜牧法》第三条第二款规定，县级以上人民政府应当将畜牧业发展纳入国民经济和社会发展规划，加强畜牧业基础设施建设，鼓励和扶持发展规模化、标准化和智能化养殖，促进种养结合和农牧循环、绿色发展，推进畜牧产业化经营，提高畜牧业综合生产能力，发展安全、优质、高效、生态的畜牧业；第四十六条第二款规定，国家支持建设畜禽粪污收集、储存、粪污无害化处理和资源化利用设施，推行畜禽粪污养分平衡管理，促进农用有机肥利用和种养结合发展。《中华人民共和国循环经济促进法》第二十四条第一款规定，县级以上人民政府及其农业等主管部门应当推进土地集约利用，鼓励和支持农业生产者采用节水、节肥、节药的先进种植、养殖和灌溉技术，推动农业机械节能，优先发展生态农业。其他法律如《中华人民共和国乡村振兴促进法》等，也提及了生态循环农业、农业生态保护等相关内容。这些法律，尽管未明确规定田园生态系统构建及补偿的具体内容，但也为实施田园生态系统构建及补偿奠定了基础。

规范性文件。除上述法律外，我国还制定出台了一系列有关田园生态系统构建及其生态补偿的政策和规范性文件，主要包括党中央、国务院出台的政策文件，国务院相关部门出台的部门规章与规范性文件等，是当前建立与实施田园生态系统构建补偿的重要依据。例如，2015年，农业部、国家发展改革委等8部门联合印发《全国农业可持续发展规划（2015—2030年）》，提出加大农业生态建设力度，修复农业生态系统功能，推进生态循环农业发展；印发《促进西北旱区农牧业可持续发展的指导意见》，提出发展循环农业、提升农田生态系统功能。2016年，农业部办公厅、国家农业综合开发办公室印发《农业综合开发区域生态循环农业项目指引（2017—2020年）》，从2017年起集中力量在农业综合开发项目区推进区域生态循环农业项目建设。2017年中央一号文件《关于深入推进农业供给侧结构性改革加快培育农业农村发展新动能的若干意见》提出，要大力推行高效生态循环的种养模式，支持建设田园综合体，开展农村人居环境和美丽宜居乡村示范创建等。2017年，中共中央办公厅、国务院办公厅印发《关于创新体制机制 推进农业绿色发展的意见》，提出构建田园生态系统；财政部印发《关于开展田园综合体建设试点工作的通知》《关于做好2017年田园综合体试点工作的意见》等文件，启动实施田园综合体建设试点，重点抓好包括生态体系在内的六大支撑体系建设，采取资金整合、先建后补、以奖代补、政府与社会资本合作、政府引导基金等方式支持开展试点项目建设；同时，财政部又联合农业部印发《关于深入推进农业领域政府和社会资本合作的实施意见》，重点引导和鼓励社会资本参与农业绿色发展、高标准农田建设、田园综合体等六大重点领域。2018年，农业农村部、财政部印发《关于实施绿色循环优质高效特色农业促进项目的通知》，支持河北、辽宁等10个省（区）和广东省农垦总局实施绿色循环优质高效特色农业促进项目，中央财政通过以奖代补方式予以补助，各地可按规定积极统筹整合其他相关渠道资金集中用于关键环节。2021年，农业农村部办公厅、财政部办公厅印发《关于开展绿色种养循环农业试点工作的通知》，在畜牧大省、粮食和蔬菜主产区、生态保护重点区域，整县开展粪肥就地消纳、就近还田补奖试点，力争通过5年的试点，形成发展绿色种养循环农业的技术模式、组织方式和补贴方式，为大面积推广应用提供经验；同年，经国务院批复同意，农业农村部印发《全国高标准农田建设规划（2021—2030年)》，规划包括农田防护和生态环境保护等内容在内的全国高标准农田建设。

2. 项目工程

（1）生态循环农业

我国关于生态循环农业的实践探索历史悠久。新中国成立，特别是改革开放以来，我国不断制定出台相关政策措施，强化科技支撑与资金投入，进一步科学、规范推动生态循环农业发展。20世纪70年代末，中国学术界提出用生态学原理进行农业建设的问题；1980年，全国农业生态经济学术讨论会第一次提出"生态农业"术语（吴银宝、汪植三，2002）。1982 年，国务院环境保护领导小组组织生态农业试点，开启我国生态农业建设序幕。1985 年，国务院环境保护委员会印发《关于发展生态农业 加强农业生态环境保护工作的意见》，进一步安排部署全国生态农业工作。1993 年，农业部、国家计委等 7 个部门联合印发《关于组织全国 50 个生态农业试点县建设的通知》，启动全国 50 个生态农业试点县建设；2000 年，又启动第二批 50 个生态农业示范县建设。2007 年，农业部选择河北邯郸、山西晋城等 10 个市（自治州）开展循环农业示范市建设。2014 年，农业部与浙江省联合开展现代生态循环农业发展试点省建设。2016 年，农业部办公厅、国家农业综合开发办公室印发《农业综合开发区域生态循环农业项目指引（2017—2020 年)》，从 2017 年起集中力量在农业综合开发项目区推进区域生态循环农业项目建设，对龙头企业和农民合作组织、县乡人民政府等进行扶持，单个项目中央财政资金投入控制在 1000 万元左右（地方财政资金投入比例高的省份可适当降低中央财政资金投入规模，全部财政资金投入控制在 1500 万元左右）。2017 年，农业部印发《种养结合循环农业示范工程建设规划（2017—2020 年)》，按照"以种带养、以养促种"的种养结合循环发展理念，以就地消纳、能量循环、综合利用为主线，采取政府支持、企业运营、社会参与、整县推进的运作方式，构建集约化、标准化、组织化、社会化相结合的种养加协调发展模式，探索典型县域种养业废弃物循环利用的综合性整体解决方案，促进农业可持续发展；对于畜禽粪便、农作物秸秆利用的项目，加大中央预算内投资力度；对于有机肥深加工等能够落实产品出售机制的建设项目，在完善特许经营、政府购买等配套措施基础上，通过 PPP 模式吸引社会主体参与建设与运营，优先考虑采用"先建后补"方式。2018 年，农业农村部、财政部印发《关于实施绿色循环优质高效特色农业促进项目的通知》，支持河北、辽宁等 10 个省（区）和广东省农垦总局实施绿色循环优质高效特色农业促进项目；中央财政通过以奖代补方式予以补助，每个项目中央财政补助资金不低于 1800 万元；各地可按规定积极统筹整合其他相关渠道资金，集中用于促进绿色循环优质高效特色农业发展的关键环节。2021 年，农业农村部办公厅、财政部办公厅印发《关于开展绿色种养循环农业试点工作的通知》，在畜牧大省、粮食和蔬菜主产区、生态保护重点区域，整县开展粪肥就地消纳、就近还田补奖试点，力争形成发展绿色种养循环农业的技术模式、组织方式和补贴方式。在具体实施上，通过以奖代补等方式带动、引导专业化服务主体加大投入，提高规模效益，降低运营成本，确保经济可行，促进增产提质，形成良性循环；中央财政对专业化服务主体粪污收集处理、粪肥施用到田等服务予以适当补奖支持，对试点县的支持原则上每年不低于 1000 万元；相关省份根据粪污类型、运输距离、施用方式、还田数量等合理测算各环节补贴标准，依据专业化服务主体在不同环节的服务量予以补奖，补贴比例不超过本地区粪肥收集处理施用总成本的30%。对提供全环节服务的专业化服务主体，可依据还田面积按亩均标准打包补奖。补奖资金对商品有机肥使用补贴不超过补贴总额的 10%。粪肥还田利用机械不列入补奖范围，可通过农机购置补贴应补尽补。2022 年，农业农村部印发《关于推进稻渔综合种养产业高质量发展的指导意见》，提出各地要加大对稻渔综合种养的支持力度，将稻渔综合种养纳入农业用水、用电、用地等优惠政策支持范围，统筹利用农业生产发展、农田建设、渔业发展、种业工程等资金支持稻渔综合种养基础设施建设、集中连片开发、良种配套和研发推广等；农业农村部办公厅印发《推进生态农场建设的指导意见》，提出探索一套生态农业扶持政策，以生态农场为重点对象，探索以秸秆还田、有机肥施用、深松整地为重点的地力补偿政策，以化学农药减量增效、畜禽粪污减排降污、农膜回收利用为重点的环境补偿政策，以稻田甲烷、农用地氧化亚氮、动物肠道甲烷、畜禽粪便管理甲烷和氧化亚氮减少排放为重点的低碳补偿政策，以及技术优先推广、专家优先服务、金融优先支持、用地优先保障、产品优质优价等配套扶持政策。

生态循环农业是田园生态系统构建的重要内容、方式与抓手。多年来，在政策引领、科技支撑与资金投入保障下，我国生态循环农业发展取得显著成效，生态循环农业补偿机制框架也初步建立，但仍需完善。在补偿主体上，主要是政府组织实施。具体是农业农村、财政、发展改革等相关部门制定印发工作通知或实施方案，安排部署任务，并通过财政农业转移支付、预算内投资等方式，将资金支付给项目实施单位，由其组织具体实施。在补偿客体上，对生态循环农业建设与发展等进行补偿，如开展种养结合、保护与提升农田生态系统等。在补偿对象上，对开展生态循环农业建设的实施单位进行补偿。在补偿标准上，中央资金根据区域差异、内容不同等采取不同补助标准，各地根据实际制定补偿标准。如绿色种养循环农业试点，中央财政对专业化服务主体粪污收集处理、粪肥施用到田等服务予以适当补奖支持，对试点县的支持原则上每年不低于 1000 万元；相关省份根据粪污类型、运输距离、施用方式、还田数量等合理测算各环节补贴标准，依据专业化服务主体在不同环节的服务量予以补奖，补贴比例不超过本地区粪肥收集处理施用总成本的 30%，对提供全环节服务的专业化服务主体可依据还田面积按亩均标准打包补奖，补奖资金对商品有机肥使用补贴不超过补贴总额的 10%。在补偿方式上，采取直接补助、先建后补、以奖代补、政府与社会资本合作等方式支持建设。在补偿流程上，基本执行"主体申报—任务实施—任务验收—补偿发放"程序。

（2）田园综合体

严格来讲，田园综合体并非纯粹的田园生态系统构建项目或工程，但其包含的循环农业发展、田园生态景观构造等内容属于田园生态系统构建范畴。田园综合体概念首次出现在官方文件，是 2017 年的中央一号文件。中共中央、国务院印发的《关于深入推进农业供给侧结构性改革 加快培育农业农村发展新动能的若干意见》提出，支持有条件的乡村建设以农民合作社为主要载体、让农民充分参与和受益，集循环农业、创意农业、农事体验于一体的田园综合体，通过农业综合开发、农村综合改革转移支付等渠道开展试点示范。同年，财政部印发《关于开展田园综合体建设试点工作的通知》，决定在河北、山西、内蒙古等 18 个省份启动实施田园综合体建设试点。在重点内容上，强调抓好生产体系、产业体系、经营体系、生态体系、服务体系、运行体系等六大支撑体系建设，其中"绿色发展，构建乡村生态体系屏障"强调优化田园景观资源配置，积极发展循环农业，充分利用农业生态环保生产新技术，促进农业资源的节约化、农业生产残余废弃物的减量化和资源化再利用，实施农业节水工程，加强农业环境综合整治，促进农业可持续发展。在扶持政策上，中央财政从农村综合改革转移支付资金、现代农业生产发展资金、农业综合开发补助资金中统筹安排，各地在不违反农村综合改革和国家农业综合开发现行政策规定的前提下，自行研究确定试点项目资金和项目管理具体政策，同时要统筹使用好现有各项涉农财政支持政策，创新财政资金使用方式，采取资金整合、先建后补、以奖代补、政府与社会资本合作、政府引导基金等方式支持开展试点项目建设。同时，财政部办公厅又印发《关于做好 2017 年田园综合体试点工作的意见》，对做好内蒙古、江苏、浙江等 8 个试点工作提出要求，强调各试点地区要按照现代乡村田园综合体要求，认真选择好试点项目建设内容，其中包括积极发展循环农业，充分利用农业生态环保生产新技术，提高农业资源利用效率和农业生产经济效益，促进生态环境友好型农业可持续发展。2021 年，财政部办公厅印发《关于进一步做好国家级田园综合体建设试点工作的通知》，决定在北京、吉林、黑龙江等 13 个省份继续开展田园综合体建设试点。在重点任务上，包括积极发展循环农业，充分利用农业生态环保生产新技术，提高农业资源利用效率和农业生产经济效益，促进生态环境友好型农业可持续发展；加强田园综合体区域内"田园＋农村"基础设施建设，建设"两宜四好"的美丽乡村，加快转变生产生活方式，让良好生态环境成为田园综合体的亮丽名片等。在资金支持上，中央财政通过农村综合改革转移支付，按照有关规定实施定额补助；各试点省份、县级财政部门统筹运用现有各项涉农财政支持政策，创新财政资金使用方式，采取先建后补、以奖代补、政府与社会资本合作、政府引导基金等方式支持试点项目建设。

　　田园综合体作为集现代农业、休闲旅游、田园社区于一体的乡村综合发展模式，对推进循环农业发展、田园生态系统构建等发挥了积极作用。2017—2020 年，累计启动开展 21 个国家级田园综合体建设试点，中央财政累计安排 16.8 亿元；2021 年，又启动 13 个试点，田园综合体建设试点进入新阶段。田园综合体的实施运行，既有政府政策与资金的引领推动，也有社会主体与资本的广泛参与，初步构建了政府补偿、市场补偿等多种补偿方式共存的补偿机制框架。在补偿主体上，包括政府、社会组织、个人等。对政府而言，主要是制定实施相关政策、组织规范项目实施、开展资金补助支持等，具体是由财政、农业农村等相关部门制定印发工作通知或实施方案，安排部署任务，并通过财政农业转移支付、资金补助等方式，将资金支付给项目实施单位，由其组织具体实施；对社会组织、个人等主体而言，主要是通过参加田园综合体的休闲农业、生态旅游等，对项目实施单位付费，享受其因构建田园生态系统、改善农业生态环境带来的生态服务供给，体现生态环境受益者付费原则。在补偿客体上，对田园生态系统保护与构建等行为进行补偿，如发展循环农业、保护田园生态环境、打造田园生态景观等。在补偿对象上，对建设田园综合体、实施田园生态系统保护与构建的实施单位进行补偿。在补偿标准上，中央财政通过农村综合改革转移支付等，按照有关规定实施定额补助，如国家级田园综合体试点中央财政每年补助 5000 万元，连补 3 年；各试点省份、县级财政部门要统筹运用现有各项涉农财政支持政策，因地制宜制定补偿标准。在补偿方式上，采取先建后补、以奖代补、政府与社会资本合作、政府引导基金等方式支持建设。在补偿流程上，基本执行"主体申报—项目建设—项目验收—补偿发放"程序。

（二）农业水生生态保护

农业水生生态系统是农业生态系统的重要组成部分，对维护农业生态循环与安全、促进渔业与农业绿色高质量发展等具有重要意义。我国高度重视农业水生生态保护，制定出台了《中华人民共和国渔业法》《中华人民共和国湿地保护法》《关于加强水生生物资源养护的指导意见》《关于加强长江水生生物保护工作的意见》《湿地保护管理规定》

《中国水生生物资源养护行动纲要》等一系列政策措施，实施了渔业资源保护、农业湿地保护等一系列项目工程，不断加大投入、开展补偿惩罚，推动农业水生生态保护取得明显成效。2023 年，我国现有湿地面积约 5635 万公顷，湿地面积总量保持稳定，共有国际重要湿地 82 处、国家重要湿地 29 处，国家湿地公园 903 处，是全球湿地类型最齐全的国家之一①；长江流域重点水域监测鱼种 193 种，比 2018 年增加 25 种，长江干流和鄱阳湖、洞庭湖生物完整性指数均比禁渔前提升 2 个等级，水生生物多样性有所提升②。

1. 政策文件

目前，我国尚未制定国家层面的专项农业水生生态补偿法律法规，已有农业水生生态补偿的法律或政策要求散见于《中华人民共和国渔业法》《中华人民共和国湿地保护法》《关于进一步明确涉渔工程水生生物资源保护和补偿有关事项的通知》等相关法律或规范性文件。总体来看，关于农业水生生态保护补偿的法律法规仍然比较薄弱，初步形成以《中华人民共和国渔业法》《中华人民共和国长江保护法》《中华人民共和国黄河保护法》《中华人民共和国湿地保护法》等法律为基础，以《关于加强水生生物资源养护的指导意见》《关于加强长江水生生物保护工作的意见》《关于进一步明确涉渔工程水生生物资源保护和补偿有关事项的通知》《关于进一步加强黄河流域水生生物资源养护工作的通知》《农业生态资源保护资金管理办法》等部门规章或规范性文件为主体的农业水生生态补偿政策体系（见表 4 - 15），为开展农业水生生态补偿提供保障。

---

① https://www.forestry.gov.cn/main/142/20230203/164237488963098.html.
② http://www.moa.gov.cn/ztzl/2023fzcj/202312/t20231222_6443340.htm.

表4–15　农业水生生态保护补偿相关政策

类型	名称	时间	部门	涉及内容或章节
法律	中华人民共和国水污染防治法	2017年(修正)	全国人大常委会	第八条、第二十九条、第五十七条
	中华人民共和国渔业法	2013年(修正)	全国人大常委会	第二十条、第三十六条、第三十七条
	中华人民共和国野生动物保护法	2022年(修订)	全国人大常委会	第十九条
	中华人民共和国长江保护法	2020年	全国人大常委会	第四十二条、第五章、第七十六条
	中华人民共和国黄河保护法	2022年	全国人大常委会	第五章、第一百二十二条
	中华人民共和国湿地保护法	2021年	全国人大常委会	第三十六条
	中华人民共和国乡村振兴促进法	2021年	全国人大常委会	第三十四条、第三十六条
	中华人民共和国海洋环境保护法	2023年(修订)	全国人大常委会	第三章
法规	中华人民共和国水生野生动物保护实施条例	2013年(修订)	国务院	第十条
党中央、国务院政策文件	关于做好2023年全面推进乡村振兴重点工作的意见	2023年	中共中央、国务院	提出出台生态保护补偿条例
	关于做好2022年全面推进乡村振兴重点工作的意见	2022年	中共中央、国务院	提出强化水生生物养护
	关于全面推进乡村振兴加快农业农村现代化的意见	2021年	中共中央、国务院	提出加强水生生物资源养护
	关于抓好"三农"领域重点工作确保如期实现全面小康的意见	2020年	中共中央、国务院	强调在长江流域重点水域实行常年禁捕
	关于坚持农业农村优先发展做好"三农"工作的若干意见	2019年	中共中央、国务院	提出开展湿地生态效益补偿 全面实施长江水生生物保护区禁捕
	关于实施乡村振兴战略的意见	2018年	中共中央、国务院	提出建立长江流域重点水域禁捕补偿制度

类型	名称	时间	部门	涉及内容或章节
党中央、国务院政策文件	关于深入打好污染防治攻坚战的意见	2021年	中共中央、国务院	提出推动长江、黄河等重要流域建立全流域生态保护补偿机制，建立全湿地、海洋、水流等领域生态保护补偿制度
	关于创新体制机制推进农业绿色发展的意见	2017年	中共中央办公厅、国务院办公厅	提出完善耕地、草原、森林、湿地、水生生物等生态补偿政策
	关于加强长江水生生物保护工作的意见	2018年	国务院	强调完善生态补偿
	关于鼓励和支持社会资本参与生态保护修复的意见	2021年	国务院办公厅	提出水生生物资源增殖
	关于加强滨海湿地保护严格管控围填海的通知	2018年	国务院	提出制定滨海湿地生态损害鉴定评估、赔偿、修复等技术规范
	水污染防治行动计划	2015年	国务院	提出保护水生和湿地生态系统、开展海洋生态补偿及赔偿研究
	中国水生生物资源养护行动纲要	2006年	国务院	提出建立健全水生生物资源有偿使用制度、完善资源与生态补偿机制
	湿地保护修复制度方案	2016年	国务院办公厅	提出探索建立湿地生态效益补偿制度，率先在国家级湿地自然保护区和国家重要湿地开展补偿试点
部门规章与规范性文件	农业生态资源保护资金管理办法	2023年	财政部、农业农村部	支持渔业资源保护支出
	农业产业发展资金管理办法	2023年	财政部、农业农村部	支持渔业绿色循环发展、渔业资源调查养护
	农业绿色发展中央预算内投资专项管理办法	2021年	国家发展改革委、农业农村部等4部门	支持长江生物多样性保护

206

续表

类型	名称	时间	部门	涉及内容或章节
	重点区域生态保护和修复中央预算内投资专项管理办法	2021 年	国家发展改革委	支持湿地保护修复
	中华人民共和国水生动植物自然保护区管理办法	2013 年（修订）		第二十六条
	促进西北旱区农业可持续发展的指导意见	2015 年	农业部、国家发展改革委等 8 部门	提出保护渔业水域生态系统功能
	关于深入推进生态环境保护工作的意见	2018 年	农业农村部	提出全力抓好以长江为重点的水生生物保护行动
	关于加快推进水产养殖业绿色发展的若干意见	2019 年	农业农村部、生态环境部等 10 个部门	提出重构水生态系统
	关于加强水生生物资源养护的指导意见	2022 年	农业农村部	强调切实落实涉渔工程生态补偿措施、完善多元投入
	关于做好"十四五"水生生物增殖放流工作的指导意见	2022 年	农业农村部	提出健全水生生物资源生态补偿机制
	关于支持长江经济带农业农村绿色发展的实施意见	2018 年	农业农村部	提出强化水生生物多样性保护
部门规章性规范与规范文件	关于加快推进生态清洁小流域建设的指导意见	2023 年	水利部、农业农村部等 4 部门	提出修复水生态
	长江水生生物保护管理规定	2021 年	农业农村部	全部
	湿地保护管理规定	2017 年（修订）	国家林业局	第二十五条
	水生生物增殖放流管理规定	2009 年	农业部	第五条
	关于实施农业绿色发展五大行动的通知	2017 年	农业部	启动以长江为重点的水生生物保护行动
	关于实施水产绿色健康养殖技术推广"五大行动"的通知	2021 年	农业农村部	启动水产绿色健康养殖技术推广"五大行动"

续表

类型	名称	时间	部门	涉及内容或章节
部门规章与规范性文件	关于进一步明确涉渔工程水生生物资源保护和补偿有关事项的通知	2018年	农业农村部办公厅	全部
	关于实施渔业发展支持政策推动渔业高质量发展的通知	2021年	财政部、农业农村部	提出对遵守渔业资源养护规定的近海渔船发放渔业资源养护补贴
	关于进一步加强黄河流域水生生物资源养护工作的通知	2022年	农业农村部	提出建立健全渔业生态保护补偿制度
	"十四五"全国农业绿色发展规划	2021年	农业农村部、国家发展改革委等6部门	提出建立生态保护补偿机制，加强水生生物资源保护
	耕地草原河湖休养生息规划（2016—2030年）	2016年	国家发展改革委、财政部等8部门	提出建立完善水生态补偿和损害赔偿制度
	全国重要生态系统保护和修复重大工程总体规划（2021—2035年）	2020年	国家发展改革委、自然资源部	提出建立完善市场化、多元化生态保护补偿机制
	全国湿地保护规划（2022—2030年）	2022年	国家林业和草原局、自然资源部	提出建立健全湿地生态保护补偿制度
	重点流域水生生物多样性保护方案	2018年	生态环境部、农业农村部、水利部	提出完善水生生物多样性损害生态补偿机制和生态补偿机制
	长江生物多样性保护方案（2021—2025年）	2021年	农业农村部	全部
	深入打好长江保护修复攻坚战行动方案	2022年	生态环境部、国家发展改革委等17个部门	提出健全资金与补偿机制
	长江流域重点水域禁捕和建立补偿制度实施方案	2019年	农业农村部、财政部等3部门	全部

法律。《中华人民共和国农业法》第六十三条规定，各级人民政府应当采取措施，依法执行捕捞限额和禁渔、休渔制度，增殖渔业资源，保护渔业水域生态环境。国家引导、支持从事捕捞业的农（渔）民和农（渔）业生产经营组织从事水产养殖业或者其他职业，对根据当地人民政府统一规划转产转业的农（渔）民，应当按照国家规定予以补助。《中华人民共和国长江保护法》第七十六条规定，国家建立长江流域生态保护补偿制度。国家加大财政转移支付力度，对长江干流及重要支流源头和上游的水源涵养地等生态功能重要区域予以补偿。国家鼓励长江流域上下游、左右岸、干支流地方人民政府之间开展横向生态保护补偿。国家鼓励社会资金建立市场化运作的长江流域生态保护补偿基金；鼓励相关主体之间采取自愿协商等方式开展生态保护补偿。《中华人民共和国黄河保护法》第一百零二条规定，国家建立健全黄河流域生态保护补偿制度，加大财政转移支付力度，对黄河流域生态功能重要区域予以补偿。国家加强对黄河流域行政区域间生态保护补偿的统筹指导、协调，引导和支持黄河流域上下游、左右岸、干支流地方人民政府之间通过协商或者按照市场规则，采用资金补偿、产业扶持等多种形式开展横向生态保护补偿。国家鼓励社会资金设立市场化运作的黄河流域生态保护补偿基金。《中华人民共和国湿地保护法》第三十六条规定，国家建立湿地生态保护补偿制度。国务院和省级人民政府应当按照事权划分原则加大对重要湿地保护的财政投入，加大对重要湿地所在地区的财政转移支付力度。国家鼓励湿地生态保护地区与湿地生态受益地区人民政府通过协商或者市场机制进行地区间生态保护补偿。因生态保护等公共利益需要，造成湿地所有者或者使用者合法权益受到损害的，县级以上人民政府应当给予补偿。其他法律如《中华人民共和国水污染防治法》《中华人民共和国野生动物保护法》《中华人民共和国乡村振兴促进法》等，也都提及了农业水生生物、湿地等农业水生生态保护的相关内容。这些法律，为实施农业水生生态补偿奠定了法律基础。

规范性文件。除上述法律外，我国还制定出台了一系列有关农业水生生态补偿的政策和规范性文件，主要包括党中央、国务院出台的政策文件，国务院相关部门出台的部门规章与规范性文件等，是当前建立与实施农业水生生态补偿的重要依据。例如，早在 2006 年，国务院就制定了《中国水生生物资源养护行动纲要》，提出建立健全水生生物资源有偿使用制度，完善资源与生态补偿机制。2009 年，农业部出台《水生生物增殖放流管理规定》，其中第五条要求各级渔业行政主管部门应当加大对水生生物增殖放流的投入，积极引导、鼓励社会资金支持水生生物资源养护和增殖放流事业。2018 年，国务院印发《关于加强长江水生生物保护工作的意见》，强调充分考虑修复措施的流域性、系统性特点，建立健全生态补偿机制，支持水生生物重要栖息地的保护与恢复；科学确定涉水工程对水生生物和水域生态影响补偿范围，规范补偿标准，明确补偿用途；通过完善均衡性转移支付和重点生态功能区转移支付政策，加大对长江上游、重要支流、鄱阳湖、洞庭湖和河口等重点生态功能区生态补偿与保护的支持力度；加快建立长江流域重点水域禁捕补偿制度。同年，生态环境部、农业农村部、水利部联合制定《重点流域水生生物多样性保护方案》，提出完善多元化资金融筹机制，推动设立重点流域水生生物多样性保护基金；充分发挥市场机制作用，引导社会资本投入；建立健全水生生物资源有偿使用制度，完善水生生物多样性损害赔偿机制和生态补偿机制。2022 年，农业农村部印发《关于加强水生生物资源养护的指导意见》《关于做好"十四五"水生生物增殖放流工作的指导意见》等文件，强调切实落实涉渔工程生态补偿措施、完善多元投入，健全水生生物资源生态补偿机制。2023 年，财政部、农业农村部修订印发《农业生态资源保护资金管理办法》，支持并规范渔业资源保护支出，以保护渔业资源环境。

2. 项目工程

（1）渔业资源保护补助

渔业资源保护补助是农业水生生态保护的一项重要项目，其中的水生生物增殖放流、休渔、禁捕、绿色健康养殖等对保护农业水生生态发挥着重要作用。其中，增殖放流是国内外公认的养护水生生物资源最直接、最有效的手段之一。我国水生生物增殖放流历史悠久，但真正意义上的大规模水生生物增殖放流工作始于 20 世纪 50 年代末四大家鱼人工繁育成功之后（涂忠等，2016）。1984 年，山东省在全国率先开展了中国对虾增殖放流，拉开了大规模增殖放流的序幕。2003 年，农业部印发《关于加强渔业资源增殖放流活动工作的通知》，要求各地将渔业资源增殖放流工作纳入政府生态环境建设计划，使之成为一项常规性工作；要加大渔业资源增殖放流资金投入，将经费计划纳入同级人民政府财政预算；渔业资源保护费和资源损失补偿费要有一定比例用于渔业资源增殖放流工作；同时要调动社会力量，拓宽筹资渠道，鼓励社会资金用于渔业资源增殖放流。2006 年，国务院颁布《中国水生生物资源养护行动纲要》，全面部署水生生物资源养护和增殖放流工作，强调建立健全水生生物资源有偿使用制度，完善资源与生态补偿机制，按照谁开发谁保护、谁受益谁补偿、谁损害谁修复的原则，开发利用者应依法交纳资源增殖保护费用，专项用于水生生物资源养护工作，对资源及生态造成损害的应进行赔偿或补偿，并采取必要的修复措施。2009 年，农业部出台《水生生物增殖放流管理规定》，进一步规范水生生物增殖放流活动，并强调各级渔业行政主管部门应当加大对水生生物增殖放流的投入，积极引导、鼓励社会资金支持水生生物资源养护和增殖放流事业。2014 年，财政部、农业部印发《中央财政农业资源及生态保护补助资金管理办法》，明确资金支出包括渔业资源保护与利用所需的水生生物增殖放流等。另外，建立实施休渔期制度也是养护水生生物、保护水生生态的一项重要举措。自 1995 年起，我国在黄海、东海实施休渔期制度；1999 年，将休渔范围扩大到南海海域；2003 年、2010 年，又分别在长江和珠江实行禁渔期制度；2015 年，将淮河干流纳入禁渔范围；截至 2019 年底，我国七大重点流域实现禁渔期制度全覆盖；2020 年 1 月 1 日 0 时起，开始实施长江十年禁渔计划。2021 年，经国务院同意，财政部、农业农村部联合印发《关于实施渔业发展支持政策推动渔业高质量发展的通知》，"十四五"期间继续实施渔业发展支持政策，其中一般性转移支付支持对遵守渔业资源养护规定的近海渔船发放渔业资源养护补贴；农业农村部办公厅、财政部办公厅联合印发《关于实施海洋渔业资源养护

补贴政策的通知》,对严格执行海洋伏季休渔制度和负责任捕捞制度措施
的国内海洋捕捞渔船予以适当补贴。2019 年,农业农村部、财政部、人力
资源和社会保障部联合印发实施《长江流域重点水域禁捕和建立补偿制度
实施方案》,对长江流域重点水域禁捕补偿进行具体安排。2022 年,农业
农村部印发《关于加强水生生物资源养护的指导意见》《关于做好"十四
五"水生生物增殖放流工作的指导意见》等政策文件,强调切实落实涉渔
工程生态补偿措施,健全水生生物资源生态补偿机制。2023 年,财政部、
农业农村部修订印发《农业产业发展资金管理办法》《农业生态资源保护
资金管理办法》等农业转移支付资金管理办法,进一步强化与规范渔业绿
色循环发展、渔业资源调查养护、渔业增殖放流等资金支出。

多年来,我国持续实施渔业资源保护补助政策,不断完善渔业资源保护
管理制度,加大水生生物资源养护力度,促进渔业与资源保护协调发展取得
明显成效。在水生生物增殖放流方面,"十三五"期间,各地每年积极组织
开展"放鱼日"等增殖放流活动 2000 余次,投入增殖放流资金近 10 亿元,
放流水生生物苗种 300 多亿尾[①],有效支撑了渔业资源恢复、生物多样性保
护;在海洋牧场建设方面,截至 2020 年,全国已投入资金 80 多亿元,建成
海洋牧场 200 多个,其中国家级海洋牧场 110 个,取得了良好的经济、生态
和社会效益[②]。经过多年探索实践,我国渔业资源保护补偿机制初步建立,
但仍需完善。在补偿主体上,由政府组织实施。具体是由农业农村部、财政
部等部门制定印发工作通知或实施方案,安排部署任务实施,并通过中央财
政农业转移支付、中央预算内投资等方式,将补偿资金下达省级人民政府,
由其组织具体实施。在补偿客体上,对实施水生生物增殖放流、休渔、禁捕
等渔业资源保护行为进行补偿。在补偿对象上,对开展渔业资源保护的渔
民、组织等进行补偿。在补偿标准上,中央资金根据区域差异、内容不同等
采取不同补偿标准,各地根据实际制定补偿标准。在补偿方式上,采取直接
补助、先建后补、政府与社会资本合作等方式开展补偿。在补偿流程上,基

---

①② http://www.moa.gov.cn/xw/bmdt/202101/t20210104_6359369.htm.

本执行"主体申报—任务实施—任务验收—补偿发放"程序。

（2）湿地保护与修复

湿地是重要生态系统，被誉为"地球之肾"，具有涵养水源、净化水质、调节气候、改善环境、维护生物多样性等重要生态功能。保护湿地，对维护生态平衡和安全、实现人与自然和谐、促进可持续发展具有重要意义。我国加入《湿地公约》30 年来，湿地保护经历了摸清家底和夯实基础（1992—2003 年）、抢救性保护（2004—2015 年）、全面保护（2016—2021年）三个阶段①。2003 年、2005 年、2012 年，国务院分别批准发布《全国湿地保护工程规划 2002—2030 年》《全国湿地保护工程实施规划 2005—2010 年》《全国湿地保护工程"十二五"实施规划》，对不同时期湿地保护与修复工作进行规划部署。2009 年，中央一号文件《中共中央 国务院关于 2009 年促进农业稳定发展农民持续增收的若干意见》明确要求，启动湿地生态补偿试点。2010 年，财政部、国家林业局联合印发《关于2010 年湿地保护补助工作的实施意见》，决定从 2010 年起开展湿地保护补助工作，中央财政湿地保护补助资金主要用于湿地监控、监测设备购置和湿地生态恢复以及聘用管护人员劳务支出等。2011 年，财政部、国家林业局联合印发《中央财政湿地保护补助资金管理暂行办法》，详细规定了补助资金的使用原则、范围、监督等要求，为加强湿地保护、建立湿地生态补偿制度奠定了基础。2014 年，财政部、国家林业局整合调整中央财政林业补助政策，联合印发《中央财政林业补助资金管理办法》，将湿地保护补助资金纳入其中，分别就湿地保护与恢复、退耕还湿试点、湿地生态效益补偿试点和湿地保护奖励的相关支出作了详细规定。同年，中央财政启动退耕还湿和湿地生态效益补偿试点工作，在全国选取 21 处国际重要湿地或湿地类型的国家级自然保护区开展湿地生态效益补偿试点。2016 年，国务院办公厅印发《湿地保护修复制度方案》，提出探索建立湿地生态效益

① 国家林业和草原局 2022 年第一季度发布会 [EB/OL]. http://www. scio. gov. cn/xwfbh/gb-wxwfbh/xwfbh/lyj/Document/1722124/1722124. htm.

补偿制度，率先在国家级湿地自然保护区和国家重要湿地开展补偿试点。2017 年，国家林业局修订实施《湿地保护管理规定》，要求因保护湿地给湿地所有者或者经营者合法权益造成损失的，应当按照有关规定予以补偿。2021 年，我国颁布《中华人民共和国湿地保护法》，成为湿地保护与修复的重要里程碑；该法也成为湿地保护与修复的基本法，规定国家建立湿地生态保护补偿制度。同年，国家发展改革委修订实施《重点区域生态保护和修复中央预算内投资专项管理办法》，对湿地进行保护修复，主要支持国际重要湿地、国家重要湿地、湿地类型的国家级自然保护区等重要湿地保护基础设施、退化湿地修复、科研监测等建设。2022 年，国家林业和草原局、自然资源部制定印发《全国湿地保护规划（2022—2030 年）》，规划建立健全湿地生态保护补偿制度。

自湿地生态效益补偿试点启动以来，截至 2020 年底，中央财政累计安排专项资金 29.6 亿元，在全国 29 个省（区、市）和森工集团实施湿地生态效益补偿试点项目共计 225 个；每年中央财政湿地生态效益补偿试点专项资金基本维持在 4 亿元上下，而湿地生态效益补偿试点项目数则逐年增长（苗垠，2023）。多年来，在湿地生态补偿的持续支撑下，湿地生态保护与修复工作深入推进，湿地生态功能逐步恢复、生态系统趋稳向好，同时推动了湿地及周边区域生产生活方式绿色转型，促进人与自然和谐共生。截至 2023 年，建立国际重要湿地 82 处，总面积居世界第 4 位；目前，全国湿地保护率超过 52%（祝惠等，2023）。经过多年探索实践，我国初步建立湿地生态补偿机制，但仍需完善。在补偿主体上，主要由政府组织实施。在纵向上，具体由国家林业和草原局、财政部、国家发展改革委等部门制定印发工作通知或实施方案，安排部署任务实施，并通过中央财政转移支付、中央预算内投资等方式，将补助资金下达省级人民政府，由其组织具体实施；在横向上，相关地方政府签订跨区域或跨流域湿地生态补偿协议，由受益方政府将资金补偿给湿地保护与修复实施方政府，推动湿地保护与修复。在补偿客体上，对实施湿地保护与修复行为进行补偿。在补偿对象上，对开展湿地保护与修复的个人、组织等进行补偿。在补偿标准上，中央资金根据区域差异、内容不同等采取不同的补偿标准，各地根据实际自行确定补偿标准。在补偿方式上，采取直接补偿、投资补助、先建后补、贷款贴息等方式开展补偿。在补偿流程上，基本执行"主体申报—任务实施—任务验收—补偿发放"程序。

（三）草原生态环境保护

草原被誉为地球的"皮肤"。草原是我国重要的生态系统和自然资源，在维护国家生态安全、边疆稳定、民族团结和促进经济社会可持续发展、农牧民增收等方面具有基础性、战略性作用①。我国高度重视草原生态环境保护，制定出台了《中华人民共和国草原法》《关于加强草原保护修复的若干意见》《第三轮草原生态保护补助奖励政策实施指导意见》等一系列政策措施，实施了天然草原植被恢复与建设工程、退牧还草工程、农牧交错带已垦草原治理工程、草原生态保护补助奖励政策等一系列项目工程，不断加大投入、开展补偿惩罚，推动草原生态环境保护、修复与建设取得明显成效。2023 年，我国草地面积达 39.68 亿亩，居世界第一，草原综合植被盖度达50.32%，草原定位实现了从生产为主向生态为主的转变②。

1. 政策文件

目前，我国关于草原生态环境保护补偿主要体现在草原生态保护补助奖励政策、退牧还草补助等方面，但尚未形成专项法律法规，已有草原生态环境保护补偿的要求散见于《中华人民共和国草原法》等相关法律或规范性文件。总体来看，已初步形成以《中华人民共和国宪法》为统领，以《中华人民共和国草原法》《中华人民共和国畜牧法》等法律为基础，以《关于加强草原保护修复的若干意见》《第三轮草原生态保护补助奖励政策实施指导意见》《林业草原生态保护恢复资金管理办法》等部门规章或规范性文件为主体的草原生态补偿政策体系（见表 4 - 16），为开展草原生态环境保护补偿提供了重要保障。

---

① 《国务院办公厅关于加强草原保护修复的若干意见》（国办发〔2021〕7 号）。
② https：//www. forestry. gov. cn/c/www/gkzdhy/517451. jhtml.

表 4 - 16 草原生态环境保护补偿相关政策

类型	名称	时间	部门	涉及内容章节
法律	中华人民共和国草原法	2021 年(修正)	全国人大常委会	第六条、第七条、第二十六条、第二十七条、第二十八条、第三十五条、第三十九条、第四十八条
	中华人民共和国畜牧法	2022 年(修订)	全国人大常委会	第五章,特别是第五十八条
	中华人民共和国防沙治沙法	2018 年(修正)	全国人大常委会	第十八条、第三十六条
	中华人民共和国乡村振兴促进法	2021 年	全国人大常委会	第三十六条
	中华人民共和国青藏高原生态保护法	2023 年	全国人大常委会	第十五条、第二十三条、第二十四条
党中央、国务院政策文件	关于做好 2023 年全面推进乡村振兴重点工作的意见	2023 年	中共中央、国务院	提出加大草原保护修复力度;巩固退耕还林还草成果,落实相关补助政策
	关于做好 2022 年全面推进乡村振兴重点工作的意见	2022 年	中共中央、国务院	提出落实第三轮草原生态保护补助奖励政策
	关于全面推进乡村振兴加快农业农村现代化的意见	2021 年	中共中央、国务院	提出完善草原生态保护补助奖励政策
	关于抓好"三农"领域重点工作确保如期实现全面小康的意见	2020 年	中共中央、国务院	提出研究本轮草原生态保护补奖政策到期后的政策
	关于坚持农业农村优先发展做好"三农"工作的若干意见	2019 年	中共中央、国务院	提出实施新一轮草原生态保护补助奖励政策
	关于实施乡村振兴战略的意见	2018 年	中共中央、国务院	提出继续实施草原生态保护补助奖励政策
	关于深入打好污染防治攻坚战的意见	2021 年	中共中央、国务院	提出建立健全草原等生态保护补偿制度

续表

类型	名称	时间	部门	涉及内容或章节
党中央、国务院政策文件	关于创新体制机制推进农业绿色发展的意见	2017年	中共中央办公厅、国务院办公厅	提出完善草原生态补偿政策，落实草原生态保护补助奖励政策，探索建立全民所有草原资源有偿使用和分级行使所有权制度等
	关于加强草原保护修复的若干意见	2021年	国务院办公厅	全部
	关于促进畜牧业高质量发展的意见	2020年	国务院办公厅	要求加强退化草原生态修复
	关于促进畜牧业持续健康发展的意见	2007年	国务院	探索建立草原生态补偿机制
	"十四五"推进农业农村现代化规划	2021年	国务院	完善草原生态保护补助奖励政策
	第三轮草原生态保护补助奖励政策实施指导意见	2021年	财政部、农业农村部、国家林业和草原局	全部
	促进西北旱区农牧业可持续发展的指导意见	2015年	农业部、国家发展改革委等8部门	提出实施好草原生态保护补奖励政策
部门规章与规范性文件	林业草原生态保护恢复资金管理办法	2022年	财政部、农业农村部、国家林业和草原局	全部
	农业生态资源保护资金管理办法	2023年	财政部、农业农村部	支持草原禁牧补助与草畜平衡奖励支出
	重点区域生态保护和修复中央预算内投资专项管理办法	2021年	国家发展改革委	支持退化草原修复
	重点生态保护修复治理资金管理办法	2021年	财政部	支持开展山水林田湖草沙冰一体化保护和修复工程
	草原征占用审核审批管理规范	2020年	国家林业和草原局	第九条
	关于进一步完善政策措施 巩固退耕还林还草成果的通知	2022年	自然资源部、国家林业和草原局等5部门	提出延长退耕还草补助期限

217

类型	名称	时间	部门	涉及内容或章节
部门规章与规范性文件	关于完善退牧还草政策的意见	2011 年	国家发展改革委、农业部、财政部	从 2011 年起,适当提高中央投资补助比例和标准
	"十四五"林业草原保护发展规划纲要	2021 年	国家林业和草原局、国家发展改革委	健全生态补偿制度
	"十四五"全国农业绿色发展规划	2021 年	农业农村部,国家发展改革委等 6 部门	继续实施第三轮草原生态保护补助奖励政策
	全国农业可持续发展规划（2015—2030 年）	2015 年	农业部,国家发展改革委等 8 部门	继续实施并健全完善草原生态保护补助奖励
	耕地草原河湖休养生息规划（2016—2030 年）	2016 年	国家发展改革委、财政部等 8 部门	继续实施草原生态保护补助奖励政策
	全国重要生态系统保护和修复重大工程总体规划（2021—2035 年）	2020 年	国家发展改革委,自然资源部	健全耕地草原森林河流湖泊休养生息制度,建立完善市场化、多元化生态保护补偿机制

宪法。虽然未提及草原生态补偿，但对草原等自然资源的合理利用与保护予以明确规定，为实施草原生态补偿提供了遵循。

法律。《中华人民共和国草原法》是草原保护、利用与建设的基本法律，对草原生态保护、补偿等给予了明确的规定。例如，第六章专章规定了草原的保护要求；第五章专章规定了草原的利用要求，并在第三十九条强调，因建设征收、征用集体所有的草原的应当依照《中华人民共和国土地管理法》的规定给予补偿，因建设使用国家所有的草原的应当依照国务院有关规定对草原承包经营者给予补偿，因建设征收、征用或者使用草原的应当交纳草原植被恢复费。《中华人民共和国畜牧法》第五十八条明确规定，国家完善草原生态保护补助奖励政策，对采取禁牧和草畜平衡措施的农牧民按照国家有关规定给予补助奖励。其他法律如《中华人民共和国乡村振兴促进法》《中华人民共和国防沙治沙法》等，也都提及了草原生态补偿的相关内容。这些法律为实施草原生态补偿奠定了法律基础。

规范性文件。除上述法律外，我国还制定出台了一系列有关草原生态补偿的政策和规范性文件，主要包括党中央、国务院出台的政策文件，国务院相关部门出台的部门规章与规范性文件等，是当前建立与实施草原生态补偿的重要依据。例如，早在 2003 年，国务院西部开发办、农业部召开退牧还草电视电话会议，全面启动退牧还草工程；国务院西部开发办、国家计委、农业部等 5 个部门印发《关于下达 2003 年退牧还草任务的通知》，全面部署退牧还草工程，在中央投资补助支持下实施草场围栏建设等工程，推动西部地区退牧还草。多年来的中央一号文件，都提出实施并完善草原生态保护补助奖励政策；其中 2009 年的中央一号文件提出启动草原生态效益补偿试点，财政部会同有关部门在西藏启动了草原生态保护奖励机制试点工作。2011 年，农业部、财政部印发《2011 年草原生态保护补助奖励机制政策实施指导意见》，国家在内蒙古、新疆、西藏、青海、四川、甘肃、宁夏和云南 8 个主要草原牧区省（区）及新疆生产建设兵团，全面建立草原生态保护补助奖励机制。2016 年，农业部办公厅、财政部办公厅印发《新一轮草原生态保护补助奖励政策实施指导意见（2016—

2020 年)》，启动实施新一轮草原生态保护补助奖励政策，并适当提高补助奖励标准。2021 年，财政部、农业农村部、国家林业和草原局联合印发《第三轮草原生态保护补助奖励政策实施指导意见》，启动实施第三轮草原生态保护补助奖励政策。2023 年，财政部、农业农村部修订印发《农业生态资源保护资金管理办法》，支持并规范草原禁牧补助与草畜平衡奖励支出，以保护草原生态环境。

2. 项目工程

（1）草原生态保护补助奖励政策

草原生态保护补助奖励政策是我国草原牧区投入规模最大、覆盖面最广、涉及农牧民最多的一项惠草惠牧惠农政策。2011 年，国务院第 128 次常务会议决定，在内蒙古、新疆、西藏、青海、四川、甘肃、宁夏和云南 8 个主要草原牧区省（区）及新疆生产建设兵团，启动实施草原生态保护补助奖励政策。对生存环境非常恶劣、退化严重、不宜放牧以及位于大江大河水源涵养区的草原实行禁牧封育，中央财政按照每年每亩 6 元的测算标准给予禁牧补助；对禁牧区域以外的可利用草原根据草原载畜能力核定合理的载畜量，实施草畜平衡管理，中央财政对履行超载牲畜减畜计划的牧民按照每年每亩 1.5 元的测算标准给予草畜平衡奖励；实行牧草良种补贴，鼓励牧区有条件的地方开展人工种草，增强饲草补充供应能力，中央财政按照每年每亩 10 元的标准给予牧草良种补贴；实行牧民生产资料综合补贴，中央财政按照每年每户 500 元的标准，对牧民给予生产资料综合补助；中央财政每年安排绩效考核奖励资金，对工作突出、成效显著的省区给予资金奖励，由地方政府统筹用于草原生态保护工作。为进一步巩固草原保护利用成效，2016 年开始，国家启动实施新一轮草原生态补助奖励政策，在内蒙古、四川、云南、西藏、甘肃、宁夏、青海、新疆等 8 个省（区）和新疆生产建设兵团实施禁牧补助、草畜平衡奖励和绩效评价奖励，在河北、山西、辽宁、吉林、黑龙江等 5 个省和黑龙江省农垦总局实施"一揽子"政策和绩效评价奖励。其中，禁牧补助，是对生存环境恶劣、退化严重、不宜放牧以及位于大江大河水源涵养区的草原实行禁牧封育，中央财政按照每年每亩 7.5 元的测算标准给予禁牧补助；草畜平衡奖励，是对禁牧区域以外的草原根据承载能力核定合理载畜量，实施草畜平衡管理，中央财政对履行草畜平衡义务的牧民按照每年每亩 2.5 元的测算标准给予草畜平衡奖励；绩效考核奖励，中央财政每年安排绩效评价奖励资金，对工作突出、成效显著的省区给予资金奖励，由地方政府统筹用于草原生态保护建设和草牧业发展。2021 年，国家启动实施第三轮草原生态保护补助奖励政策。对生存环境恶劣、退化严重、不宜放牧以及位于大江大河水源涵养区的草原实行禁牧封育，中央财政继续按照每年每亩 7.5 元的测算标准给予禁牧补助；对禁牧区域以外的草原根据承载能力核定合理载畜量，实施草畜平衡管理，中央财政对履行草畜平衡义务的牧民继续按照每年每亩 2.5 元的测算标准给予草畜平衡奖励。

10 余年来，我国持续实施草原生态保护补助奖励政策，累计投入资金 1700 多亿元，近 12 亿亩草原通过禁牧封育得以休养生息，约 26.1 亿亩草原通过季节性休牧轮牧和减畜初步实现草畜平衡，草原承载压力显著降低，草原涵养水源、保持水土、防风固沙等生态系统功能逐步恢复[①]。2016—2020 年，中央财政每年安排补奖资金 187.6 亿元，其中 155.6 亿元用于禁牧补助和草畜平衡奖励，32 亿元用于草原生态修复治理补助支持地方草原生态保护修复[②]。经过多年探索实践，我国草原生态补偿机制初步建立，但仍需完善。在补偿主体上，由政府组织实施。具体是由农业农村部、国家林业和草原局、财政部等部门制定印发工作通知或实施方案，安排部署任务，并通过中央财政农业转移支付方式，将补偿资金下达省级人民政府，由其组织具体实施。在补偿客体上，对草原禁牧、草畜平衡管理等草原生态环境保护行为进行补偿。其中，草原禁牧补偿是对生存环境恶劣、退化严重、不宜放牧以及位于大江大河水源涵养区的草原实行禁牧封育给予补偿，草畜平衡管理补偿是对禁牧区域以外的草原根据承载能力核

---

① http://www. moa. gov. cn/govpublic/xmsyj/202308/t20230830_6435435. htm.

② https://www. forestry. gov. cn/c/www/gktafw/94137. jhtml.

定合理载畜量给予草畜平衡奖励。在补偿对象上，其是承包草原并履行草原禁牧、草畜平衡管理义务的农牧民、村级集体经济组织、农牧场、企事业单位等。在补偿标准上，对草原禁牧，中央财政按照每年每亩7.5元的标准给予补偿，对草畜平衡，中央财政按照每年每亩2.5元的标准给予奖励，地方可结合实际适当调整。在补偿方式上，实施现金发放，补偿资金通过"一卡（折）通"等形式直补到户。在补偿流程上，基本执行"面积申报—面积核实—面积公示—面积确认—资金分解—资金公示—资金发放"程序。

（2）退牧还草工程

2003年，我国启动实施西部地区退牧还草工程。计划从2003年到2007年，在西部地区蒙、川、滇、藏、青、甘、宁、疆8省（区）及新疆兵团退牧还草10亿亩，主要实行草场围栏封育，禁牧、休牧、划区轮牧，适当建设人工草地和饲草料基地等。国家对退牧还草工程区给予围栏投资和饲料粮补助，并对部分重度退化草场补播给予一定补助。工程总投资143亿元，其中中央补助100亿元、地方配套43亿元。经过几年试点，退牧还草工程取得显著的生态、社会和经济效益。此后，国家继续实施退牧还草工程。2011年，国家发展改革委、农业部、财政部印发《关于完善退牧还草政策的意见》，要求进一步合理布局草原围栏、配套建设舍饲棚圈和人工饲草地、提高中央投资补助比例和标准，将饲料粮补助改为草原生态保护补助奖励。其中，在中央补助比例和标准上，将围栏建设中央投资补助比例由70%提高到80%，地方配套由30%调整为20%，取消县及县以下资金配套；青藏高原地区围栏建设每亩中央投资补助由17.5元提高到20元，其他地区由14元提高到16元；补播草种费每亩中央投资补助由10元提高到20元，人工饲草地建设每亩中央投资补助160元，舍饲棚圈建设每户中央投资补助3000元；对实行禁牧封育的草原，中央财政按照每亩每年补助6元的测算标准对牧民给予禁牧补助；对禁牧区域以外实行休牧、轮牧的草原，中央财政对未超载的牧民，按照每亩每年1.5元的测算标准给予草畜平衡奖励。2013年，退牧还草工程重点建设草原围栏、重度退化草原补播、西南岩溶地区草地治理、人工饲草地和舍饲棚圈等。其中，青藏高原东部草原区，每亩草原围栏建设 25 元，中央补助 80%；蒙甘宁西部荒漠草原区、内蒙古东部退化草原、新疆北部退化草原区，每亩草原围栏建设 20 元，中央补助 80%；人工饲草地建设每亩中央投资补助 160 元，主要用于草种购置、草地整理、机械设备购置及贮草设施建设等；舍饲棚圈建设每户中央投资补助 3000 元；重度退化草场补播每亩补助 20 元。2017 年，安排退牧还草工程中央投资 20 亿元，建设草原围栏 3424.5 万亩、舍饲棚圈 58999.5 亩，改良退化草原 232.5 万亩，毒害草治理 75 万亩，建设人工饲草地 109.65 万亩，岩溶草地治理 73.95 万亩①。

经过多年实施，退牧还草工程已成为我国实施时间最长、收效最大、农牧民受益最多的草原生态修复工程，是草原生态建设的主体工程。退牧还草项目区草原得以休养生息，草原植被覆盖度和牧草产量明显提高，草原生态环境逐步好转，草原特有的涵养水源、水土保持、防风固沙等生态功能明显增强。退牧还草补偿机制初步建立，但仍需完善。在补偿主体上，由政府组织实施。具体是由农业农村部、国家发展改革委等部门制定印发工作通知或实施方案，安排部署任务实施，并通过中央预算内投资方式，将资金下达省级人民政府，由其组织具体实施。在补偿客体上，对草原围栏建设、重度退化草原补播、草地治理等草原生态环境保护行为进行补偿。在补偿对象上，以承担退牧还草任务的农牧民、村级集体经济组织、农牧场、企事业单位等为主。在补偿标准上，中央资金根据区域差异、内容不同等采取不同的补偿标准。在补偿方式上，以资金、实物等形式进行补偿。在补偿流程上，基本执行"主体申报—任务实施—任务验收—补偿发放"程序。

---

① 中国农业年鉴编辑委员会. 中国农业年鉴(2018)〔M〕.北京:中国农业出版社,2019.

第三节　主要特征

纵观我国农业生态补偿发展历程，突出表现为以下几个方面特征。

一、政策体系逐渐建立，以部门规章与规范性文件为主

经过 50 余年的发展，我国制定出台了一系列农业生态补偿相关政策，逐步构建起由相关法律，法规，党中央、国务院政策文件，部门规章与规范性文件等组成的政策体系。其中，既有综合性政策，如《中华人民共和国农业法》《关于健全生态保护补偿机制的意见》《关于深化生态保护补偿制度改革的意见》等，也有分项政策，如《第三轮草原生态保护补助奖励政策实施指导意见》《探索实行耕地轮作休耕制度试点方案》《退耕还林工程现金补助资金管理办法》等。这些政策，为引领、推进与规范农业生态补偿提供了重要依据，使农业生态补偿有据可依、依规开展。但在农业生态补偿发展与实施历程中，主要还是依据部门规章和规范性文件，其对直接推动农业生态补偿发挥着重要作用。部门规章和规范性文件是国务院有关部门依法制定和发布的，用于调整本部门、本行业或本领域范围内的行政管理关系，并不得与宪法、法律和行政法规相抵触的规范性文件总称，是针对某个领域、某项工作制定的行为规则，主要形式是命令、指示、规定、意见、方案、通知等，是我国法律体系的重要组成部分，具有法律效力。部门规章和规范性文件不仅将农业生态环境保护、生态补偿方面的相关法律法规进一步细化和具体化，推动相关工作进一步落实，还可以调整和规范农业生态补偿的立法真空地带，为制定成熟的农业生态补偿法律法规提供有益探索、积累有益经验。

二、实践探索逐渐展开，草原与耕地补偿发展较快

随着农业生态环境保护工作的逐步开展，以及经济社会的不断发展，我国农业生态补偿实践探索逐渐展开。特别是 1998 年以来，我国农业生态

补偿实践快速发展。补偿范围不断拓宽,从最初的生态农业试点建设、农业节水试点、农业野生植物原生境保护点(区)建设,逐渐覆盖退牧还草、测土配方施肥、秸秆还田奖补、草原生态保护补助奖励、耕地地力保护、农产品产地重金属污染防治、农业水生生物保护等多个行业领域;补偿机制不断探索,在一系列具体项目的实施推动下,农业生态补偿的主体、客体、标准、方式、程序等不断深入,逐渐成形。从整体上看,在当前实施的众多农业生态补偿行业或领域中,以草原生态补偿、耕地生态补偿发展相对最快,技术、机制相对最成熟。例如,退牧还草工程自2003年启动实施以来,历经多年的发展,补偿机制逐步建立、补偿标准稳定提升、补偿成效逐渐显现,已经成为我国实施时间最长、收效最大、农牧民受益最多的草原生态修复工程,对保护改善草原生态环境、增强草原生态功能发挥了重要作用;2011年启动实施的草原生态保护补助奖励政策,历经2016年、2021年等三轮实施,补偿机制逐渐建立成型、补偿标准稳定提升、补偿程序逐渐规范,为实现草畜平衡、降低草原承载压力、恢复草原生态功能等提供了有效支撑。2015年试点、2016年全面实施的耕地地力保护补贴,经过多年实践探索,机制逐渐成形、标准稳定提高、程序逐渐规范,成为我国提升耕地地力、促进农民增收的有效手段。

三、补偿主体逐渐多元,以政府为主

经过多年的发展,我国农业生态补偿主体逐渐多元化,从相对单一的政府主体,逐步涵盖政府、农村集体经济组织和农户、企事业单位、社会组织、金融机构等多类相关主体。但总的来看,目前政府补偿仍然是主要形式,即政府仍然是主要的补偿主体,特别是中央政府是主要补偿主体。目前我国生态补偿资金90%以上来自各级政府财政资金,尤其主要来自中央政府财政资金(曹红艳,2021)。这也与长期以来,我国农业生态环境保护实行的由政府主导推动的单一管理体制有关。在我国农业生态环境保护及补偿发展过程中,政府始终发挥着主导作用,主要采用行政管理措施,通过直接补贴、投资补助、转移支付等形式开展补偿。政府实施、政府管理、政府监督，是农业生态环境保护及补偿发展的主要驱动力，也是最为显著的特征。1998 年以前，尤其改革开放以前，这种特征最为突出，农业生态环境保护及其投入表现为一种高度集中的集权决策型体制，决策权限高度集中在政府手中，投入规模、对象、管理等主要由政府控制，主要依靠指令性计划贯彻落实，而且主要在中央政府。1998 年以来，尤其2004—2005 年以来，农业生态环境保护投入发生明显变化，政府虽然继续发挥关键作用，但逐步退出竞争性、营利性领域，进而转向市场不能配置资源的公益性、基础性领域，且中央政府与地方政府开始分权、分责并不断细化；2017 年以来，进一步强调建立市场化、多元化补偿机制，鼓励引导市场主体积极参与生态补偿。从农业生态环境的公共物品或准公共物品属性看，政府应该成为农业生态环境保护及补偿的主要实施者、管理者和监督者；从农业生态补偿的发展程度看，当前市场机制不成熟，政府理应发挥主要作用。

四、补偿方式逐渐多样，以资金为主

考察我国农业生态补偿发展与实践，补偿方式呈现多样化态势，从资金补偿、实物补偿逐渐向资金补偿、实物补偿、项目补偿、政策补偿、技术和智力补偿等多种形式并存转变。但总的来看，目前仍然以资金补偿为主，其他补偿为辅，补偿手段相对单一。即补偿主体普遍以资金补偿方式反馈补偿对象，而其他如实物补偿、技术和智力补偿、政策补偿等补偿方式相对较少。例如，耕地地力保护补贴，政府在农业生产经营主体申请基础上，经审核、公示后，直接根据耕地面积向补偿对象发放补贴资金；草原生态保护补助奖励，政府主要以资金形式对实施禁牧封育、草畜平衡的牧民进行奖励补助；流域农业面源污染防治、畜禽粪污资源化利用等，政府主要以预算内投资方式对项目实施单位等相关主体进行支持补助；田园综合体、生态循环农业等，政府、相关市场主体也主要是以资金形式对项目建设单位进行支持。从农业生态补偿的内涵与特点看，资金补偿作为一种主要补偿形式，具有理论上的基础支撑；从农业生态补偿的发展阶段看，当前市场机制不成熟、其他补偿手段发挥作用有限，为快速有效保护农业生态环境，通过资金支持方式开展农业生态补偿是一种现实选择。

五、补偿标准逐渐设定，以因素法和定额测算法为主

补偿标准设定是农业生态补偿顺利实施的关键。无论补偿标准是否科学，但终归是补偿实施的一把标尺、一项衡量指标，推动着补偿措施落实落地。随着我国农业生态补偿研究与实践的不断深入，补偿标准日益得到重视，并逐渐被设定。从理论看，学界研究了成本法、生态服务价值法、条件价值评估法等多种方法；从实践看，多个项目探索形成了比例法、因素法和定额测算法、平均分配法共存的标准设定方法。总的来看，目前在中央政府主导的农业生态补偿工作中，补偿标准的设定（补偿资金的分配）以因素法和定额测算法为主。例如，财政部制定印发的《农业生态资源保护资金管理办法》《耕地建设与利用资金管理办法》《农业产业发展资金管理办法》等政策文件，对资金的分配均采取因素法和定额测算法。其中，采取因素法分配的，具体因素选择根据党中央、国务院有关决策部署和农业生态资源保护实际需要确定，并适时适当进行调整，分配因素包括基础因素、任务因素、脱贫地区因素等，这些因素根据相关支出方向和支持内容具体确定；对党中央、国务院有明确部署的特定事项或区域，实行项目管理、承担相关试点的任务，以及计划单列市、新疆生产建设兵团、北大荒农垦集团有限公司、广东省农垦总局等，可根据需要采取定额测算分配方式。而在具体任务实施过程中，地方政府普遍按照平均定额的方式设定补偿标准，开展农业生态补偿。从科学角度看，这种补偿资金的分配或补偿标准的设定方法，存在"一刀切"问题，科学性有待加强，但也是当前现实条件下的一种选择。

六、补偿程序逐渐固定，以"主体申请—任务完成—补偿实施"为主

经过 50 余年的发展，尤其是在系列农业生态补偿项目实践探索下，我国不同行业或领域的农业生态补偿逐渐形成各自相对固定的实施程序。从资金分配下达看，主要采用上级政府对下级政府财政转移支付的"自上而下"纵向补偿模式，财政资金分配下达一般遵循"预算编制—资金分配—资金下达—资金分解"程序；从补偿资金发放看，目前政府实施的农业生态补偿，基本遵循"主体申请—任务实施—验收完成—补偿发放"程序。例如，地膜科学使用回收项目、农作物秸秆综合利用项目等，补偿流程为相关农业生产主体提出项目申请，按要求填报相关申请材料，明确地膜科学使用回收面积、数量以及农作物秸秆综合利用方式、规模等；项目组织部门审核申请材料，确定任务承担主体，经公示无异议后，与其签订协议；任务承担主体（农业生产经营主体）开展项目任务实施，完成任务后提出验收申请；项目组织部门（或委托第三方机构）验收合格后，将相关材料报财政部门，按照一定标准进行补偿发放。又如，草原保护补助奖励政策，补偿流程为农牧业生产经营主体等开展项目申报，填报相关材料，明确饲草种植、草种繁育等规模；乡（镇）场进行初审后，汇总相关信息报县级农业农村或畜牧兽医等项目组织部门；县级项目组织部门对申报材料进行评审后，组织推动申报主体开展项目实施、建设；申报主体依据项目要求、申报实施方案等开展项目实施，完成项目建设，提出验收申请；经乡（镇）场初审后，县级项目组织部门开展验收，对合格的项目核准补偿对象、补偿资金，公示无异议后，按照程序兑付补偿资金。

第四节　主要问题

对标新的发展形势与要求，我国农业生态补偿仍然面临着政策法规薄弱、范围和内容较窄、补偿主体单一、补偿方式简单、补偿标准不科学等

问题，在一定程度上制约着补偿作用发挥。

一、政策法规仍然薄弱，实施依据不充分

多年来，我国已制定出台了一系列涉及农业生态补偿内容的法律法规，为保障、推动与规范农业生态补偿奠定了法律基础。但总的来看，我国关于农业生态补偿的法规建设仍然滞后。一是现有法规政策的操作性不强。当前关于农业生态补偿的规定或要求分散在多部法规政策之中，要么强调建立健全农业生态补偿机制，要么提出加大投入力度、完善补贴方式，要么笼统强调农业生态补偿，要么只针对某一具体领域补偿等，内容的原则性强，系统性和可操作性相对差。二是现有政策法规的约束性不够。当前我国农业生态补偿尚未有专门立法，工作主要依据是部门规章和规范性文件，即国务院及相关部门印发的办法、意见、规定、通知、方案、规划等。这些文件存在法律位阶不高，权威性、约束性和稳定性不足问题，容易出现有规不依、执行不力和内容随意调整等现象。三是缺乏统一的专门性法律法规。目前，部分省（区、市）颁布了省级农业生态环境保护条例或办法等地方性法规，虽然涉及农业生态补偿，但适用范围局限、内容比较单薄。从全局角度看，缺乏一部统一的全国性的专门法律法规，将农业生态补偿内涵、范围、主体及职责、机制等加以规范化、制度化。四是相关配套制度政策不健全。农业中的草原、湿地、水域、空气等相关资源产权制度不健全，相关利益者的责任权利与义务不明确。农业生态环境调查监测制度特别是例行监测、长期定位监测等仍需完善，监测指标、监测方法、结果评价等是实施农业生态补偿的重要依据。

二、范围和内容仍然较窄，补偿机制不成熟

经过 50 余年的探索发展，我国农业生态补偿范围不断拓宽，内容不断丰富，由最初的个别领域试点覆盖至目前的多个行业领域，为提高农业生态环境保护者的积极性、加强农业生态环境保护发挥了积极作用。随着经济社会发展状况、农业生态环境形势和人民生活水平、生态环境需求等的

不断变化，特别是乡村振兴战略的全面实施、生态文明建设的深入推进等，推动农业生态环境保护的要求、领域、内容等也在发生深刻变化，进而对农业生态补偿的范围和内容提出更高要求。一是现有农业生态补偿实践不够深入。从我国农业生态补偿实践情况看，当前大部分补偿项目实施深度不够，基本处于展开推进、总结经验甚至个别领域还处于试点阶段，补偿标准不科学且偏低、补偿程序不规范、多元化补偿机制不健全、补偿实施持续性不强、补偿作用发挥不充分、补偿机制不成熟。二是部分领域农业生态补偿实践仍未开展。从要素看，农区空气环境保护、农用水源保护等尚未开展补偿项目实践；从领域看，农业微生物资源保护、农业调节区域气候等也未开展补偿项目实践。当然，农业生态补偿机制的完善成熟是一个循序渐进的过程，不可能一蹴而就，与经济社会发展、理论技术支撑等密切相关。因此，这也是今后一个时期，农业生态补偿需要实践拓展的重要方向。

三、补偿主体仍然单一，政府压力比较大

由于历史的、现实的和农业生态补偿自身的多种综合因素，导致我国农业生态补偿的实施一直惯用政府主导的纵向补偿方式。因此，我国农业生态补偿虽然目前已形成多类主体并存的局面，但政府仍然是主要的补偿主体，特别是以中央政府作为主要补偿主体。这种相对单一的政府补偿，给政府带来较大压力。首先是财政压力。政府推动实施农业生态补偿，主要是依靠财政转移支付、预算内投资等财政资金支持相关主体开展农业生态环境保护。相对于农业生态环境保护的巨大资金需求和相关主体的投入或利益诉求等，当前单一补偿资金渠道的政府财政资金实在杯水车薪，也极易导致政府财政特别是中央财政负担过重，影响补偿实施效果与长效机制。其次是工作压力。农业生态补偿是一项系统性工作，点多量大面广，涉及多个行业领域、多个过程环节。如果各细分行业领域的补偿，全部由政府实施推进，势必耗费巨大工作精力，不仅可能出现工作推进慢，而且也可能出现补偿效果差等问题，也不利于调动其他主体积极性、不利于有

效平衡相关主体间的利益关系。所以，单一化的政府补偿主体，不利于健全农业生态补偿机制，必须充分发挥其他主体的积极作用，广泛有效参与。

四、补偿方式仍然简单，多元化机制不健全

从理论上讲，农业生态补偿有多种方式。按补偿手段，可分为资金补偿、实物补偿、技术和智力补偿、政策补偿、项目补偿等；按运行方式，可分为政府补偿、市场补偿等。建立健全多元化的农业生态补偿方式，充分发挥农业生态补偿作用，能够合理优化资源配置，促进农业生态环境保护与经济社会协调发展。但考察我国农业生态补偿实践，多元化补偿方式仍然不足，特别是部分具体领域补偿方式仍然单一。一是在补偿手段上以资金补偿为主，其他补偿为辅。当前我国农业生态补偿普遍采取资金补偿方式，而其他如实物补偿、技术和智力补偿、政策补偿、项目补偿等补偿方式相对较少，补偿的多元化方式仍然不足。现实中，尤其是政府主导的补偿实践，巨大的补偿资金需求会对政府财政产生较大压力，可能影响补偿的效率、可持续性等。二是在运行方式上以政府补偿为主，市场补偿较少。鉴于农业生态补偿市场机制形成难特点，以及多年来的政府主导推动等因素，当前我国农业生态补偿运行以政府补偿为主，尤其是补偿资金主要依靠财政转移支付、预算内投资等，社会参与、市场化、多元化的补偿少且机制有待建立健全。

五、补偿标准仍不科学，预期效果受影响

正如前述第三章分析，理论上农业生态补偿标准测算，应按照成本法、生态服务价值法、条件价值评估法等开展，合理确定补偿的上限、下限。目前我国在政府主导实施的农业生态补偿实践中，对于资金的分配主要采用因素法和定额测算法，对于具体对象的补偿资金主要采用平均分配法。虽然这是在当前现实条件下的一种选择，对推动农业生态补偿实施发挥了积极作用，但从公平公正角度看，这种标准测算方法仍不科学。一是

侧重于经济利益，而对生态效益考虑不够。当前的标准测算或资金分配，主要是从现实出发，基于财政收支情况衡量，一般是按数量进行平均分配，对不同主体的差异性付出、获利等考虑不足，特别是对农业生态环境的保护难易程度、质量改善程度、服务供给质量等考虑欠缺，无法全面真实反映相关主体的付出、获利或应该受到的补偿、惩罚，以及农业生态环境的服务质量，出现补偿过低、过高现象。二是现行补偿标准普遍偏低，影响补偿预期效果。近年来，我国实施的诸多农业生态补偿实践项目，普遍存在补偿标准偏低现象，导致受偿主体积极性不高、农业生态环境保护预期效果不理想等。例如，部分地区在实施地膜回收利用项目时，因加厚地膜使用补助标准低，即使扣除补助费用后仍然高于普通地膜市场价格，加之回收成本高，影响农业生产主体参与积极性。

第五章　国外农业生态补偿实施与启示

第一节　政策措施与机制

农业生态补偿与农业生态环境形势、农业生产发展情况、科学技术条件、经济社会发展水平甚至政治体制机制等密切相关。尽管世界各国对此各不相同，都有自身的国情农情，但分别考察不同国家、不同区域、不同特点的农业生态补偿政策措施与机制，综合分析农业生态补偿的实施与特点，仍具有重要意义。

一、美国

美国是世界上经济最发达的国家之一，是最重要的农业大国之一，也是农业生态环境保护及补偿最为成熟的国家之一。因此，分析研究美国农业生态环境保护及补偿情况，参考借鉴其做法经验，有助于我国建立健全农业生态补偿机制进而加强农业生态环境保护。

（一）政策措施

1. 法律法规

美国农业生态环境保护及补偿成效显著，离不开完善的法律法规体系支撑保障。20 世纪 30 年代以来，美国出台了一系列农业与环境保护领域的法律法规和政策。1933 年，制定出台第一部系统性的农业法律《农业调整法案》，规定了土地休耕、信贷和价格支持等相关制度。之后，又多次

修订，形成一系列版本。20世纪60年代末以来，美国环境保护范围开始
扩大并跨越农业部门（王世群，2015）。20世纪70—80年代，颁布《环境
质量改善法》《资源保护和恢复法》《联邦水污染控制法》《联邦土地和管
理法》等一系列法案，驱动农业环境治理朝法治化方向发展，被称为美国
史上的"环保十年"（刘北桦等，2015）。之后，又陆续出台《肥料法》
《土地资源保护法》《有机农业法》《多重利用、持续产出法》《农业援助
法》《食物、农业、资源保护和贸易法》以及《综合环境响应、补偿和责
任法》等法律法规，不断健全农业生态环境保护及补偿的法律体系，依法
实施农业生态环境保护及补偿。

《农业调整法案》。是美国农业政策的核心法律，规定了农业补贴、保
险、土地保护等方面的政策。每5年修订一次，每一次修订内容都包括与
农业生态补偿相关的措施，以鼓励农民采取可持续的农业实践。1933年，
美国第一次制定出台该法案，也是该国第一部系统性的农业法律，强调实
施主要农产品播种面积控制计划，对自愿参与休耕的农场主给予一定的货
币补贴，以缓解农产品过剩危机。1956年修订版本的法案，制订了土壤银
行计划，即耕地面积储备计划与土地保护性储备计划，鼓励农场主短期或
长期退耕部分土地。1985年版本的法案，设立了退（休）耕还草还林项
目。1990年版本的法案，增设了湿地恢复项目。1996年、2002年和2008
年的法案，又陆续增设（或补充修改）了环境保护激励项目、环境保护强
化项目、农业水质强化项目、野生动物栖息地保护项目、农场和牧场保护
项目以及草场保护项目（张玉环，2010）。2014年的法案中资源环境保护
项目预算560亿美元（2014—2023年），约占法案总预算的6%（刘北桦，
2015）。

其他法律。《农地保护政策法案》于1981年出台，目的是通过采取工
程建设、技术援助、设施与资金奖助等措施降低农地非农化程度，加强农
用地保护。《清洁水法》于1977年出台，旨在保护水资源免受污染，要求
农业活动必须采取措施以减少非点源污染；1987年，修正增加了第319条
款："本条款要求各州确定由于面源污染而不能达到水质标准的水域。要

确认造成污染的各项活动和制定管理计划来帮助纠正非点源（面源）污染源问题。"（汪劲等，2006）同时将联邦拨款调整为通过州级周转信贷资金进行支持。《泰勒放牧法》于1934年通过，是第一部联邦土地放牧控制方案，将大量未开发土地收归国有，并永久禁止开垦，仅允许在政府监管下进行适度放牧，规范了土地利用机制。《水土保持法》于1935年通过，要求推行退耕还草，对采取有效水土保持措施的农户给予补贴。《濒危物种保护法》于1973年生效，强调采取措施以保护濒临灭绝和受威胁的野生动植物种群。

2. 相关计划（项目）

（1）保护和储备计划（CRP）

保护和储备计划（Conservation Reserve Program，CRP）是美国一项重要的休耕补偿政策，是在20世纪30年代生态环境恶化、水土流失严重、自然洪灾频发的背景下提出的。1956年，美国制订启动土地银行计划，在休耕的农地上种植保护性植被以保护土地，农田休耕期限为3～10年。1985年，美国将土地银行计划转变为CRP，并于1986年正式实施，建立农场主、牧场主、经营者和佃农自愿参加的一个长期土地休耕项目，旨在减少土壤侵蚀、稳定土地价格和减少农业生产过剩。20世纪90年代以来，CRP的关注点转向包括减少土壤侵蚀、提高土壤生产力、改善和保护水质、减少风力侵蚀和创建野生动物栖息地等多项目标。经过多年的发展完善，目前已形成了较为完整的休耕补偿法律政策体系。

在管理体制上，CRP由美国农业部农场管理局（Farm Security Agency，FSA）负责具体实施，美国农业部自然资源保护局（Natural Resources Conservation Service，NRCS）提供技术支持，美国农业部商品信贷公司（Commodity Credit Corporation，CCC）提供资金支持。在休耕期限上，农户自愿参与、自愿提出申请与政府签订长期合同，一般为10～15年。在补偿方式上，通过给予土地所有者租金补贴，激励其对生态脆弱型土地进行休耕。在面积要求上，1985年农业法案授权4000万～4500万英亩的土地纳入休耕项目，1996年法案规定土地面积上限为3640万英亩，2002年法案规定面积上限为 3920 万英亩, 2008 年法案将面积上限调整为 3200 万英亩。在补偿条件上, CRP 具有严格要求, 申请者的土地必须符合政府规定标准, 以及环境效益指数（Environment Benefits Index, EBI）要求, 且价格合理, 才可能被政府批准并签订合同。同时, 列入 CRP 的土地不仅要休耕、退出粮食种植, 还要采取绿化措施、种植多年生的草灌林木等。在补偿标准上, 主要由土地租金补贴、植被保护措施成本补贴和相关激励补贴组成。其中, 土地租金补贴是由农场管理局根据农户自愿退耕并纳入 CRP 的土地相对生产率和旱地租金价格评估后, 确定的一个年度土地租金补贴价格并给予农户的补贴；植被保护措施实施成本补贴是农场管理局根据农户实施种草、植树等植被保护措施的成本, 对农户提供不超过成本 50% 的现金补贴；激励补贴主要包括维护激励补贴、签约激励补贴、一次性措施激励补贴等。在实施程序上, 农场管理局发出通告后, 农户自愿申请并提出期望的休耕补贴面积及金额等, 农场管理局按照上述补偿条件对申请者的意愿进行综合分析和筛选, 在收到申请的 7~90 天内给予答复, 告知农户每单位休耕土地的补贴额度。农户的 CRP 申请又可分为一般申请和连续申请两种方式, 其中一般申请是竞争性的, 农户在特定的申请期内自愿申请, 农场管理局根据环境效益指数及申请价格决定是否批准；连续申请是非竞争性的, 农户可在任意时间内申请, 但申请门槛较高, 只有具备较高环境效益指数的土地才能被批准纳入。

（2）环境质量激励计划（EQIP）

环境质量激励计划（Environmental Quality Incentive Program, EQIP）于 1996 年实施, 是美国农业部最大的环境保护计划之一, 主要针对与农业生产和环境质量密切相关的土壤、空气、水源等方面的生态问题, 由政府为农业生产者提供相关资金补贴和技术支撑, 以此来鼓励农业生产者改变粗放型高污染的农业生产方式, 保护和改善农业生态环境, 促进农业可持续生产发展。EQIP 与 CRP 既相似又不同, 相似之处在于都是政府实施的一项重要农业生态补偿措施, 都是一种自愿性项目, 都由政府提供资金、技术等补贴和支持农业生产者按照相关要求与标准开展农业生产, 以保护和改善农业生态环境；不同点在于 CRP 更多的是针对已经被污染的土地，强调要对其进行休耕、种植绿色植被加以保护，而 EQIP 在土壤保护方面主要是针对在耕土地且要求不限于已经被污染的土地，但更多的是没有被污染的土地及其周边环境，更倾向于土地的预防性保护。从时间看，EQIP 是 CRP 的延续；从内容看，EQIP 内容更丰富更全面，不仅继续以改善土壤质量为目标，而且还强调对空气和水源等生产要素进行改善，是对 CRP 的扩展。

在补偿主体上，仍然是以政府为主导，由政府提供补贴资金和相关技术。在补偿对象上，仍然是全体自愿参与的农业生产者。在实施期限上，可能会因目标和时间不同有所差异，但一般不超过 10 年。在补偿方式上，主要是通过提供资金补贴和技术支持等方式实施补偿。在面积要求上，没有最低种植面积要求。在补偿条件或要求上，需要农业生产者提交相应申请、计划，由美国农业部自然资源保护局在比较环境收益与项目成本比值等并筛选通过后，才能与合格者签订合约；被批准的合格农业生产者需要在其土地上采取有利于农业环境的保护措施，解决土地利用的环境问题，达到美国农业部自然资源保护局与其签订的合同认定标准，才能获得项目补偿，这也意味着生产者必须先用自己的资金支付前期成本，除非选择预付款选项。在补偿标准上，主要包括实际消耗成本补贴和环境质量激励补贴两部分。其中，实际消耗成本主要是指农业生产者实施农业生态环境保护的经济成本，由工程措施成本、管理措施成本等构成，1997—2001 年工程措施补贴比例上限为成本的 75%，管理措施补贴比例上限为成本的100%，但实际上项目实施结果为政府给予工程措施的补贴比例为成本的35%，给予管理措施的补贴比例为成本的 43%（李靖等，2017）；2002 年以后，联邦政府将补贴比例统一为成本的 50%，州可以为较高效益的保护措施要求特殊的成本分担率（金京淑，2011）。环境质量激励补贴，主要是指对农业生产者实施如养分管理、生态肥料管理、生物多样性保护管理等综合性管理措施而加强土壤管理进行的激励性补贴，政府会根据实施计划给予农业生产者三年以上的专项补偿款，但激励性补贴率则由县政府确定（金京淑，2011）。在实施程序上，美国农业部自然资源保护局发出通告后，农业生产者自愿申请、提出计划，美国农业部自然资源保护局按照环境收益与项目成本比值等条件对申请者的申请进行综合分析、排序和筛选，再与合格的农业生产者签订合约；在农业生产者的生产与环境保护实践被证明符合美国农业部自然资源保护局的标准和规范之后，生产者才能获得补偿。一般而言，农业生产者的申请可在全年进行，但也有特定州的相关特殊申请期限。

（二）补偿机制

1. 补偿主体

从实施的相关政策、计划与项目看，美国农业生态补偿的主体以政府为主、市场为辅，而政府层面又分为联邦政府和地方政府等层级。

2. 补偿客体

美国农业生态补偿客体主要是对加强农业用地、农业生产生态环境、湿地等保护的措施与行为进行补偿，一般包括土地休耕、农业环境质量保护、湿地保护、农场土地保护等方面。

3. 补偿对象

美国农业生态补偿对象基本覆盖全体农业生产者，即自愿申请并被有关部门筛选、通过后，合格者可获得项目补偿。

4. 补偿标准

美国农业生态补偿标准一般由地租补偿、成本分担、激励补偿等组成，其中地租补偿、成本分担是主要的部分，激励补偿是在成本补偿基础上实施的奖励性补贴措施。

5. 补偿资金

美国农业生态补偿资金主要来源于政府，同时金融、银行、基金等社会主体补偿也是重要方面。

6. 补偿方式

美国农业生态补偿方式主要包括资金补偿、技术指导与支持、教育培训、产品认证等。其中，地租补偿、成本分担是资金补偿的主要方式。

7. 补偿程序

美国农业生态补偿的程序，一般包括 4 个步骤：政府有关部门发布项目信息；农业生产者自愿提出申请；政府有关部门按照一定条件开展审核、排序、筛选，与合格的生产者签订合约；农业生产者履约完成任务，获得相应补偿。

（三）主要特点

1. 以项目为载体实施农业生态补偿

考察美国农业生态环境保护及补偿情况发现，突出特点是政策体系比较完善，且政策实施以具体项目（或计划）为载体，即政策项目化、项目法制化，这也是美国保护农业生态环境的一项成功经验。多年来，美国实施的农业生态环境保护项目达 20 多项，形成了休耕类、环境友好型生产类、地役权购买类、技术援助类、流域保护类 5 大类农业资源和环境保护项目体系，推动农业生态环境问题治理从单一的土壤保护，迈向对土壤污染、农药污染、农业非点源污染以及农业外环境的大气、水污染等问题的综合治理（李靖、于敏，2015）。所有的农业生态环境保护政策基本细化到具体项目，由项目到资金，形成政策—法规—项目—资金的实施体系与链条。同时，在项目实施上通过采取自愿性与竞争性相结合方式，在提高农业生产者参与意愿的同时，也增强了农业生态环境保护政策的落地精准性。

2. 农业生态补偿方式多样

美国实施农业生态补偿主要通过资金补偿、技术支持、教育培训等方式实现，相对比较丰富多样。其中，资金补偿是主要的补偿方式，包括地租补偿、成本分担、激励补偿等具体类型；地租补偿是最重要的资金补偿方式，地租水平则是根据不同地区土地规模、地租市场价格等确定；成本分担也是一种比较普遍的资金补偿方式，主要根据项目实施的具体成本按照一定比例给予补偿，不同项目补偿比例不同；激励补偿虽然占比较小，但有利于激发农业生产者保护农业生态环境积极性。技术支持则是由政府相关部门对农业生产者提供技术指导、支持，以提升农业生产者的生产和生态环境保护技能与水平等。教育培训，严格来讲也算是技术支持的范畴，主要是对农业生产者开展的相关技术教育、培训等。丰富多样的补偿方式，有力支撑保障了美国农业生态环境保护政策的指向性、精准性和有效性。

3. 发挥市场机制作用

纵观美国农业生态环境保护及补偿的发展历程，补偿主体也呈现多元化趋势，不仅包括政府，还包括企业、非政府组织等市场主体，即政府在承担主要作用的同时，也积极发挥市场机制作用。上述提及的 EQIP 项目，在 2002 年时《农业法案》将其部分内容授权给美国农业部商品信贷公司；2003 年 5 月实施的农牧场土地保护计划（Farm and Ranch Lands Protection Program，FRLP）则是由美国农业部自然资源保护局与州政府机构、印第安部落政府机构、地方政府机构或非政府组织合作出面购买农牧民的土地保护使用权（李宏伟，2004）。生态补偿的市场化特征更为明显的是"湿地缓解银行"计划，由湿地缓解银行建设者通过保护和修复湿地创造"湿地信用"，然后再将"湿地信用"以市场价格出售给湿地开发者，并从中盈利。这种"政府＋市场"的农业生态补偿模式，既发挥了政府的宏观调控、机制保障作用，缓解了政府资金压力与工作精力，又发挥了市场调节、激发多主体活力作用，共同保护农业生态环境。

二、欧盟

欧盟是世界上经济最发达的地区之一，也是全球最重要的农产品生产区之一，其农业生态环境保护及补偿政策措施相对成熟且成效显著。在具体实施上，内部成员国既要遵守欧盟的统一目标要求，又要满足各自的自主性和差异性需求，具有鲜明的个性特点。

(一) 政策措施

1. 共同农业政策

欧盟共同农业政策（Common Agriculture Policy，CAP）是欧盟农业发展的核心政策，旨在深化成员国之间的农业合作，提高农业生产能力，促进农业发展。共同农业政策可以追溯到 20 世纪 50 年代，是《罗马公约》（欧共体的基础性文件，签订于 1958 年）的一部分（高尚宾等，2011）。1962 年推出、1963 年生效的"共同农业政策"，旨在通过对农产品提供价格支持，来保护欧盟内部农业生产，提高农业生产和发展能力。此时，共同农业政策内容并未包含或涉及农业生态环境保护，主要强调提高农业生产和发展能力。1992 年，欧盟对共同农业政策进行改革，也称为麦克萨里改革，首次将绿色发展纳入政策体系；确立农业休耕计划，规定对于接受价格支持的较大规模农户，如果谷物产量超过 92 吨，则有义务休耕其15% 以上的耕地，同时也鼓励产量不足该标准的小农户自愿休耕，对于休耕导致的损失，政府给予补贴；增加农业环境保护投入，鼓励农民保护农业环境、植树造林、维护生物多样性等（马红坤、毛世平，2019）。2003 年，建立交叉遵守机制，即共同农业政策下的各项补贴政策与生产脱钩，与遵守环境、食品安全、动物健康和动物福利标准等方面的法规要求相关联，即农业生产者在遵守农业环境保护、食品安全、动物健康和动物福利等要求的前提下，才能申请获得相应的直接补贴。2013 年，欧盟对共同农业政策进行了新一轮调整，设定了共同农业政策（2014—2020 年）框架；开辟绿色直接支付，定向用于农业环境保护支付，要求欧盟所有成员国必须将 30% 的直接支付预算用于支持农民开展保护永久性草场、生态重点区域和作物多样性等活动，促进农业生产地区环境保护和气候条件改善；第二支柱资金占共同农业政策预算的 25%，其中预算资金的 30% 必须用于农村环境保护、支持有机农业发展或其他与环境保护相关的投资（马红坤等，2019）。2020 年，欧洲理事会通过《2021—2022 年过渡期共同农业政策》，以确保欧盟共同农业政策延续性，强调"下一代欧盟复苏计划"将额外提供 80 亿欧元分配给欧洲农业农村发展基金用来促进农村经济复苏、农业绿色发展等，要求各成员国在过渡期内将总预算的 1/3 左右用于"绿色"和动物福利措施（张鹏、梅杰，2022）。2021 年，欧盟对共同农业政策进行新一轮调整，通过《共同农业政策（2023—2027 年）》，开启共同农业政策新的篇章。

当前，新的共同农业政策仍然保留两个支柱，即第一支柱的直接支付和市场支持，第二支柱的农村发展（见图 5 - 1）。但对总体目标、具体目标、具体内容和实施要求等进行了调整，更加强调支持农业绿色发展、可持续发展等。在目标设置上，设定了总体目标和具体目标。其中总体目标是维持欧盟内部农产品市场的有效运行，为欧盟农民提供公平的竞争环境，进一步促进农业、食物和农村地区的可持续发展，落实 2030 年可持续发展议程，包括培育一个智能、有竞争力、韧性强和多样化的农业部门，确保长期食物安全；支持和加强包括生物多样性在内的环境保护和气候行动，并促进实现欧盟的环境和气候目标，包括其在《巴黎协定》中的承诺；强化农村地区的经济社会发展等 3 个方面。而具体目标则包括增加农民收入、增加农业竞争力、有效应对气候变化、资源维护、保护景观和生物多样性、保障食品安全和创新等 10 个方面（刘武兵，2022）。在具体内容上，取消共同农业政策（2014—2020 年）框架中的"绿色直接支付"，新设"生态计划支付"，也称"气候、环境和动物福利计划支付"，要求各成员国用于生态计划的预算不得低于本国直接支付预算的 25%，成员国应自愿建立并提供有利于生态计划以及对抗耐药性的农业实践清单，对遵守这些清单的"活跃农民"以合格土地面积或牲畜数量为单位给予支持。欧盟规定了良好环境和农业条件（Good Agricultural and Environmental Conditions，GAEC）九项标准，每项标准均设定了最低"基线"，在基线水平内农民必须强制遵守，超出基线水平部分以农民自愿为主并给予激励和引导，获得额外资金支持（宗义湘等，2023）（见表 5 - 1）。新设"环境、气候和其他管理承诺支付"（简称"环境气候"），是对农民或受益者因作自愿管理承诺而产生的额外费用或者放弃收入的支付，成员国可以按照每单位统一费率或者一次性付款的方式向做出自愿管理承诺的农民或其他受益者提供款项支持；要求将至少35%的农村发展资金用于农业环境管理承诺、Natura2000计划支付和水资源框架指令支付、环境和气候投资以及动物福利（刘武兵，2022）。在资金来源上，第一支柱资金由欧洲农业担保基金（European Agricultural Guarantee Fund，EAGF）提供，总预算2089亿欧元，年均418亿欧元；第二支柱资金由欧洲农业农村发展基金（European Agricultural Fund for Rural Development，EAFRD）提供，总预算606亿欧元，年均121亿欧元。继续支持资金在两个支柱间更加灵活地转移，各成员国可以将本国直接支付资金的25%转移到农村发展，也可以将农村发展资金的25%转移到直接支付；如果成员国农村发展资金中用于缓解气候变化、保护生物多样性、自然资源的可持续发展和有效管理等方面的支出增长15%，则可将本国直接支付资金的40%转移到农村发展（刘武兵，2022）。

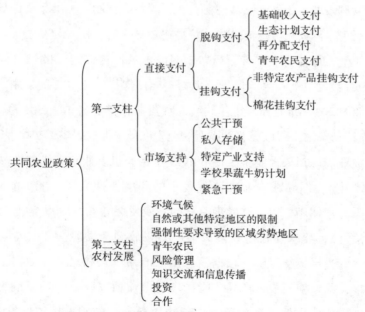

图5-1　共同农业政策体系（2023—2027年）

表 5 – 1　2023 年 GAEC 九项标准

序号	标准释义
GAEC 1	根据永久性草地与农业面积的比例维护永久性草地
GAEC 2	湿地和泥炭地的保护
GAEC 3	禁止燃烧耕地残茬，植物健康原因除外
GAEC 4	沿水道建立缓冲带
GAEC 5	耕作管理，降低土壤退化和侵蚀的风险
GAEC 6	在敏感时期避免裸露土壤的最小覆盖面积
GAEC 7	耕地轮作，水下种植的作物除外
GAEC 8	用于非生产性区域的耕地最低份额，保留景观特征并禁止在鸟类繁殖和饲养季节砍伐树篱和树木
GAEC 9	禁止在 Natura2000 区域及环境敏感区域转换永久性草地

资料来源：宗义湘等（2023）。

2. 其他相关政策

除共同农业政策外，欧盟还在农业面源污染控制、土壤环境保护等方面制定出台了一系列相关政策措施，并实施必要的资金投入与补偿，以保护和改善农业生态环境。1972 年，欧盟前身欧洲共同体制定《欧洲共同体环境法》，内容涵盖空气和水源保护、生物多样性保护、化学药剂使用、海洋保护等方面的 200 项准则及规定。此后，欧盟又相继实施了《欧洲联盟条约》《阿姆斯特丹条约》等政策，为欧盟农业生态环境保护提供了法律保障。

在农业面源污染控制上，1991 年颁布《有机农业和有机农产品与有机食品标志法》，倡导在农业发展过程中的环境保护义务，减少农业中氮、磷等污染元素使用，以最终实现有机的农业发展方式；1998 年出台《生物杀灭剂法规》，要求在将生物杀灭剂产品投放到市场前，必须向欧盟及其成员国主管当局提交足够的数据信息用于产品药效和对人、动物、环境安全的评审，并取得授权后产品才能在市场上流通，以减少环境危害；2000年，在《欧盟水框架指令》下，"硝酸盐指令"鼓励采用沼气发酵工艺、有机肥生产技术来减少畜禽粪污的排放量及肥料流失量；2009 年出台《农药可持续性使用框架指令》，规定各成员国必须制定减少使用除害剂的量化目标、具体措施及相应时间表，以减小除害剂对人类健康和环境的风险和影响。

在土壤环境保护上，1972 年颁布《欧洲土壤宪章》，第一次将土壤视为需要保护的重要物品；2004 年制定土壤保护战略，加强土壤保护；2006 年制定《关于建立对土壤保护的框架的建议及对 2004 年第 35 号指令的修订》，成为欧盟共同遵守的土壤污染防治法律规范；2021 年发布《2030 年土壤战略》，提出了欧盟到 2050 年实现土壤健康的愿景和目标，以及在 2030 年前采取的具体行动；各成员国也制定了相关土壤环境保护法律政策，如德国于 1999 年实施《联邦土壤保护法》和《联邦土壤保护与污染地块条例》，建立了一套完善的污染场地管理体系；荷兰在 1987 年、2008 年分别颁布《土壤保护法》和《土壤质量法令》，建立了土壤质量标准框架并对土壤环境实行全过程管理。

（二）补偿机制

1. 补偿主体

欧盟农业生态补偿主体主要是欧盟和各成员国政府，市场为辅。

2. 补偿客体

从新的共同农业政策体系看，欧盟农业生态补偿的客体主要包括两个方面：一是农业生态保护，即气候、环境和动物福利保护，主要是强调支持有机农业、农业生态实践、精准农业、农林复合系统或低碳农业等，以及增进动物福利等；二是农业环境、气候和其他管理，主要强调支持自愿承诺开展农业环境管理，以及落实 Natura2000 计划和水资源框架指令，保护环境和气候、动物福利等。

3. 补偿对象

欧盟农业生态补偿的对象主要包括两类：一是申请补偿项目的成功者。欧盟的农业生态补偿项目大部分是开放的，政府会通过各种公共平台发布信息，有意申请者可按照规定程序提交申请，如成功，即可签订合同或收到证书。二是遵守相关农业环保标准或规定的农业生产者。想要获得农业生态补偿的农业生产者，必须按照共同农业政策或其他相关政策的有关要求、标准，开展有益于农业生态环境保护的相关工作。

4. 补偿标准

欧盟农业生态补偿标准是依据补偿对象在参加农业环境保护计划时的费用支出总额，以及因此而导致的收入减少总额发放的额度。不同的补偿客体具有不同的补偿要求和标准。例如，新的共同农业政策规定了GAEC九项标准，每项标准均设定了最低"基线"，只有超出基线水平的部分才给予额外资金支持；尤其是GAEC对土壤保护和土壤质量、生物多样性和景观的要求更高，10公顷以上的农场必须轮作且非生产用地（含休耕）至少要占4%，只有当作物多样化有助于保护土壤潜力时，才能获得补偿支持。

5. 补偿资金

欧盟农业生态补偿资金主要来自欧盟和各成员国政府财政支持，以及相关市场主体。

6. 补偿方式

在补偿类型上，包括资金补偿、技术补偿等方式；在补偿手段上，政府补偿主要通过财政转移支付、限额交易和直接支付等方式完成，而市场补偿则通过直接交易方式实现。其中，财政转移支付是政府通过财政转移支付方式对提供农业生态服务的主体给予补偿；限额交易是政府通过对超过其设定的农业生态环境破坏量界限或限额的额度进行交易，以补偿因采取农业生态环境保护措施而受到损失的相关主体，从而达到保护农业生态环境目的的一种方式；直接支付是政府直接对提供农业生态环境服务的主体给予补偿；直接交易则是由农业生态环境服务的提供者和受益者等市场主体通过协商的方式开展生态补偿交易。

7. 补偿程序

欧盟农业生态补偿实施主要包括三个步骤：第一，申请。各成员国农户、农场、农业企业等相关农业生产经营主体根据本国提供的信息和相关平台等，提出补偿申请。第二，审查支付。CAP 支付机构（Paying Agencies）对申请者进行资质与条件审查，批准通过后，向合格的申请者支付补偿金额，并上报欧盟委员会。第三，反馈与检查。欧盟委员会定期将相关款项、项目信息等反馈给相关国家的 CAP 支付机构。在此过程中，所有支出都会记录在支付机构的年度账目中，并接受控制、检查和审计。

（三）主要特点

1. 完善的法律政策保障

制定相对完善的法律政策，对农业生态环境保护及补偿进行详细具体规定，是欧盟实施农业生态补偿的显著特点。共同农业政策、其他相关政策以及相关法律法规等，在促进欧盟农业生产发展的同时，又对农业生态环境保护及补偿等进行了详细规定，明确了具体补偿内容、标准条件、资金分配、补偿程序、评估和监管机制等，成为农业生态补偿顺利实施的重要保障。欧盟农业生态补偿立法最显著的特点是遵循环境政策整合（Environmental Policy Integration，EPI）原则，要求根据农业部门的运行机制综合考虑环境退化的潜在驱动力，将农业部门下的环境管理作为一个整体，有效落实监管主体责任，但对各成员国而言具有实施上的难度（陈诗华、王玥等，2022）。从内容的独立性和系统性上看，欧盟农业生态补偿制度主要由直接支付法规、农村发展法规、其他相关政策和共同农业政策的融资、管理、监测与评估相关内容确立，并集成于共同农业政策，从而形成系统性的法律保障，并为整个欧盟提供统一完善的运行机制。

2. 明确目标并细化标准

欧盟实施农业生态补偿始终在追求明确的目标。从制定相关农业生态补偿政策之初，就期望通过激励补偿以实现农业生态环境保护、绿色可持续发展等目标，且随着政策的不断演进，目标也更加明确具体。例如，共同农业政策在 1992 年首次将绿色发展纳入其中，要求增加农业环境保护投入，鼓励农民保护农业环境、植树造林、维护生物多样性等；当前仍然保留第一支柱和第二支柱两个支柱，但设定了总体目标和具体目标，更加强调支持农业绿色发展、可持续发展等。同时，根据形势变化等情况，动态调整补偿标准。例如耕地退耕休耕，在 1988 年启动时，要求自愿参与的农户至少休耕其种植耕地面积的 15%，才能获得相应的休耕补贴；1992 年，推行强制性休耕，要求参与的农场（或大农户）休耕土地面积必须超过其种植耕地面积的 15%，且农作物产量必须达到 92 吨，才能获得相应补贴；小农户可以自愿休耕，但休耕面积也要达到种植耕地面积的 33%，才可获得相应补贴；2000 年将休耕面积比例调整为 10%，2003 年调整为 5%，2006 年调整为 0（李娅，2018）；而休耕补偿的标准则为休耕面积乘以单位面积的粮食产值，因粮食产值随粮食市场价格变化导致补贴标准也不断变动。

3. 严格的评估与监督

对农业生态环境保护及补偿实施严格的评估与监督，是欧盟农业生态环境保护政策及补偿的又一显著特点。欧盟设置了专门的奖惩机制与评估监督机制，以确保农业生态环境保护政策及补贴行为的顺利实施与达标。各成员国都设立了专门的执行机构，有联邦政府管理的、区域分管的等多种类型，同时还设计了一套完整的评估、监测与制裁制度。首先，各成员国每年要提交农业环境措施支出评估报告，主要反映财政情况、区域性措施调整、合约数量、受益人数量以及覆盖区域面积等，通过欧盟形成一个完整的环境评价，反映生态补偿政策实施效果。其次，各成员国上交搜集到的有关项目的所有监测指标信息，包括财政指标、非财政指标等。最后，申请农业生态补偿的农场主必须有能力完成农业生态环境保护计划才能获得补偿，如未完成需主动以书面形式向当地政府叙述事实情况，如有隐瞒将可能受到惩罚，包括要求返还补贴和利息、终止补贴、预扣所得税、扣除补贴的 10%、两年内不得参加其他任何环境项目等（杨晓萌，2008）。

三、德国

德国是发达国家、农业强国，是欧盟最大的农产品生产国之一，也是世界上重要的农产品生产国之一。德国精准农业、智能农业、数字农业、生态农业、有机农业等发展迅速，全球闻名，农业生态环境保护及补偿水平也位居世界前列。

（一）政策措施

1. 法律法规

德国非常重视农业生态环境保护及补偿，制定颁布了一系列相关法律法规，为实施农业生态补偿提供了重要保障。早在 1966 年，莱茵兰—普法尔茨州率先制定了《土地规划法》，规定建设项目应做到侵占生态功能与生态补偿平衡，各州纷纷立法对自然保护和生态补偿做出相关规定（高世昌等，2020）。1976 年，德国颁布第一部《联邦自然保护法》，对保护自然资源、预防侵占、侵占者义务、决策优先度、侵占补偿标准等进行了详细规定，首次在国家层面确立生态补偿的法律地位，让生态补偿成为自然生态系统"侵占者"必须履行的法定义务。20 世纪 90 年代，启动农业生态补偿政策，通过调节和干预等方式支持农户农业可持续生产，以转变农业生产方式，保护生态环境。1991 年和 1994 年，分别颁布种植业、养殖业生态农业管理规定。2001 年，颁布《生态标识法》，2002 年，出台《生态农业法》。2009 年以来，多次修订《联邦自然保护法》，对生态补偿做出了更具体的规定。

经过多年发展，联邦层面已经形成包括《联邦自然保护法》《联邦基本法》《联邦空间规划法》《联邦森林法》《水资源法》《土地资源保护法》《植物保护法》《生态农业法》《关于避免和补偿联邦行政当局管辖范围内的自然和景观影响的条例》等在内的农业生态补偿相关法律，州级层面也纷纷制定《生态占补平衡条例》《生态补偿条例》等相关法规，对农业生态环境保护及补偿进行具体规定，有力保障了农业生态补偿实施。

《联邦自然保护法》。2022 年 12 月，德国修订《联邦自然保护法》①，涉及有关农业资源环境保护及补偿的内容主要有第 5 条、第 13 条、第 14

---

① http://www.gesetze－iminternet.de/bnatschg_2009/BJNR254210009.html.

条、第 15 条等。其中，第 5 条关于农业、林业和渔业的规定，要求自然保护和景观管理措施应考虑到与自然和景观相适应的农业、林业、渔业对保护文化和娱乐景观的特殊重要性，同时还应遵循除适用于农业法规和《联邦土壤保护法》第 17 条第 2 款要求外，6 个良好专业实践原则：①管理必须适应现场，必须确保可持续的土壤肥力和长期可用性；②土地的自然特征（土壤、水、动植物）不得受到超出实现可持续产量所需范围的影响；③必须保留形成生物生境网络所必需的景观元素，并在可能的情况下进行繁殖；④畜牧业必须与作物生产相平衡，必须避免有害的环境影响；⑤应避免在有侵蚀风险的斜坡、洪水区、地下水位高的场地和沼泽地进行草原开垦；⑥化肥和植物保护产品必须按照特定的农业法施用，符合《肥料条例》第 10 条规定。第 13 条强调，污染者必须优先避免对自然和景观造成重大损害；不可避免的重大损害应通过补偿或替换措施进行补偿，如果不可能，则通过现金替换进行补偿。第 14 条规定了对自然和景观的干预。第 15 条强调，污染者有义务通过自然保护和景观管理措施（补偿措施）或替代措施来补偿不可避免的损害；如果以类似方式恢复了受损的自然平衡功能，并根据景观恢复或重新设计了景观，则应立即对损害进行补偿。将用于农业或林业目的的土地用于补偿和替代措施应考虑到农业结构问题，特别是应在必要的范围内限制对特别适合农业用途的土地的使用；应优先评估是否也可以通过解封、重新连接栖息地或旨在永久增强自然平衡、景观形象的管理或维护措施来提供补偿或替代，以尽可能避免土地被征用。如果损害无法避免或无法在合理的时间内得到补偿或替换，并且在权衡自然和景观的所有要求时，自然保护和景观管理的利益优先于其他问题，则不得授权或实施干预。如果授权或进行干预，损害也无法避免，或者无法在合理的时间内得到补偿或更换，污染者应提供现金补偿；补偿应根据不可行的补偿和替代措施的平均成本来衡量，包括其规划和维护所需的平均成本，以及提供土地的成本，包括人员和其他行政成本；如果这些不能确定，则应根据干预的持续时间和严重程度，并考虑污染者所获得的利益来衡量赔偿；替换付款应由主管当局在授权书中确定，或者，如果干预是由当局进行的，则在干预之前确定；必须在进行干预之前付款。特此授权德国联邦环境、自然保护和核安全部与德国联邦食品和农业部等部门达成协议，在联邦委员会同意的情况下，通过法律规范干预补偿的细节，特别是补偿和替代措施的内容、性质和范围，以及重置付款的金额和收取程序等。

《联邦补偿条例》。2020年5月，德国颁布《关于避免和补偿联邦行政当局管辖范围内的自然和景观影响的条例》（简称《联邦补偿条例》），旨在规范联邦工程类项目造成的自然损害补偿，明确项目管理实施中必须遵循生态补偿规定，为联邦项目设置统一的补偿标准，使生态补偿工作更加透明高效。主要内容包括应避免损害自然的活动、自然现状评估、受保护自然资产减值核算以及补偿确定标准等，对干预活动的补偿标准高于各州平均水平。而关于农业的管理规定是重要组成部分，对特别适宜开展农业活动的土地，只有在经审查确定可以通过相应补偿措施弥补损失之后，才能获批，农业主管部门参与审查过程，协助判定是否适合采取补偿或替代措施。该条例包含6个技术性文件附件，其中附件6提供了农业和林业土地上采取的生态补偿和替代措施（李茗，2021）。

州级生态补偿条例。根本理念是防止自然及其生态景观恶化，要求人们在生产生活时尽量避免对自然景观的干预或破坏，尽可能将负面影响最小化，如果对自然景观已经造成难以避免的破坏，则要对其进行生态补偿。如巴伐利亚州于2013年修订的《生态补偿条例》，详细规定了生态补偿的准则、生态破坏划定程度、补偿措施、补偿方式等内容。在准则上，强调目的不在于补偿，而是尽量通过增加破坏生态成本使人们在生产建设时不破坏生态，或者减少破坏程度；在迫不得已改变自然原貌和生态景观时，要对其损害进行等值的补偿。在生态破坏程度划定上，要求实施建设前要评估生态条件，对实施建设后可能造成的生态破坏进行测量和评估；建设时要尽量避开容易产生较大生态破坏的区域，并对工程范围内生态补偿需求进行计算和预估。在补偿措施上，要考虑补偿措施的区域范围和类型，确立补偿实施的时间范围；补偿措施结束后要对补偿措施进行维护，确保补偿效果。在现金补偿上，当生产生活造成的显著生态影响无法得到补偿但相应计划必须实行时，要对生态影响进行现金补偿（张文珺等，2018）。

2. 相关政策

欧盟共同农业政策。德国作为欧盟的重要成员国，其农业生产发展自然要遵守欧盟共同农业政策。2014—2020 年，在共同农业政策（2014—2020 年）框架下，德国每年可从欧盟农业支持资金获得约 62 亿欧元用于支持农业的可持续发展，其中绿色直接支付近 15 亿元（曾哲，2020），2019 年平均每公顷的绿色直接补贴为 85 欧元。在补偿内容上，绿色直接支付主要用于补偿支持作物多样性、永久草地保护、生态重点区域，交叉遵守则是突出对生物多样性、水资源和土壤的保护。

有机农业政策。德国作为世界上较早发展有机农业的国家之一，制定了一系列相关政策措施支持保障有机农业发展。1991 年，欧洲共同体制定《有机农业条例》《有机农业和有机农产品与有机食品标志法案》（简称《欧洲有机法案》）等，明确了有机农业和传统农业的差异、农产品和食品的生态标准，规定了农业生产方式和允许使用的投入品等要求，为规范有机农业发展提供了法律保障。1992 年，德国通过《联合联邦州改善农业结构和海岸防护协议》，对有机生产者进行补贴（吴文浩等，2019）。2001年，德国颁布《生态标识法》。2002 年，颁布《生态农业法》，又于 2009年、2013 年等进行多次修订，对有机农产品的生产和生态环境保护做了详细规定。2009 年，进一步严格控制污泥肥料的使用，强调除极个别情况外，将全面停止使用污泥作为肥料，以减轻有害物质对土地的破坏；要求生态农场禁止使用化肥、农药及各类植保素，必须以常规方式饲养的禽畜粪便做肥料；饲养畜禽的农场需改栏笼饲养为放养，并自己种植、加工饲料；农场在转为生态方式生产 6 个月后才能申请验收，之后 2 年为接受检查的过渡期，然后其产品才能贴上生态农产品标志在市场上公开出售（张铁亮等，2012）。德国为支持有机农业发展，实施了包括鼓励休耕政策、家畜奖或干饲料补贴、环境保护补贴的余额补贴政策、农业管理补贴、有机农业自助奖等在内的多项补贴政策。例如，鼓励休耕政策，要求申请补贴的作物面积上的折合谷物的产量大于 92 吨，该农场必须休耕至少 10%

的耕地，农民休耕的土地可以得到休耕补贴，农户在休耕地上种植可再生原料也可获得休耕补贴（伊素芹等，2018）；2003 年，通过推行有机农业计划和其他可持续农业计划，对有机农业进行多方面支持并设立有机农业创新奖；2014—2020 年，德国对有机农业农户的补贴标准达到每公顷 150～300 欧元，包括基础性补贴、环境服务补贴、中小型农场补贴和青年农民补贴等（吴文浩等，2019）。总的来看，德国对有机农业的支持补贴，主要是从生产角度出发，注重在保护生态环境的同时强调可持续发展，重点是建立一种有利于生态环境的耕作方式。

（二）补偿机制

1. 补偿主体

德国农业生态补偿的主体包括政府和市场两类，以政府为主、市场为辅。

2. 补偿客体

德国农业生态补偿客体主要包括三个方面：一是有机农业发展。德国重视有机农业发展，政府农业部门对有机农业的发展提供免费咨询和技术服务。对按照规范化生产模式，且生产的农产品经政府确认的社会检测机构检验检测合格，符合有机农业标准、获得有机食品标签的农业生产经营主体进行补偿。二是粗放型草场使用。对实行粗放经营并减少载畜量，同时减少化肥农药使用且不转变为耕地的草场给予补偿。三是多年生作物放弃使用除草剂。如对葡萄、苹果、梨等多年生作物放弃使用除草剂的农业生产经营主体，给予补偿。

3. 补偿对象

德国农业生态补偿的对象为提出补偿申请且经检测评估合格的农业生产经营主体，包括农户、农业企业等。

4. 补偿标准

德国的农业生态补偿由直接补偿、生态转型补偿和其他补偿组成。生态补偿标准的计算，则是基于以前的收入和采取农业环境保护措施所支出的费用。

直接补偿。包括常规补偿和特殊补偿两种类型。其中，常规补偿按照面积计算，只要符合相关规定，实行环保生产方式，就可享受补偿，标准为300欧元/公顷；特殊补偿是指在农业生产过程中对环境保护做出特殊贡献的补偿，补偿金额根据实际支出或者损失计算（王有强、董红，2016）。

生态转型补偿。农场从传统生产经营方式转变为生态经营方式，即可获得补贴，标准为：多年生农作物950欧元/公顷，蔬菜480欧元/公顷，一般种植业和绿地210欧元/公顷。此外，对生态型农场维持生态经营也给予补偿，以弥补其从事生态农业经营时的损失，标准为：多年生农作物560欧元/公顷，蔬菜160欧元/公顷，一般种植业和绿地160欧元/公顷（王有强、董红，2016）。

其他补偿。除上述补偿外，如对耕地休耕、退耕还林还草等实施补偿。其中，耕地休耕补偿标准，按照200~450欧元/公顷实施。

5. 补偿资金

德国农业生态补偿资金主要来源于欧盟、德国联邦和州政府，以及相关市场主体。

6. 补偿方式

与欧盟一样，德国农业生态补偿方式比较多样。补偿手段包括资金补偿、技术补偿等方式；政府补偿主要通过财政转移支付、限额交易和直接支付等方式完成，而市场补偿则通过直接交易方式实现。

7. 补偿程序

德国农业生态补偿实施一般也包括三个步骤：第一，申请与检测。农户、农场主、农业生产企业等农业生产经营主体提出补偿申请、填写相关材料，之后由地方农业行业协会指导完成相关指标检测。第二，检测评估。受国家农业部委托，地方农业行业协会对申请者提交的样本、检测报告等材料进行评估，并出具评估报告，将合格者报州农业部门审批。第三，实施补偿。州农业部门对审批合格的申请者按照有关标准进行补偿。

（三）主要特点

1. 依法实施农业生态补偿

德国联邦和各州非常重视农业生态补偿法制建设，注重依法实施农业生态补偿。联邦层面，如《联邦自然保护法》《联邦基本法》《联邦空间规划法》《联邦森林法》《水资源法》等相关法律中都对生态补偿做了明确规定。特别是《联邦自然保护法》对保护自然资源、预防侵占、侵占者义务、决策优先度、侵占补偿标准等做了详细规定，《联邦补偿条例》对避免损害自然的活动、自然现状评估、受保护自然资产减值核算以及补偿标准、农业土地生态补偿和替代措施等进行了规定。州级层面，如各州的《生态补偿条例》《生态占补平衡条例》等对生态补偿进行了详细的规定，明确了保护对象、行政许可、生态补偿程序与管理要求等内容，便于生态补偿措施可操作。

2. 建立详细具体的补偿标准

德国以严谨著称，建立农业生态补偿标准同样如此。补偿标准的确定，是基于以前的收入和采取农业环境保护措施所支出的费用等。根据不同的补偿类型、内容，甚至作物种类等，明确具体的补偿标准。如，在开展常规补偿时，按照面积计算，标准为 300 欧元/公顷；在实施特殊补偿时，则根据贡献者的实际支出或者损失计算。在实施农场生态转型补偿时，对多年生农作物按照 950 欧元/公顷、蔬菜 480 欧元/公顷、一般种植业和绿地 210 欧元/公顷等标准进行补偿（王有强、董红，2016）。这种因地制宜、针对性强、具体细化的补偿标准，既能够体现不同补偿行为的差异化和科学性，减少"一刀切"问题，又能减缓政府财政压力，实现农业生态保护目标。

3. 实行全程持续监管

德国实施农业生态补偿相对比较严格，特别是在实施补偿行为后重视补偿效果。对纳入生态补偿的空间，要求从补偿之日起 25 年内不得改变空间用途；政府主管部门对生态补偿涉及的专业评估、预防措施、补偿落实情况、补偿经费使用等进行全面监管，确保生态补偿到位（高世昌等，2020）。按照联邦法律要求，只有建设产生的生态影响没有了"后遗症"，生态补偿才算终结；巴伐利亚甚至要求对生态补偿结果进行长期监测，以保障生态补偿效果（张文珺等，2018）。

四、日本

日本是发达国家，经济社会发展水平较高，但国土面积小、人口密度大，特别是四面环海、山多地少的地理条件，更加凸显其人多地少、农业资源条件先天不足的小农特点。为此，日本实施农业精耕细作、强化科技赋能、加大资金投入、完善法律政策等一系列措施，以提高农业生产水平、保障农业持续发展。

（一）政策措施

1. 法律法规

日本注重建立健全法律法规，以保障和规范农业生产发展、环境保护。自 20 世纪 70 年代开始，日本政府开始重视农业环境保护和治理（何微等，2022）。1970 年，出台《农用地土壤污染防治法》，规范土壤重金属的检测和治理，强调合理利用受污染农业用地。1972 年，颁布《环境保护法》，规定公众有权参与农业面源污染管控，包括农用化学品用量标准、残留标准及法律修改等（罗守进等，2015）。1992 年，出台《新的食品·农业·农村政策的方向》，首次提出"环境保全型农业"，强调灵活运用农业所具有的物质循环功能，精心耕作，合理使用化肥、农药等。1999 年，颁布《食品·农业·农村基本法》《持续农业法》《家畜排泄物法》《肥料管理法》等系列相关法律，强调发挥农业多功能性、防治农业面源污染，进一步规范推进农业可持续发展。进入 21 世纪，日本大力发展有机农业，陆续出台《有机 JAS 标准》《有机农业促进法》《促进有机农业发展基本方针》等法律（何微等，2022）。同时，随着经济社会的发展，日本对农业的支持补贴逐渐规范化、绿色化。2000 年以来，日本相继颁布《山区、半山区农业直接补贴政策》《农地、农业用水、环境保全向上对策》《环境保全型农业直接补贴政策》，以及农业多功能性直接补贴政策等一系列政策，并配套实施相关细则，进一步细化支持补贴条件、标准、方式、程序等内容。经过多年发展，日本建立形成了相对完善的农业生态环境保护及补偿法律政策体系。

在法律政策体系保障支撑下，日本通过直接补贴、贷款和税收优惠等方式，持续引导农户和农业生产组织加强环境保护。例如，《食品·农业·农村基本计划》和《与环境调和的农业生产活动规范》（通称《农业环境规范》），强调农业经营者必须遵守《农业环境规范》作为享受政府补贴、政策性贷款等各项支持措施的必要条件（刘宇航、宋敏，2009）；《土壤污染对策法实施细则》规定在无法让土壤污染者提供赔偿的情况下，政府将给予土地所有者一定的修复补贴（何微等，2022），既调节受害者的经济利益又促进土壤治理修复；《持续农业法》推行"生态农户"资格认证制度，获得认证的农户可享受金融、税收等方面优惠，以推动农业生态环境保护与持续农业发展；《家畜排泄物法》规定了家畜排泄物处理处置的方法、标准，通过特别返还16%的所得税和法人税、按5年课税标准减半收取固定资产税特例等方式，鼓励养殖业者建立堆肥化设施等，以促进家畜排泄物处理（刘冬梅、管宏杰，2008）。

2. 相关政策

环境保全型农业直接补贴政策。1992年，日本在《新的食品·农业·农村政策的方向》中首次提出"环境保全型农业"。2005年，颁布《农业环境规范》，正式实施环境保全型农业政策。2011年，出台《环境保全型农业直接支援对策》，开始实施环境保全型农业直接补贴政策。环境保全型农业直接补贴政策是对《农地、农业用水、环境保全向上对策》等相关补贴政策的修改与完善，对符合条件的农业生产组织及农户，按照相关标准实施补贴政策。在补贴主体上，以政府为主体。在补贴对象上，包括农业生产组织及农户。在补贴客体上，对减少化肥、农药使用以减少环境破坏行为，以及采取环境保护措施（如使用绿肥生产、有机生产等）的农业生产行为实施补贴，特别是对后者实施重点补贴。在补贴条件上，补贴对象必须是得到政府认可的生态环保型生产者，切实履行农业环境规范要求；领取补贴需要在具备农业生产必须减少50%的化肥和农药使用这一基本条件上，还必须满足使用绿肥生产、加强冬季水田管理、有机生产、套作或间作杂粮与饲料作物等任一附加条件（王国华，2014）。在补贴标准上，实行绿肥作物和有机作物生产为8000日元/10公亩①，堆肥作物为4400日元/10公亩，荞麦等杂粮作物、饲料作物为3000日元/10公亩，地方层面根据各都道府县不同补贴标准在3000～8000日元/10公亩不等（朴英爱、付兰珺，2021）。在补贴方式上，对符合要求的农户及农业生产组织实施直接补贴或提供无息贷款、税收减免等。在补贴程序上，在政府确定生态环保型农户的标准条件后，符合要求的农户再提出申请，由农林水产县行政主管部门进行审查核实并报农林水产省审定，被审核同意确认为生态环保型农户的可享受补贴（李琳琳，曹林奎，2019）。

农业生态补偿市场认证。除实施直接补贴外，日本还注重发挥市场作用，建立农业生态补偿市场认证体系，利用"环保标志认定""环境标识"等制度方法，激发传统农耕者选择环境保全型耕地农作（苏畅、杨子生，2020）。在有机农产品认定上，20世纪80年代，日本开始探索有机农产品市场准入标准；1992年，制定《有机农产品蔬菜、水果特别标识准则》和《有机农产品生产管理要点》；2001年，实施日本有机农业标准（Japanese Agricultural Standard，JAS），规定了农场生产、加工厂生产、包装、进口商等方面的相关要求，强调有机种植必须采用有机方式种植的种子，正式开展有机农产品认证；之后，又对JAS进行了多次修订完善，明确了有机农产品的5种标志，不断规范和推动有机农产品生产；2006年出台《有机农业促进法》，强调通过提供无息贷款、税收优惠等方式，鼓励支持从事有机农产品生产的农户、农业生产组织等农业生产者；2014—2021年，又陆续出台围绕推进有机农业的相关基本方针，特别是制定《绿色食品体系

---

① 1公亩 = 0.01hm²。

战略》，提出到 2050 年要实现有机农业规模达 100 万 hm² 的目标（马健等，2023）。在特别栽培农产品标识上，大力提倡减少农药及化肥中氮肥的比例，在有机和传统生产方式间创新性地提出"特别栽培农产品"标识计划（焦必方，2009），即在农业市场中农产品销售者要将生产过程中使用氮肥比例、栽培方式及主体、信息主页等信息进行公开，通过农药使用比例等信息公开化，帮助消费者选择特别栽培农产品，扩大其市场认可度（苏畅、杨子生，2020）。在生态农户标识上，其为 1999 年开始认定的生态农户，并日益成为农业生态环境保护与绿色发展的主力军；实际操作程序中，符合生态农户标识条件的农户，可提出申请，经都道府县认定通过后，即获得相关补贴，并赋予生态农户标识；生态农户的标识期限一般为 5 年，到期后农户可重新申请。

（二）补偿机制

1. 补偿主体

日本农业生态补偿主体，以政府为主、市场为辅，其中政府又分为中央政府、地方政府层级。

2. 补偿客体

日本农业生态补偿客体主要包括三类：一是化肥、农药等农业投入品减量使用，以减少污染排放、环境破坏；二是对家禽排泄物、农业生产废弃物等进行再生利用，以防治环境污染；三是有机农业生产与持续农业发展，通过轮作套作、田间管理、土壤改良等方式，利用动植物自然规律进行农业生产，实现农业持续发展。

3. 补偿对象

日本农业生态补偿对象涵盖普通农户以及农业生产组织等所有农业生产者，但必须经申请并通过政府审核。

4. 补偿标准

日本农业生态补偿标准总体可从中央补偿、地方补偿两个层面来衡量。如，环境保全型农业直接补贴政策中，中央层面对实行绿肥作物和有机作物生产按照 8000 日元/10 公亩进行补贴，堆肥作物为 4400 日元/10 公亩，荞麦等杂粮作物、饲料作物为 3000 日元/10 公亩，地方层面则根据各都道府县不同情况，按照 3000~8000 日元/10 公亩不等进行补贴。

5. 补偿资金

日本是农业高保护高投入国家，农业生态补偿资金主要来源于政府，特别是中央政府。

6. 补偿方式

日本农业生态补偿主要通过直接补偿、贷款与税收优惠及生态产品认证等多种方式实现。

7. 补偿程序

日本农业生态补偿实施程序，基本遵循 4 个步骤：首先，政府确定补偿实施条件或要求，如面积大小、年收入、生产行为、环境规范等；其次，农户及农业生产组织按照标准、自身实际提出申请，并提交相关方案、材料等；再次，基层农林水产行政主管部门开展核查，对符合条件的申请者上报农林水产省审定；最后，农林水产省审定通过后，对合格者实施补偿。

（三）主要特点

1. 建立完备且条目清晰的法律体系

日本注重建立健全法律政策体系，以保障和规范农业生态环境保护。早在 1954 年，日本就将《产业组合中央金库法》修订更名为《农林中央金库法》，进一步加强对农林建设支持；1992 年，在《新食品·农业·农村政策方向》中正式提出"环境保全型农业"，并于 1994 年制定《环境保全型农业推进基本方案》；2005 年，颁布《农业环境规范》，正式实施环境保全型农业政策。目前，逐渐形成以《农业·农村基本法》《农业现代化资金补助法》《农业振兴地域建设法》《农地法》《农业环境规范》《持续农业法》《家畜排泄物法》等为主体的法律政策体系，种类比较齐全、结构比较合理。这些法律政策内容翔实、条目明晰、事项具体，普遍明确实施主体、对象内容、补偿标准、支付方式、实施程序、相关要求等。

2. 形成政府支持为主的资金渠道

政府对农业实行高投入高支持高保护，是日本发展农业的一个显著特点。农业生态环境保护与补偿作为其中重要内容，当然也不例外，以政府支持为主。例如，在土地改良区建设上，以中央和地方政府投入为主。中央补助的数量根据项目投资总额按比例确定，因建设主体不同，中央补助比例略有差异。农林水产省自行实施的项目，中央补助项目总投资66.7%，其余由受益的都道府县和市町村政府各承担一半，受益农户不需出资；都道府县政府实施的项目和市町村政府实施的项目，中央补助总投资的50%，由都道府县承担25%，市町村承担12.5%，农户自筹12.5%。

3. 制定严密的投入补偿实施程序

日本开展农业项目申报时，要制定详细的工程实施计划（事业实施要纲）和资金使用计划（补助金交付要纲），并分解到建设期的每个年度。按照市町村初审、都道府县复审、中央政府终审的程序，逐级申报审批。根据审批结果，各级政府分批下达补助资金。项目批准后，严格按计划执行，确需调整或变更的，需按原程序重新报批。项目每年要向下达补助资金的各级政府提交实施情况报告，建成后要逐级提交项目评价报告。市町村会在建设期开展例行巡查或检查，中央和都道府县会在完工后 3 年内开展项目现场后评价。各项巡查、检查、评价的结果都会影响后续补助资金的下达，以及今后类似项目的申请批复。

第二节　主要启示与借鉴

梳理分析上述发达国家或地区农业生态环境保护及补偿的有益做法与经验，可为我国建立健全农业生态补偿政策与机制、加强农业生态环境保护提供参考借鉴。

一、建立健全农业生态补偿法律政策体系

从上述国家或地区农业生态补偿实施情况看，美国、欧盟、德国、日本虽未制定专门、单独的农业生态补偿法，但均出台了众多相关法律政策，构成了一套相对完整的法律政策体系，有力支撑保障了农业生态补偿的合理性、规范性、制度化。从国外的农业生态补偿法律政策内容看，详细、具体、明确、针对性强是其最大特点，明确规定了农业生态补偿的对象、内容、方式、标准、程序等内容，推动与保障农业生态补偿顺利实施。例如，美国制定了《联邦农业法案》《清洁水法》《农地保护政策法案》等系列法律政策，都涉及了农业生态补偿内容，强调通过补偿激励农业生态环境保护，其中《联邦农业法案》是农业政策的核心法律，每 5 年修订一次，规定了农业补贴、保险、农业研究、土地保护等方面的政策，以及农业生态补偿相关措施，以鼓励农民采取可持续的农业实践。欧盟自 20 世纪 50—60 年代，就推出共同农业政策并不断调整深化，对农业生态环境保护、绿色发展等进行补贴激励；如今又进行新一轮调整，通过《共同农业政策（2023—2027 年）》，进一步优化两个支柱，更加强调农业绿色发展、可持续发展，同时规定了 GAEC 九项标准，每项标准均设定了最低"基线"；欧盟各成员国在遵循共同农业政策基础上，还可结合本国实际，制定适应本国的农业生态补偿政策，针对性实施农业生态补偿。

二、强调发挥政府作用与市场机制

考察研究美国、欧盟、日本等国家或地区的农业生态补偿政策，可知政府在补偿中发挥着重要作用。政府作为农业生态补偿的重要主体，承担着补偿的重要职责，不仅稳定提供补偿的资金来源，还制定相关政策措施并维持监督补偿机制稳定运行，确保补偿落实落地、发挥效益。例如，日本在实施相关农业生态补偿时，就注重发挥政府尤其是中央政府的主导作用，承担政策措施制定、大部分资金供给。在土地改良区建设上，以中央和地方政府投入为主，对农林水产省自行实施的项目，中央补助项目总投

资 66.7%，其余由受益的都道府县和市町村政府各承担一半，受益农户不需出资；都道府县政府实施的项目和市町村政府实施的项目，中央补助总投资的 50%，由都道府县承担 25%，市町村承担 12.5%，农户自筹12.5%。国外在实施农业生态补偿时强调发挥政府作用，主要是基于农业生态环境的公共物品属性、外部性等特点，而且农业生态环境的治理与保护投资大、周期长、见效慢，仅靠市场机制难以达到资源最优配置。当然，政府也因财力有限等并不能解决全部问题，这就需要发挥市场机制作用，鼓励引导各类社会主体参与农业生态补偿。如，美国、欧盟在进行财政激励的同时，鼓励银行和金融机构提供绿色金融服务，为农民提供贷款和投资，支持农民采取生态友好的农业实践（余洪海、张真，2023）。

三、以项目为抓手并重视科学合理设计

从上述国家或地区农业生态补偿情况看，以具体项目为依托和抓手来推动农业生态补偿实施，加强农业生态环境保护，是主要做法。各相关主体均可自愿申请项目，参与农业生态补偿与保护。同时，高度重视农业生态补偿项目的科学合理设计，既能保证项目顺利实施，又推动补偿目标实现。例如，美国农业部实施了 20 多项农业生态补偿项目，对农民等相关主体自愿参与农业环境恢复和改善进行补偿；但在筛选项目申请者时，设计了一套环境效益指数（EBI）指标体系，每年根据项目的实施情况和政策变化等调整具体指标和权重，最大程度上保证了项目申请者筛选的科学合理性。欧盟、德国等实施了农场生态转型、耕地休耕、有机农业等多个项目，对申请者开展补偿激励，但在实施过程中设计制定了完整的检测、评估、监督措施体系，依据生态标签制度、具体的检测指标等，开展严格核查、抽查和监督，以确保农业生态补偿实施和目标效益实现。

四、因地制宜制定并细化农业生态补偿标准

从上述国家或地区情况看，因地制宜、因时制宜制定并细化补偿标准，是实施农业生态补偿的重要特点。在制定农业生态补偿标准时，不搞

"一刀切"，注重分类制定，既避免补偿不足，又避免过度补偿，在充分调动农业生产主体保护生态环境的同时，减轻财政负担。在考虑因素上，根据土地位置、生产经营方式、作物类型、农产品质量等相关因素，以及补偿对象的期望补偿水平等，制定补偿标准；在方法选择上，主要采用成本法、收入损失法、费用分析法等；在补偿额度上，明确细化具体的补偿金额。例如，德国在常规补偿基础上，还要考虑气候、地势、动物保护、自然放养等其他一些特殊的生产因素，根据实际支出或损失等计算补偿标准；而在生态转型补偿中，对多年生农作物按照950欧元/公顷，蔬菜480欧元/公顷，一般种植业和绿地210欧元/公顷等开展补偿，对生态型农场维持生态经营的补偿标准则是多年生农作物560欧元/公顷，蔬菜160欧元/公顷，一般种植业和绿地160欧元/公顷。

五、规范农业生态补偿程序并严格监督惩罚

从美国、欧盟、德国等国家或地区看，普遍建立了一套农业生态补偿程序，来维护推动农业生态补偿实施。第一，补偿申请。补偿对象根据政府设计的补偿项目，主动提出补偿申请，提交相关材料及预期补偿标准。第二，检测评估。政府对补偿对象的申请及相关材料、样品，开展检测、评估，出具报告，并估算补偿成本与效益。第三，签订合同。对审核合格的补偿申请者，政府与其签订补偿合同，约定补偿内容、标准、方式等。第四，实施补偿。政府按照合同约定，对补偿申请者开展严格监督与监测，实施生态补偿。如，德国在执行这些补偿程序时，会根据欧盟标准实行生态标签制度，对补偿申请者提交的材料、样品等进行严格把关，同时及时将申请项目的监测结果上报欧盟监测委员会，才能对检测合格者实施补偿。此外，欧盟还建立了一套完整的惩罚措施，对不能按时完成预期目标的申请者，将终止补偿并要求返还补偿及利息、一定期限内不得参与其他项目申请等。

第六章　农业生态补偿政策建议

第一节　全面深入实践

随着经济社会发展、科学技术进步、人们对农业生态环境和服务的认知与需求提高等，农业生态环境保护及补偿也应全面深入实践，切实扩大领域范围、优化机制路径、丰富补偿方式，推动各行业各领域逐步形成科学规范完善的补偿机制，全面充分发挥补偿作用。

一、扩大领域范围

实施农业生态补偿涉及种植业、养殖业、草原、湿地等多个行业领域，以及土壤、水、空气、生物、废弃物等多项环境要素。顺应农业生态环境保护新形势新要求，农业生态补偿实践需要逐步拓宽领域范围。

（一）新增实践领域

建议逐步开展农区空气环境保护、农用水源保护、农业微生物资源保护、农业生物多样性保护、农业生态服务、绿色有机农产品生产、农产品绿色加工等领域的补偿项目实践，近期可以政府纵向补偿方式开展，远期机制成熟后再逐步以区域间横向补偿、市场机制补偿等方式开展。

（二）深入实践领域

对已实施的农业生态环境保护项目，建议进一步深入实践、探索机制，不断总结经验、吸取教训，逐步提高补偿标准的科学性、补偿程序的规范性、补偿方式的多样性，实现补偿机制成熟化、稳定化、制度化。

二、优化路径机制

实施农业生态补偿涉及政府、个人、企事业单位、社会组织等多类相关主体，以及补偿申请、协议签订、任务实施、补偿兑现等多个过程环节。只有科学制定补偿标准、优化实施路径，形成规范的补偿机制，才能合理有效平衡相关主体利益关系，加强农业生态环境保护。

（一）科学制定补偿标准

实施农业生态补偿，应坚持激励与约束并重原则，让农业生态环境保护者、贡献者得到补偿，农业生态环境使用者、破坏者承担成本，农业生态环境保护受益者付出费用；坚持政府主导、社会参与、市场调节相结合原则，需要政府、社会、市场共同发力，既发挥政府的投入带动、管理监督与兜底作用，又发挥市场配置资源的决定性作用，更要激发社会大众的积极性；坚持因地制宜、稳步实施原则，根据各地自然环境特征、农业生产发展状况、经济社会条件等实际，合理确定补偿范围和内容、补偿标准、补偿方式，先试点示范、再逐步推广；坚持效益优先、兼顾公平原则，要把实现生态效益摆在首要位置，再推动与经济效益、社会效益相统一，努力平衡各相关主体利益关系。另外，根据本研究关于农业生态补偿标准的确定方法，根据不同行业领域特点、各地实际等，建立具体的补偿标准测算方法，确定具体补偿标准。

（二）优化实施路径

近期，可按照以下路径实施补偿：①确定补偿范围和重点。政府公开发布农业生态补偿信息，明确补偿的范围、内容、规模、要求等。②补偿申请。相关主体结合实际，自愿申报。③签订协议。政府遴选确定补偿项目、承担主体（补偿对象），测算补偿标准，明确补偿方式，与项目实施主体签订协议。④任务实施。项目承担主体（补偿对象）履行相应责任，认真实施项目。⑤监督检查。任务实施过程中，政府开展监督检查，监督资金使用、确保资金效益。⑥考核评估。项目实施后，政府组织开展考核评估，明确项目完成情况、项目成效情况、资金使用情况等。⑦补偿兑现。政府根据考核评估结果，按照协议履行补偿发放。⑧完善制度。政府总结经验，健全完善农业生态补偿机制及配套规章制度。远期，可按照以下路径实施补偿：①补偿提出（申请）。农业生态环境保护者、贡献者、受害者等主体（补偿对象）根据自身实际，向政府或农业生态环境使用者、破坏者、受益者等主体（补偿主体）提出（申请）补偿要求。②监测评价。补偿主体根据补偿对象的请求，对其农业生态环境保护活动的内容、效果、支出等情况，或者农业生态环境损害的内容、后果、损失等情况开展调查与监测评价。③标准测算。补偿主体按照相关方法，科学测算补偿标准。④协商博弈。补偿主体与补偿对象就补偿标准、补偿方式等展开协商或博弈。⑤补偿兑现（实施）。补偿主体与补偿对象，按照双方协商确定的补偿条件实施补偿。

三、丰富补偿方式

根据经济社会发展、科学技术进步、农业生产特点等实际，与时俱进，不断丰富补偿方式，促进农业生态补偿有效实施与作用发挥。

（一）丰富运行模式

建议在当前以政府为主导的补偿模式下，进一步强化研究、探索，逐步建立健全农业生态补偿市场机制。对政府补偿，不仅要继续保持并强化"中央政府—地方政府"纵向补偿的运行模式，而且还要充分发挥地方政府作用，逐步建立健全省级及以下政府主动补偿、自主补偿模式；对市场补偿，要充分发挥市场在资源配置中的决定性作用和各类主体的协同作用，明晰农业生态环境产权，积极培育市场主体，搭建相关平台载体，建立完善市场规则，推进与规范市场补偿；对横向补偿，农业生态环境保护的受益地区与生态保护地区可以通过协商等方式建立补偿机制，开展地区间横向农业生态补偿。

（二）丰富方法手段

考虑农业生态补偿理论技术、经济社会发展与相关主体思想意识等实际，建议现阶段以资金补偿、实物补偿作为农业生态补偿的主要手段，通过资金和实物反馈等"输血"方式，实现对补偿对象的付出平衡。随着补偿实践深入和机制成熟，可采取产权交易、产业发展、项目合作、技术培训、政策优惠、购买服务、农产品优质优价等多种"造血"型补偿方式，激发补偿对象保护农业生态环境的积极性、提高农业生态环境保护与绿色发展技能，或弥补其损失，以进一步保护与改善农业生态环境，全面推进农业绿色可持续发展。

第二节　完善法规政策

实施农业生态补偿需要法规政策的保障与引领。虽然我国已逐渐建立农业生态补偿的法规政策体系，但总体仍然薄弱、工作依据仍不充分。今后，应进一步完善农业生态补偿的法律法规、健全配套制度，切实增强工作的稳定性、规范化。

一、完善法律法规

针对当前我国农业生态补偿法律法规仍然薄弱问题，借鉴有关国家经验做法，结合我国国情、农情，建议进一步完善农业生态补偿相关法律法规，减少补偿的随意性，增强工作的法治化、制度化。

（一）修订完善现有法律，突出农业生态补偿内容

建议修订完善《中华人民共和国农业法》《中华人民共和国环境保护法》《中华人民共和国乡村振兴促进法》《基本农田保护条例》等相关法律法规，进一步增加突出农业生态环境保护及补偿内容，明确农业生态补偿的内涵范围、补偿主体、补偿对象、资金来源、补偿标准、补偿方式等；或者出台配套实施细则，对农业生态补偿做出更加详细具体的规定。

（二）推动地方先行探索，制定农业生态补偿地方性法规

鼓励地方从实际出发，根据区域农业生态环境状况、经济发展水平等，制定出台农业生态补偿地方性法规，完善农业生态补偿的基本要素、实施机制，确保农业生态补偿落到实处、发挥作用，从地方率先取得突破、积累经验，进而带动面上工作开展，推进农业生态补偿制度化、法治化。

（三）出台专项法规，提升农业生态补偿地位

加强农业生态环境保护管理，由国务院制定出台《农业生态环境保护条例》，明确农业生态环境保护的机构职责、主要内容、资金保障、管理要求等，并专章规定农业生态补偿内容；出台《农业生态补偿办法》或《农业生态补偿条例》，细化农业生态补偿内容、程序，明确农业生态补偿的基本原则、主要领域、范围和内容、补偿主体、补偿对象、补偿标准、补偿方式、资金来源、相关利益主体的权利义务、考核评估办法、责任追究等，健全与规范农业生态补偿机制。

二、健全配套制度

解决我国农业生态补偿的基础数据不全面、工作规范性不足等问题，建议从以下几个方面健全完善相关制度政策。

（一）健全农业生态环境产权制度

界定明晰农业生态环境的所有权、使用权、管理权、收益权等产权归属，建立归属清晰、权责明确、保护严格、流转顺畅、监管有效的农业生态资源产权制度，是实施农业生态补偿的基础工作。一是关于农田土壤，可在农村土地登记确权基础上，明确耕地承包者、经营者等相关主体的权利与责任。二是关于农业用水，可在农村水资源确权、河长制等基础上，明确相关主体的权利与责任，无法完全明确主体的公共水域则由组、村或乡镇等集体承担；关于农业节水，由农业生产用水主体承担相关权利与责任。三是关于农区空气，鉴于该要素的公共属性、外部性较强特征，可由

农村生产小组、村集体或乡镇等集体承担权利与责任。四是关于农业废弃物，由其生产者承担收集、减排、利用等权利与责任。五是关于草原，可在草原确权基础上，明确草原承包者、经营者等相关主体的权利与责任。六是关于农业湿地，可在农村土地（水田、池塘等）登记确权基础上，明确承包者、经营者的权利与责任，无法完全明确主体的公共沟渠、水域等湿地则由生产小组、村集体等集体承担。七是关于农业水生生物，可在水环境、农业湿地等产权确定基础上，明确相关主体的权利与责任。

（二）完善农业生态补偿监测体系

开展科学、全面的农业生态环境调查监测，及时准确掌握农业生态环境状况及变化态势，是精准实施农业生态补偿的前提和依据。一是全面拓宽监测内容。根据本研究界定的农业生态补偿客体，开展农业生态环境全领域、全行业、全要素监测以及农业生态补偿状况监测。在领域上，对农业资源保护与节约利用、农业环境污染治理、农业生态养护与建设、农业生态补偿状况等全覆盖；在行业上，对种植业、畜禽养殖业、水产养殖业、农业湿地、草原等全覆盖；在要素上，对农业土壤、农业用水、农区空气、农业生物、农业废弃物、农业投入品、农业生态等全覆盖；在指标上，对各类农业生态环境要素的总量、类型、结构、分布、质量，以及农业生态补偿进展、资金支出与补偿效果等全覆盖。二是全面提升监测手段。升级现有农业生态环境监测手段，强化现代科技、信息技术与装备应用，推动农业生态环境监测由传统手工监测向天地一体、自动智能、科学精细、集成联动的方向发展，利用大数据、人工智能、卫星遥感、物联网等技术实现动态农业环境监测、评估和精准化管理。三是健全长效机制。在监测网络上，进一步优化农业生态环境监测点位布局，调整完善国控监测点位，加密省控监测点位，推动设立地市、县级监测点位，网格化覆盖我国全部农业生产区域。在监测方式上，以例行监测、长期定位监测为主，开展农业生态环境连续性、定位性、长期性监测，及时、准确、全面掌握农业生态环境状况和变化趋势。在信息统计上，健全完善农业生态环境监测联席会议制度，发挥政府、企事业单位、社会组织、农业生产经营主体等各类主体作用，加强农业生态环境监测数据、信息等会商交流，搭建农业生态补偿信息发布平台，及时发布农业生态补偿工作进展、资金支出、补偿效果等统计信息，接受社会监督。

（三）完善政府间农业生态补偿事权

科学、合理划分政府间农业生态环境事权与补偿责任，尤其中央政府与地方政府间的事权与责任，对缓解中央财政压力、进一步发挥地方政府农业生态环境保护作用，进而共同有效保护农业生态环境具有重要意义。基于农业生态环境效益外溢性原则、效率原则、职权下放原则、事权与财力相适应原则等，充分考虑农业生态补偿的属性特点，建议尽快制定农业农村领域中央与地方财政事权和支出责任划分改革方案等，进一步明确中央与地方关于农业生态环境保护事权和补偿责任。对涉及全局性、基础性、战略性的重大事项，或中央层级单位涉及农业生态环境保护的，如农业生物资源保护、草原生态保护与建设、退耕还林还草等，划为中央事权；对涉及跨区域、跨流域、需要统筹安排的重大事项，如长江、黄河等重点流域及重点海域，影响较大的重点区域农业面源污染防治，农产品产地环境污染治理修复、农业湿地保护，区域性的农业废弃物资源化利用等，划为中央与地方共同事权；对地域性较强、由地方提供更方便有效的事项，如农业水源保护与节约利用、小型农业面源污染防治、耕地质量保护与提升、农田生态养护与建设等，充分发挥地方政府优势，划为地方事权。

第三节　加大资金投入

农业生态环境保护离不开资金的有力支持。虽然从理论上讲，农业生态补偿方式多种多样，但现阶段最有效、最重要的一种补偿方式仍是资金补偿。为有效平衡各相关主体的利益关系，激发农业生态环境保护主体的积极性，进一步加强农业生态环境保护，需要各方加大资金投入。

一、稳定并提高政府资金投入

当前，政府投入仍然是农业生态补偿资金的主要来源，也是补偿实施的最稳定依靠，包括中央政府投入和地方政府投入。这既与农业生态环境的公共物品或准公共物品属性有关（政府作为代表为社会受益买单），也与农业生态补偿市场机制不完善有关，市场资金相对薄弱。

（一）加大中央政府资金投入

在当前经济形势下，中央政府资金投入是农业生态补偿的首要资金来源，建议进一步加大中央政府资金投入。一是加大中央财政转移支付力度。强化对农业的财政支持，增加财政支农资金总量，扩大财政支农总盘子，尤其加大对农业生态环境保护的支持力度。考虑不同区域农业生态功能因素和支出成本差异，通过提高均衡性转移支付系数等方式，逐步增加对重点农业生态功能区的转移支付。二是扩大中央预算内投资规模。在盘活资金存量的基础上，继续扩大农业生态环境保护中央预算内投资、中央预算内专项（国债）投资规模，引领带动地方政府扩大投资。

（二）加大地方政府资金投入

按照中央与地方政府农业生态环境保护事权与支出责任，推动地方政府积极投入、落实资金，切实履行农业生态环境保护职责。一是完善省级以下政府转移支付制度。建立省级农业生态保护补偿资金投入机制，加大对市县级支持力度。规范、整合现有农业生态环境保护相关资金，重点支持重要区域、重要领域的农业生态环境保护和恢复，集中发力、重点突破，探索开展地方政府间横向生态补偿试点。二是发行农业生态环境保护相关债券。鼓励地方政府发行专项债券、一般债，并不断扩大债券规模，加大农业生态环境保护项目支持力度。同时，调整完善土地出让收益使用范围，进一步提高用于农业农村比例，尤其对农业生态环境保护项目倾斜支持。

二、鼓励和引导社会资本投入

资金体量大、来源广的社会资本是农业生态环境保护与补偿的重要力量。充分发挥政府资金"四两拨千斤"的引导和杠杆作用，进一步鼓励带动相关利益主体、金融机构等社会主体积极参与农业生态环境保护及补偿。

（一）推动相关利益主体付费

建立完善相关机制、政策，推动个人、企事业单位、社会团体、政府及相关机构等农业生态补偿相关利益主体为自己的行为或获利买单付费，进而增加补偿资金投入，保障补偿行为顺利实施。一是按照使用者付费、破坏者付费原则，完善农业生态环境有偿使用、污染惩戒与赔偿政策，推动农业生态环境使用者、污染破坏者承担责任，为自己的行为付费。二是按照受益者付费原则，完善农业生态环境受益付费机制，推动农业生态环境保护的受益者履行义务，为自己的获利付费。同时，政府要发挥好引导作用，在农业生态环境保护方案制定、项目实施、资金筹措等环节尊重相关主体意愿，激发主人翁意识，调动积极性主动性，加大投资投劳力度，从源头保护和改善农业生态环境。

（二）鼓励金融资金投入

充分发挥金融信贷在生态补偿方面的融资功能，拓宽农业生态补偿资金渠道。一是创新金融投入方式。采取政府购买服务、委托经营、特许经营等方式，健全支持政策、利益补偿机制等，优化投入农业的运行机制，鼓励和引导金融资金投入参与农业生态环境保护项目、工程。在具体实施中，可采用订单农业生态产品和服务等方式，吸引或撬动金融资本投入农业生态环境保护及补偿。二是发挥国家专项建设基金的引导作用。完善"政府推进项目、银行独立审贷、双方联合监管"的合作机制，鼓励中国农业发展银行、国家开发银行等金融机构加大对农业生态环境保护建设的支持力度。扩大绿色金融改革创新试验区试点范围，把农业生态补偿融资机制与模式创新作为重要试点内容。鼓励保险机构开发创新绿色保险产品参与农业生态补偿。

第四节　完善市场机制

尽管农业生态补偿具有市场机制形成难等特点，但努力建立健全农业生态补偿市场机制，充分发挥市场配置资源的决定性作用，充分调动各相关主体积极性，对于缓解政府压力、提高补偿效率，加强农业生态环境保护，仍具有重要意义。

一、完善市场主体参与机制

推动农业生产经营主体、企事业单位、社会组织等各类市场主体，积极参与农业生态环境保护及补偿，平衡协调各类主体间的利益关系，以提供更多农业生态产品，是完善农业生态补偿市场机制的基础。

（一）完善信息公开机制

在现有工作基础上，通过在农业农村官方网站设立农业生态环境专栏、建立专门农业生态环境网站、微信公众号，或者农业农村政务大厅、行政审批中心等平台，对农业生态环境质量状况、法规政策、项目开展、资金投入等信息，特别是农业生态补偿实施范围、补偿内容、补偿方式、补偿标准、补偿程序等情况及时公示公开，让各类市场主体及时全面知晓了解农业生态环境保护与补偿情况，既满足公众知情权，又主动接受监督。

（二）完善公众参与机制

在开展农业生态环境保护政策制定、规划编制、项目建设，尤其农业生态补偿项目实施等工作时，主动邀请相关主体代表参加，或举行开放日、听证会等，听取民意、吸纳民智。完善农业生态环境保护项目招投标机制、磋商机制、推介机制等，建立持续性惠益分享机制，推动与规范各类市场主体积极参与农业生态环境保护及补偿项目实施，充分发挥各类市场主体在整合农业生态资源、提供专业技术支撑、推进农业生态产品对接等方面的优势和作用，促进农业生态环境保护主体利益得到有效补偿。

二、完善经营开发机制

农业生态环境是重要资本。随着人类活动加剧和需求升级，农业生态环境的稀缺性和阈值性日益显现，导致农业的生态价值更加凸显。建立完善农业生态资源的经营开发机制，是合理配置农业生态资源的关键，也是保值增值农业生态资本的重要因素。

（一）完善保护与监管体系

从农业生态系统整体性出发，根据不同农业生态类型特点、农业生产发展情况、区域发展实际等，通过制定法规政策、规划计划、监管措施等，统筹农业生态系统区域协调与发展。建立农业生态环境价值评价与核算体系，开展农业生态环境保有量、价值量评估。建立农业生态保护激励和生态认证制度，推动实现优质优价，鼓励推进农业生态功能开发利用。探索建立农业生态产品和服务质量追溯机制，健全农业生态产品和服务交易流通全程监督体系，实现农业生态产品和服务信息可查询、质量可追溯、责任可追查。

（二）建立市场化推广模式

全面深入推进农业绿色发展，大力发展生态农业、观光农业、体验农业、乡村生态旅游等新业态新模式，将农业生态优势转为产业优势，提升农业生态产品和服务价值。加强生态型农业生产合作组织建设，加强农业生产的产前、产中和产后生态过程化管理与经营，强化模式构建与技术集成配套，打破农业生态功能开发利用的技术瓶颈，推进种植业、养殖业、农产品加工业、农业废弃物循环利用产业、休闲观光农业、生态旅游、康养等产业循环链接。

三、健全市场交易机制

在界定农业生态环境产权的基础上，建立农业生态环境产权市场交易平台和规则，明确农业生态补偿项目的供给需求、相关要求、实施流程等，提高市场交易的透明度和公正性。

（一）建设市场交易平台

建立并逐步完善国家、省、市、县多级统一联网的农业生态环境产权交易平台，及时收集并向社会公布农业生态环境产权情况、需求量、供给量、交易价格等相关信息，提高交易信息的对称性，保证交易的公平。加强市场交易平台管理，规范严格审核农业生态环境产权登记、交易、过户等，缩短相关手续办理流程，提高交易便捷性和成功率。

（二）培育交易市场

建立完善农业生态环境产权市场交易规则，加强农业生态补偿市场机制所需的政策环境、条件、要求等保障体系建设，规范与保障市场交易。鼓励个人、企业、社会组织等市场主体以及地方政府按照市场规则，通过购买农业生态产品和服务等方式开展农业生态补偿。以农业碳汇、农业废弃物、农业用水等为突破点，将其分别纳入相应生态环境产权交易体系，鼓励推动各地开展农业生态环境产权交易。

第五节　加强宣传培训

实施农业生态补偿，平衡利益关系、发挥补偿作用，加强农业生态环境保护，离不开各类相关主体的积极有效参与。这既需要营造良好社会氛围、认同补偿理念，又需要相关理论技术支撑、保障补偿实施。

一、加强社会宣传

农业生态环境保护及补偿从试点示范到全面实施，进而转化为全社会的共同行动，需要开展广泛的社会宣传。

（一）营造良好氛围

政府和有关部门应当通过多种形式，加强对农业生态补偿政策和实施效果的宣传，为农业生态补偿工作营造良好的社会氛围。一是推动补偿意识深入人心。引导全社会树立农业生态环境有价、保护生态环境有责的思想观念，推动"谁开发谁保护、谁受益谁补偿、谁使用谁付费、谁破坏谁付费"意识深入人心，使农业生态补偿各相关利益主体以履行义务为荣、逃避责任为耻，自觉规范生产生活行为、抵制不良行为，营造珍惜保护农业生态环境的良好氛围。二是主动接受社会舆论监督。政府和有关部门应当依法及时公开农业生态补偿政策与工作情况，包括补偿政策法规、补偿实施进展、补偿资金支出、补偿效果实现、补偿监督管理等，主动接受社会监督和舆论监督。同时，及时发布农业生态补偿效果、农业生态环境信息等，让社会公众全面了解农业生态补偿作用、农业生态环境改善情况，提振公众信心。

（二）发布典型案例

为探索、鼓励和引导区域间横向农业生态补偿、市场机制补偿，建议通过农业农村官方网站、生态环境官方网站、微信公众号等载体，不定期发布推荐农业生态补偿典型案例，供社会市场主体、地方政府等学习借鉴。一是区域间横向补偿案例。重点介绍补偿实施的基本情况，包括补偿的具体范围、内容、主体、对象、方式、标准、期限等；补偿实施的成效情况，包括补偿的目标实现、农业生态环境的变化、补偿对象的收益等；补偿实施的管理情况，包括补偿的协议签订、补偿的实施过程、补偿的监督管理等。二是市场机制补偿案例。与区域间横向补偿略有不同，市场机制补偿则重点介绍补偿实施的基本情况，包括补偿的主体、对象、内容、方式、标准、实施过程等，以及补偿实施的成效，包括补偿主体的付出、补偿对象的收益、补偿内容的变化等。

二、开展技术培训

农业生态补偿既是一项政策制度安排，又是一项技术性工作。为保障与推动农业生态补偿顺利实施，有必要开展相应培训。

（一）丰富培训内容

一是加强政策培训。通过各种方式做好相关政策法规解读，使政府管理人员和相关主体，从宏观层面理解农业生态补偿的实施背景、重要意义、政策要求、基本原则、概念内涵、实施要点、注意事项等，增强政策执行力，确保补偿行为合法合规。二是加强技术培训。从具体技术层面，通过典型案例代入，重点围绕农业生态补偿的范围和内容、主体、对象、方式、标准测算、实施程序、相关主体的责任义务、相关技术要求等开展培训，使相关主体掌握农业生态补偿的技术要点、实施过程，提高工作精准性，确保补偿行为顺利实施。

（二）创新培训形式

一是创新方式方法。通过采取政策解读、印发政策与技术手册、组织工作交流会、举办培训班、召开现场会、开创田间课堂与案例剖析等多种方式，以政策、理论与实践相结合为手段，开展综合性、专题性、实操性培训与交流。二是做好合理安排。在频次上，根据实际需求，以半年、一年或具体政策实施周期等为节点，定期或不定期组织开展培训交流。在范围上，实现"省—市县—乡镇—村组"层级政府管理人员全覆盖，并扩大培训范围，积极邀请企事业单位、社会组织、农业生产经营主体等社会市场主体参加培训，使其理解农业生态补偿政策要义、吃透内容要点、明白实施要求。

参考文献

[1]包晓斌.农产品主产区种植业生态补偿研究[J].社会科学家,2018(2):27-32.

[2]毕于运,高春雨,王红彦,等.农作物秸秆综合利用和禁烧管理国家法规综述与立法建议[J].中国农业资源与区划,2019,40(8):1-10.

[3]曹红艳.更好发挥市场化生态补偿机制作用[N].经济日报,2021-09-14.

[4]曹堂哲,陈铭媛,潘昊.英国政府预算绩效管理中的成本收益分析:溯源、制度、应用与展望[J].财政监督,2020(12):50-59.

[5]曾哲.欧盟共同农业政策框架下德国农业生态补偿政策及启示[J].辽宁大学学报(哲学社会科学版),2020,48(3):76-81.

[6]常荆莎,严汉民.浅议机会成本概念的内涵和外延[J].石家庄经济学院学报,1998(3):257-262.

[7]陈雷.贴息贷款促进了节水型农业的发展:使用节水灌溉贴息贷款工作总结[J].喷灌技术,1994(3):4-10.

[8]陈诗华,王玥,王洪良,等.欧盟和美国的农业生态补偿政策及启示[J].中国农业资源与区划,2022,43(1):10-17.

[9]陈源泉,高旺盛.农业生态补偿的原理与决策模型初探[J].中国农学通报,2007(10):163-166.

[10]范如国,韩民春.博弈论[M].武汉:武汉大学出版社,2007.

[11]高尚宾,张克强,方放,等.农业可持续发展与生态补偿[M].北京:中国农业出版社,2011.

[12]高世昌,肖文,李宇彤. 德国的生态补偿实践及其启示[J]. 中国土地,2020(5):49-51.

[13]国家发展和改革委员会. 2006年政府支农投资指南(试编)(2006年)[R]. 2006.

[14]国家发展和改革委员会. 农村基础设施建设发展报告(2013年)[R]. 2013.

[15]国家林业和草原局. 中国退耕还林还草二十年(1999—2019)[R]. 2020.

[16]韩长赋. 大力发展生态循环农业[N]. 农民日报,2015-11-26(001).

[17]何微,欧阳峥峥,王晓梅,等. 日本农业绿色发展现状、特点及对中国的启示[J]. 农业展望,2022,18(6):18-23.

[18]胡晓燕,于婷,刘月清. 种植业生态补偿的实践进展、关键问题与推进对策[J]. 经济纵横,2023(12):55-63.

[19]环境科学大辞典编委会. 环境科学大辞典[M]. 北京:中国环境科学出版社,1991:326.

[20]蒋天中,李波. 关于建立农业环境污染和生态破坏补偿法规的探讨[J]. 农业环境保护,1990,009(002):29-30,33.

[21]焦必方. 日本现代农村建设研究[M]. 上海:复旦大学出版社,2009:229-246.

[22]金京淑. 中国农业生态补偿研究[D]. 长春:吉林大学,2011.

[23]金京淑. 中国农业生态补偿研究[M]. 北京:人民出版社,2015.

[24]李宏伟. 美国生态保护补贴计划[J]. 全球科技经济瞭望,2004(8):18.

[25]李姣,李朗,李科. 隐含水污染视角下的中国省际农业生态补偿标准研究[J]. 农业经济问题,2022(6):106-121.

[26]李靖,孙晓明,毛翔飞. 美国农业资源和环境保护项目运行机制及对我国的借鉴[J]. 农业现代化研究,2017,38(1):138-144.

［27］李靖,于敏．美国农业资源和环境保护项目投入研究［J］．世界农业,2015(9):36 - 39.

［28］李琳琳,曹林奎．发达国家农业生态补贴政策及其对中国的启示［J］．上海交通大学学报(农业科学版),2019,37(4):51 - 57.

［29］李茗．德国颁布《联邦补偿条例》明确生态补偿依据［J］．中国林业产业,2021(5):79.

［30］李晓燕．健全农业生态环境补偿制度研究［M］．北京:经济科学出版社,2016.

［31］李娅．美国、欧盟和日本耕地休耕政策的比较研究［J］．世界农业,2018,470(6):71 - 76,215.

［32］李肇齐．中国农业的持久性与节水农业的发展［J］．农业技术经济,1993(6):3 - 6.

［33］刘北桦,詹玲,尤飞,等．美国农业环境治理及对我国的启示［J］．中国农业资源与区划,2015,36(4):54 - 58.

［34］刘冬梅,管宏杰．美日农业面源污染防治立法及对中国的启示与借鉴［J］．世界农业,2008(4):36.

［35］刘桂环,王夏晖,文一惠,等．近 20 年我国生态补偿研究进展与实践模式［J］．中国环境管理,2021,13(5):109 - 118.

［36］刘武兵．欧盟共同农业政策 2023—2027:改革与启示［J］．世界农业,2022(9):5 - 16.

［37］刘宇航,宋敏．日本环境保全型农业的发展及启示［J］．沈阳农业大学学报(社会科学版),2009,11(1):13 - 16.

［38］刘尊梅．中国农业生态补偿机制的路径选择与制度保障研究［M］．北京:中国农业出版社,2012.

［39］柳荻．休耕生态补偿的国际经验与启示［J］．农业经济,2022,425(9):83 - 85.

［40］罗守进,吕凯,陈磊,等．农业面源污染管控的国外经验［J］．世界农业,2015(6):6 - 11.

［41］马红坤,曹原,毛世平. 欧盟共同农业政策的绿色转型轨迹及其对我国政策改革的镜鉴［J］. 农村经济,2019(3):135－144.

［42］马红坤,毛世平. 欧盟共同农业政策的绿色生态转型:政策演变、改革趋向及启示［J］. 农业经济问题,2019(9):134－144.

［43］马健,虞昊,周佳. 日本农业绿色发展的路径、成效与政策启示［J］. 中国生态农业学报(中英文),2023,31(1):149－162.

［44］马中. 环境与自然资源经济学概论［M］. 北京:高等教育出版社,2006.

［45］买永彬. 重视农业环保工作为子孙后代造福——为纪念农业部环境保护科研监测所建所十周年而作［J］. 农业环境科学学报,1989(6):6－9.

［46］毛显强,钟瑜,张胜. 生态补偿的理论探讨［J］. 中国人口·资源与环境,2002,12(4):38－42.

［47］苗垠. 我国湿地生态补偿制度存在的问题与建议［J］. 湿地科学与管理,2023,19(2):79－82.

［48］农业农村部,生态环境部. 中国渔业生态环境状况公报(2019年)［R］. 2019.

［49］朴英爱,付兰珺. 日本型农业直接补贴政策分析［J］. 现代日本经济,2021(3):59－67.

［50］戚道孟,王伟. 农业环境污染事故处理中的几个法律问题［J］. 中国环境法治,2007(0):155－160.

［51］秦小丽,王经政. 黄淮海平原农产品主产区农业生态补偿及其政策优化研究［M］. 长春:吉林大学出版社,2020.

［52］屈志光,陈光炬,刘甜. 农业生态资本效率测度及其影响因素分析［J］. 中国地质大学学报(社会科学版),2014,14(4):81－87.

［53］孙发平,曾贤刚. 中国三江源区生态价值及补偿机制研究［M］. 北京:中国环境科学出版社,2008.

［54］陶战,赵玉钢,刘铭简,等. 农业环境保护科技工作20年总结［J］. 农业环境与发展,1993(1):2－9,22,47.

[55]陶战.全国农业环境质量监测工作进展[J].农业环境与发展,1999(4):5-8.

[56]田宜水.我国农作物秸秆综合利用产业促进政策研究[J].中国农业资源与区划,2020,41(9):28-36.

[57]涂忠,罗刚,杨文波,等.我国开展水生生物增殖放流工作的回顾与思考[J].中国水产,2016(11):36-41.

[58]汪劲,严厚福,孙晓璞.环境正义:丧钟为谁而鸣[M].北京:北京大学出版社,2006.

[59]汪长球.基于成本收益分析视角的"低碳经济"理论研究[J].科技创业月刊,2012,25(4):35-36,39.

[60]王国华.日本农业环境政策体系分析与评价[J].世界农业,2014(2):92-96,100,179-180.

[61]王金南,万军,张惠远.关于我国生态补偿机制与政策的几点认识[J].环境保护,2006(19):24-28.

[62]王世群.2014年美国新农业法农业环境保护政策分析[J].世界农业,2015(8):88-91.

[63]王欧,宋洪远.建立农业生态补偿机制的探讨[J].农业经济问题,2005(6):22-28,79.

[64]王有强,董红.德国农业生态补偿政策及其对中国的启示[J].云南民族大学学报(哲学社会科学版),2016,33(5):141-144.

[65]吴健.环境经济评价理论、制度与方法[M].北京:中国人民大学出版社,2012.

[66]吴文浩,周琳,尹昌斌,等.欧美有机农业补贴政策分析——基于农业生产环境视角[J].世界农业,2019(2):36-42,106.

[67]吴银宝,汪植三.中国的生态农业建设[J].家畜生态,2002(1):5-10.

[68]谢高地,鲁春霞,成升魁.全球生态系统服务价值评估研究进展[J].资源科学,2001(6):5-9.

[69]谢高地,鲁春霞,冷允法,等.青藏高原生态资产的价值评估[J].自然资源学报,2003(2):189－196.

[70]谢高地,肖玉.农田生态系统服务及其价值的研究进展[J].中国生态农业学报,2013,21(6):645－651.

[71]谢高地,张彩霞,张昌顺,等.中国生态系统服务的价值[J].资源科学,2015,37(9):1740－1746.

[72]谢高地,张彩霞,张雷明,等.基于单位面积价值当量因子的生态系统服务价值化方法改进[J].自然资源学报,2015,30(8):1243－1254.

[73]谢高地,甄霖,鲁春霞,等.一个基于专家知识的生态系统服务价值化方法[J].自然资源学报,2008(5):911－919.

[74]许光建,魏义方.成本收益分析方法的国际应用及对我国的启示[J].价格理论与实践,2014(4):19－21.

[75]杨晓萌.欧盟的农业生态补偿政策及其启示[J].农业环境与发展,2008,25(6):17－20.

[76]杨欣,蔡银莺,张安录.农田生态补偿理论研究进展评述[J].生态与农村环境学报,2017,33(2):104－113.

[77]杨扬.天津市二氧化碳减排的成本及收益分析[D].天津:天津财经大学,2014.

[78]伊素芹,赵建坤,李显军.德国有机农业发展模式及借鉴研究[J].农产品质量与安全,2018(1):84－88.

[79]余洪海,张真.美欧农业生态补偿政策启示[J].中国外资,2023(18):8－10.

[80]余欣荣,梅旭荣,杨鹏,等.农业产业绿色发展生态补偿研究[M].北京:科学出版社,2022.

[81]袁学英,颉茂华.基于成本收益理论视角下的公司盈余管理方法选择研究[J].宏观经济研究,2016(8):84－96.

[82]张诚谦.论可更新资源的有偿利用[J].农业现代化研究,1987(5):22－24.

［83］张鹏,梅杰.欧盟共同农业政策:绿色生态转型、改革趋向与发展启示［J］.世界农业,2022(2):5-14.

［84］张铁亮.加快推进现代农业建设　全力推动乡村振兴战略实施［J］.中国发展,2019,19(5):59-62.

［85］张铁亮,高尚宾,周莉.德国农业环境保护特点与启示［J］.环境保护,2012(5):76-79.

［86］张铁亮,刘潇威,王敬,等.农业环境监测战略与政策［M］.北京:中国农业出版社,2022.

［87］张铁亮,王敬,刘潇威,等.农业生态功能价值与政策研究［M］.北京:科学出版社,2021.

［88］张铁亮,王敬,张永江,等.农业事权划分研究:现状、问题与对策［J］.农业部管理干部学院学报,2017(4):45-53.

［89］张铁亮,杨军,王敬.农业事权划分研究:国外经验与启示［J］.中国农业资源与区划,2017,38(5):230-236.

［90］张铁亮,张永江,刘艳,等.农业农村环境保护投资研究［M］.北京:经济科学出版社,2023.

［91］张铁亮,周其文,赵玉杰,等.中国农业环境监测阶段划分、评判分析与改进思路［J］.中国农业资源与区划,2015(7):169-176.

［92］张维迎.博弈论与信息经济学［M］.上海:上海人民出版社,2000.

［93］张文珺,Michael Klaus,蔡玉梅.德国生态补偿的评估方法和措施［J］.中国土地,2018(7):49-51.

［94］张永江,张铁亮.实施乡村振兴战略对农业农村投资影响初探［J］.中国经贸导刊(中),2018(29):42-44.

［95］张玉环.美国农业资源和环境保护项目分析及其启示［J］.中国农村经济,2010(1):83-91.

［96］赵鸣骥.政府农业支出成本—收益分析［D］.大连:东北财经大学,2004.

［97］中国环境与发展国际合作委员会生态补偿机制课题"生态补偿机

制课题组报告"［R/OL］.

　　［98］中国农业绿色发展研究会,中国农业科学院农业资源与农业区划研究所. 中国农业绿色发展报告2021［M］. 北京:中国农业出版社,2022.

　　［99］周腰华,王亚静. 我国秸秆综合利用政策创设研究［J］. 农业经济,2022(6):91 – 93.

　　［100］周腰华,王亚静. 我国秸秆综合利用政策演变、特征与展望［J］. 辽宁农业科学,2023(1):48 – 55.

　　［101］朱平国,孙建鸿,王瑞波. 农业生态环境保护政策研究［M］. 北京:中国农业出版社,2021.

　　［102］祝惠,武海涛,邢晓旭,等. 中国湿地保护修复成效及发展策略［J］. 中国科学院院刊, 2023, 38(3):365 – 375.

　　［103］宗义湘,宋洋,崔海霞. 欧盟2023—2027年新共同农业政策演变逻辑、发展趋向与改革思考［J］. 世界农业,2023(5):5 – 18.

　　［104］COASE R H. The problem of social cost［J］. The Journal of Law and Economics,1960,8(3):1 – 44.

　　［105］http://www1china1com1cn/tech/zhuanti/wyh/2008 – 01/22/content_956669012009 – 02 – 251.

　　［106］MURADIAN R, CORBERA E, PASCUAL U, et al. Reconciling theory and practice: An alternative conceptual framework for understanding payments for environmental services［J］. Ecological Economics, 2010,69(6): 1202 – 1208.

　　［107］PORRAS I, GRIEGGRAN M, NEVES N. All that glitters: A review of payments for watershed services in developing countries［J］. Iied Natural Resource Issues, 2008, 45(14):420 – 442.

　　［108］ROBERT COSTANZA, RALPH d'ARGE, RUDOLF de GROOT, et al. The value of the world's ecosystem services and natural capital［J］. Nature,1997(387):253 – 260.

　　［109］WUNDER S. Payments for environmental services: Some nuts and bolts［M］. Jakarta: CIFOR, 2005.